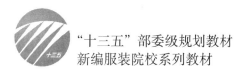

"十三五"部委级规划教材

新编服装院校系列教材

成衣纸样与服装缝制工艺

（第3版）

孙兆全　主编

U0241557

国家一级出版社　中国纺织出版社　全国百佳图书出版单位

内 容 提 要

成衣纸样与服装缝制工艺是服装专业学习的重要环节，也是实现服装设计的根本手段。本书根据服装专业学习的特点，全面而系统地阐述了成衣纸样结构设计的方法及缝制工艺实施的全过程。本书涵盖服装品类有：半身裙、连衣裙、裤子、衬衫、夹克衫、女西服、男西服、马甲、男礼服大衣、旗袍和礼服等，具体内容包括国家号型标准、原型制图、纸样绘制、毛板与排料、缝制工艺流程、缝制方法与步骤、服装制作疵病分析及样板修正等。

本书图文并茂，通俗易懂，可供高等院校服装专业学生、服装设计人员及服装爱好者学习与参考。

图书在版编目（CIP）数据

成衣纸样与服装缝制工艺 / 孙兆全主编. --3 版. -- 北京：中国纺织出版社，2018.11（2023.2重印）

"十三五"部委级规划教材. 新编服装院校系列教材

ISBN 978-7-5180-5485-5

Ⅰ. ①成… Ⅱ. ①孙… Ⅲ. ①服装裁缝 – 高等学校 – 教材 Ⅳ. ① TS941.63

中国版本图书馆 CIP 数据核字（2018）第 241192 号

策划编辑：张晓芳　　责任编辑：朱冠霖　　特约编辑：朱佳媛
责任校对：楼旭红　　责任印制：何　建

中国纺织出版社出版发行
地址：北京市朝阳区百子湾东里A407号楼　邮政编码：100124
销售电话：010—67004422　传真：010—87155801
http：//www.c-textilep.com
中国纺织出版社天猫旗舰店
官方微博 http：//weibo.com/2119887771
三河市宏盛印务有限公司印刷　各地新华书店经销
2000年6月第1版　2010年3月第2版
2018年11月第3版　2023年2月第27次印刷
开本：787×1092　1/16　印张：24
字数：390千字　定价：58.00元

第3版前言

　　本书虽是北京服装学院服装专业必修课的教材，但多年以来在实际教学中早已成为全国其他多所纺织服装类院校的首选教材，经过两次再版21次重印，在教学中起到了很好的指导作用。

　　服装纸样设计与工艺既有技术要求又有艺术审美要求，依据教学改革的不断深入，学生在学习中需要在教师指导下不断提高技术水准与艺术审美、鉴赏能力，才可能满足现代日益变化的各类服装的品质及时尚性的需求。这门课程实践性较强，需要按照经典服装分类，由浅入深从不同男女款式效果图设计入手，制订出成品规格尺寸，再选择平面制图的具体方法制出结构图和毛板，并根据特定工艺要求准确地订出工艺流程，依此进行缝制、熨烫加工方法的学习。这是一项具有高技术含量又兼具艺术审美能力的工作，因此学习过程必须用科学正确的制图方法、大量时间及各类服装的反复实践才能有实效。

　　这次第三版的修订除对原教材重新修正补改外，重点是根据实际教学需要对某些款式的纸样设计进行了修改，如直身裙、男马甲、女西服袖制图，传统大襟旗袍纸样的设计则改用了文化式新原型制图方法等。同时，增加了女原型袖和节裙的制图，丰富了原型制图和裙子品类。另外，男装部分增加了两款男礼服大衣纸样设计，同时采用图文详述了男双排扣礼服大衣的缝制熨烫工艺，从而弥补了男装品类的不足。

　　总之，此次再版是又一次教学经验方法的总结，希望能够全面涵盖成衣纸样与服装缝制工艺这门课的教学重点、要点，更加正确有效地促进各服装院校的教学发展。在此感谢中国纺织出版社相关编辑及各服装院校专业同人在修订过程的帮助指正。

编　者

2018年9月

第2版前言

　　《成衣纸样与服装缝制工艺》是北京服装学院为配合服装专业高等教育，于2000年编写出版的院级系列教材之一。

　　自教材问世以来，便成为本院及全国其他相关高等服装院校必备的专业教科书。该书密切结合服装工艺学中成衣纸样构成，与服装缝制工艺技术实际应用的学习需要，较系统地依据教学大纲的要求，分章节，由浅入深、分步骤地进行了详尽论述。其内容体现了编者丰富的教学实践经验，受到服装专业广大师生的好评，在社会广大读者中也产生了深远的影响，近十年来对培养服装专业人才起到了积极的作用。随着教学改革的逐步深化，服装工业新标准、新材料、新工艺、新设备、新技术、新造型不断开发和应用，在总结以往的教学实践经验和对服装学科的进一步理解、提高的基础上，编者对教材进行了修改、补充。修订后的教材重点是参照新一轮的教学大纲要求，女装借鉴采用了较为科学的文化式新原型的纸样构成方法；男装以西服比例原型为理论依据，详解了西服纸样构成的方法；并增加了部分新款式的制板，弥补了纸样设计理论部分和服装成品实际修正应用部分不足的缺憾，使之更加扩展了该课程的知识，涵盖面更宽，有利于学生专业能力的培养与提高。

　　希望本教材修改后更符合教学需要，能受到广大读者的欢迎。由于时间仓促，不足之处恳请读者批评指正。

编　者

2009年12月

第1版前言

服装工艺学由结构设计与工艺设计两部分组成。本书是工艺设计部分，课程设置称为"成衣纸样与服装缝制工艺"，它是结构设计的后续和发展，是服装专业的一门基础课程，是高等院校服装专业实践性教育环节的重要组成部分。

"成衣纸样与服装缝制工艺"主要是以成衣工业样板和工艺技术方法作为本课程的学习重点，要学习掌握服装成衣标准样板的缝制方法，包括有净样板、毛样板的制板、排料、耗料率、裁剪和成衣加工的工艺流程、缝纫、熨烫、成品检验等工艺技术。其中缝制与熨烫的实际操作学习是实验实习课的主要部分。

本课从成衣纸样部分的学习开始，逐步讲述结构设计原理和成衣样板与生产工艺的关系，并将理论转化为实际——工业样板的制作，由此再进入到实习部分，展开服装缝制工艺的学习与研究。由于此课程特别强调严密的科学性与高度的实用性的统一，具有很强的技术性，必须通过一定数量的实验才能掌握。学习过程中，应在教师的指导下，在加强理解构成方法的同时，深化对造型设计理论的认识与提高，才可能对服装款式、造型特点、构成、流行等方面展开评价、研究与分析。这正是高等院校服装专业学生与一般服装技术学校学生学习此课的不同目的所在。

服装成衣加工要根据不同品种、款式和要求制订出它特定的加工手段和生产工序，尤其现代服装款式的流行变化日新月异，促进了成衣工业向高效率、高质量发展，服装的制板、排料、裁剪、缝制、整烫等工艺已能实现自动化。纵观成衣加工生产过程，基础工序是不变的，加工工艺的原理是相通的。其任何高新加工方法、手段都必须建立在基础研究之上，才能建立起更完善的科学、标准化体系。本书正是基于这一原则，从服装基础工艺入手，选择了有代表性、相对稳定的服装品种，按款式分类由浅入深，通过裙装、裤装、上衣、礼服等几类服装，详述了服装成衣的制图、制板及服装工艺制作全过程，图文并茂，力求让学生经过系统学习，能够全面掌握服装成形加工的基本方法、要领，掌握工艺流程的顺序、操作规程及工艺标准，同时对各种缝制加工设备的性能也将有较全面的了解和认识。

展望未来，现代成衣工艺技术必将随着现代高新技术的飞速发展，而尽可能由现代科学技术手段来完成，这样将大大提高服装加工工艺的技术标准化，缩减生产工序，提高劳动生产率及经济效益，以满足人们的生活需要，这也是我们今后面临的研究重要课题，作为立志于振兴我国服装工业发展的新一代，我们任重而道远。

编　者

2000年4月

目录

第一章　成衣纸样的基本构成方法

第一节　成衣纸样概述

就成衣而言，应包括一般成衣和高级成衣两类。一般成衣指按标准号型采用工业化成批量生产的成品的服装，其品种很多，主要为人们生活中广泛穿着的日常装。高级成衣指高级时装设计师，在所设计的高级时装中选择便于成衣化，在一定程度上运用高级时装的制作技术，小批量生产的制作精良、设计风格独特、价格高于大批量生产的一般成衣的高档成衣。

由于成衣批量生产的形式决定了特定的"裁剪法"。狭义的成衣纸样是指裁剪衣片用的样板，广义的成衣纸样则是指以服装款式造型和特定人体为依据所展开的结构设计，是服装成型理论实际化的重要表现载体。

服装结构与人体形态是密不可分的，人体形态是研究服装结构的依据。纸样是进行服装结构设计的手段，服装结构设计是服装设计的重要步骤，是设计思维、理念转化为服装造型的技术条件。服装纸样设计是外观设计的深入，其构成方法主要是按照现代服装的款式造型特点，参照特定的人，再根据人体运动变化对服装造型的影响，形成结构图并依据工艺要求完成成衣所需要的样板。纸样设计能反作用于外观设计，并为外观设计拓宽思路。这是因为外观设计所考虑的仅仅是具体的款式设计，而结构设计所研究的则是服装造型的普遍规律。

服装要"以人为本"，无论是具有个性化的单件作品或工业化的标准成衣产品，都必须通过纸样设计的过程，即服装结构设计才能得以实现。纸样设计的方法（俗称裁剪法）是多样的，其同时涉及人体工学、服装材料、服装制作工艺，因此这里所说的成衣纸样包含着纸样设计这一广义的含义。

第二节　成衣男女纸样设计的基本方法

成衣男女纸样设计要满足现代服装工业化生产的需要。纵观国内外服装工业生产，必须适应服装商品化、成衣化的需求，因此越来越强化成衣号型标准化的特征。

成衣纸样设计的基本方法：是从男女人体入手，即以我国国家服装号型标准人体数据作为实际来源，以人体体形解剖理论作为依据，寻找人体体型变化规律，并参照国内外的服装结构理论、方法、经验，才能确定出合理准确的纸样设计方法。

一、国家标准号型

（一）服装规格号型

在服装成衣生产的样板设计中，服装规格的建立是非常重要的，不仅打基础样板不可缺少它，更重要的是在成衣生产中需要在基础样板上，推出不同号型的系列样板，从而获得从小到大、尺码齐全的规格尺寸，以满足消费者的需要。这就需要参考国家或各地区所制订的号型标准。在服装工业发达的国家或地区，很早就开始了对本国家或地区标准人体和服装规格的研究与确立，大多都建立了一套较科学和规范化的工业成衣号型标准尺寸，供成衣设计者和消费者使用。例如，服装业发达的日本、美国、德国、意大利等国都有较完善的服装规格及参考尺寸。服装规格的正确制订，能在很大程度上促进服装工业的发展和技术交流。

（二）国家统一号型标准

我国服装规格和标准人体尺寸的研究起步较晚，第一部国家统一号型标准是在1981年制订的。经过一些年的使用后，由中国服装总公司、中国服装研究设计中心、中国科学院系统所、中国标准化和信息分类编码所和上海服装研究所起草提供的资料，国家技术监督局于1997年颁布。1998年6月1日起实施《中华人民共和国国家标准服装号型》，其中男子标准代号为GB/T 1335.1—1997，女子标准代号为GB/T 1335.2—1997，儿童标准代号为GB/T 1335.3—1997。标准改变了过去我国服装规格和标准尺寸特别注重成衣的号型，而不注重人体的基本尺寸的局面，基本与国际标准接轨。主要内容为人体的基本尺寸，而将成衣尺寸的制订空间留给了设计者。

1. 服装号型定义

（1）号：指人体的身高，以厘米为单位表示，是设计和选购服装长短的依据。

（2）型：指人体的胸围或腰围，以厘米为单位表示，是设计和选购服装肥瘦的依据。

（3）体型：以人体的胸围与腰围的差数为依据来划分体型，并将体型分为四类。体型分类代号分别为Y、A、B、C。体型分类见表1-1、表1-2。

表1-1　男子体型分类代号表　　　　　　　　　　　　　　　　单位：cm

Y	A	B	C
17~22	12~16	7~11	2~6

表1-2　女子体型分类代号表　　　　　　　　　　　　　　　　单位：cm

Y	A	B	C
19~24	14~18	9~13	4~8

2. 号型标志

（1）服装上必须标明号型。套装中的上、下装分别标明号型。

（2）号型表示方法：号与型之间用斜线分开，后接体型分类代号。例：170/88A。

3. 号型应用

（1）号：服装上标明的号的数值，表示该服装适用于身高与此号相近似的人。例：170号，适用于身高168~172cm的人，以此类推。

（2）型：服装上标明的型的数值及体型分类代号，表示该服装适用于胸围或腰围与此型相近似及胸围与腰围之差数在此范围之类的人。例如：男上装88A型，适用于胸围86～89cm及胸围与腰围差数在12～16cm的人。下装76A型，适用于腰围75～77cm以及胸围与腰围差数在12～16cm的人，以此类推。

4. 号型系列的建立基础

（1）号型系列以各体型中间体为中心，向两边依次递增或递减组成。服装规格亦应按此系列为基础，同时按需加上放松量进行设计。

（2）身高以5cm分档组成系列。

（3）胸围以4cm分档组成系列。

（4）腰围以4cm、2cm分档组成系列。

（5）身高与胸围搭配分别组成5·4号型系列。

（6）身高与腰围搭配分别组成5·4、5·2号型系列。

表1-3、表1-4为覆盖率较高的成人女子、男子国家5·4、5·2A号型系列表，是服装成衣设计、生产中重要的参考数据。

表1-3　女子5·4、5·2A号型系列　　　　　　　　　单位：cm

身高 腰围 胸围	145			150			155			160			165			170			175		
72				54	56	58	54	56	58	54	56	58									
76	58	60	62	58	60	62	58	60	62	58	60	62	58	60	62						
80	62	64	66	62	64	66	62	64	66	62	64	66	62	64	66	62	64	66			
84	66	68	70	66	68	70	66	68	70	66	68	70	66	68	70	66	68	70	66	68	70
88	70	72	74	70	72	74	70	72	74	70	72	74	70	72	74	70	72	74	70	72	74
92				74	76	78	74	76	78	74	76	78	74	76	78	74	76	78	74	76	78
96				78	80	82	78	80	82	78	80	82	78	80	82	78	80	82	78	80	82

表1-4　男子5·4、5·2A号型系列　　　　　　　　　单位：cm

身高 腰围 胸围	155			160			165			170			175			180			185		
72				56	58	60	56	58	60												
76	60	62	64	60	62	64	60	62	64	60	62	64									
80	64	66	68	64	66	68	64	66	68	64	66	68	64	66	68						
84	68	70	72	68	70	72	68	70	72	68	70	72	68	70	72	68	70	72			
88	72	74	76	72	74	76	72	74	76	72	74	76	72	74	76	72	74	76	72	74	76
92				76	78	80	76	78	80	76	78	80	76	78	80	76	78	80	76	78	80
96				80	82	84	80	82	84	80	82	84	80	82	84	80	82	84	80	82	84
100				84	86	88	84	86	88	84	86	88	84	86	88	84	86	88	84	86	88

二、成衣纸样构成基本方法

成衣纸样构成的方法很多，从裁剪方式上可分为平面裁剪和立体裁剪两大类。平面裁剪多用于批量生产的男女成衣，平面裁剪又可分为比例裁剪与原型裁剪。这也是本教材纸样设计所采用的构成方法。

研究服装纸样构成基本方法，应该从学习成衣纸样技术（原型）入手，原型是一种先进的制板技术。在世界各服装业发达的国家或地区均有相应的理论，例如，英国、美国、日本等服装业发达的国家都有较成熟的原型及应用方法。尤其日本的原型流派很多，像文化式、登丽美式原型等经过几十年的发展，已形成一套较为完整的体系。其中，文化式原型在长期教学和实际制板应用中具有较高的实用价值。女子新文化式原型理论，建立在先进的人体测量基础上，具有较高的科学性，充分体现出人体体型的特点，是我们实际可借鉴的经验。

原型是设计生成具体服装纸样的工具，可作用于单件或工业生产。中国人体由于地域和民族的跨度、差异性远比日本人复杂，与西方人比差距则更大。在学习国内外先进经验的过程中，掌握原型的构成方法，确立适合中国人体型细分化系统的各种基本纸样，并通过分析建立起适应各类服装结构设计所需要的简洁、快速、准确的实用纸样技术方法则是很重要的。

服装称为人体的第二皮肤，因此纸样设计的直接依据是人。人的客观生理条件和主观思想意识观念因素，决定了如何进行纸样设计。客观生理条件是指人的生理结构、运动机能等方面，这是关系纸样设计的主要因素。原型必须以此为结构基础；主观思想意识观念因素主要是指人的传统文化习惯、个性表现、审美趣味、流行时尚等方面，原型也要最大限度地满足这些要求。

原型是通过解剖学研究影响人体外形的骨骼、肌肉、脂肪、人体体积，各部位的长、宽、高比例、空间及男女体型差异后，结合现代流行服装款式造型的风格、时尚要求而建立起的基本纸样。它是静态状的人体基本立体结构的体现。

原型不是具体的服装衣片，它根据人体的结构、动态及静态特征、变化、规律，借助运用最科学、简洁的数学计算方法，将立体的人体主要部位数据化，确立出各服装结构的关键部位。例如上衣的胸围、前胸宽、后背宽、前后领宽、前后领深、肩斜度（落肩）、肩胛省、胸凸省等部位，这其中也包含对人体的基本修饰、矫正体型不足、美化外观造型的处理。它的立足点是按服装塑形的要求，在保持结构平衡与均衡的基础上体现出人体的最佳立体状态的形体美。

通过原型纸样可以非常便利地根据服装款式的变化需要，展开服装结构的再设计，即通过原型所创造的塑形基础，运用造型线和胸腰差、臀腰差的省道处理，最终使服装更完美地体现人体体型。

因此，原型的构成及如何正确使用、利用原型是现代服装技术研究的趋向。

三、原型制图方法

原型是服装构成与纸样设计的基础，是制图的辅助工具。人体因年龄性别不同，体型的差异性很大，因此原型一般分为成人女子原型、成人男子原型、儿童原型等不同种类。原型构成主要有以下方法：

（一）立裁法

由于原型来源于人体原始状态的基本形状，故可以采用立体裁剪的方法直接在人体或标准的模特人台上取得。但一般需要有一定的立裁技术基础，操作时控制好人体各关键部位的松量，才能较容易地按需要取得适宜的原型纸样。

（二）公式计算法

如本书所采用的文化式女子新原型（图1-1）和男子标准成衣西服原型（图1-2），均采用以胸围为基础的比例计算制图法。它是参照标准人体的背长、净体胸围、净体腰围、全臂长等几个测量部位尺寸为基础，再根据标准人体的变化规律，以胸围的尺寸为重点，根据数理统计推出计算公式（日本称为胸度式），然后再经过试穿、修正，使其适合一般标准人体的结构状态，最终可在成衣制板中应用。这种原型不是特定的单个人体，具有普遍性的特征。

1. 文化式成人女子新原型制图方法（号型：160/84A）

（1）绘制基础线步骤［图1-1（1）］：

①以A点为后颈点，向下取背长作为后中线。

②画WL水平线，并确定身宽（前后中线之间的宽度）为胸围/2+6cm。

③从A点向下取胸围/12+13.7cm确定胸围水平线BL。

④以身宽为准，垂直于WL线画前中线。

⑤在BL线上，由后中线向前中心方向取背宽为胸围/8+7.4cm，确定C点。

⑥由C点向上画背宽垂直线。

⑦由A点画水平线，与背宽线相交。

⑧由A点向下8cm处画一条水平线，与背宽线交于D点；将后中线至D点之间的线段两等分，并向背宽线方向取1cm确定E点，作为肩省省尖点。

⑨将C点与D点之间的线段两等分，通过等分点向下量取0.5cm，过此点画水平线G线。

⑩在前中心线上从BL线向上取胸围/5+8.3cm，确定B点。

⑪通过点B画一条水平线。

⑫在BL线上，由前中心向后中心方向取胸宽为胸围/8+6.2cm，并由胸宽二等分点的位置向后中心方向取0.7cm作为BP点。

⑬画垂直的胸宽线，形成矩形。

⑭在BL线上，沿胸宽线向侧缝方向取胸围/32作为F点，由F点向上作垂直线，与G线相交，得到G点。

⑮将C点与F点之间的线段二等分，过等分点向下作垂直的侧缝线。

（2）绘制轮廓线步骤［图1-1（2）］：

①绘制前领口弧线，由B点沿水平线取B/24+3.4cm=◎（前领口宽），得到SNP点；由B点沿前中心线取◎+0.5cm（前领口深），画领口矩形，依据对角线上的参考点，画顺前领口弧线。

②绘制前肩线，以SNP为基准点取22°得到前肩倾斜角度，与胸宽线相交后延长1.8cm形成前肩宽度△。

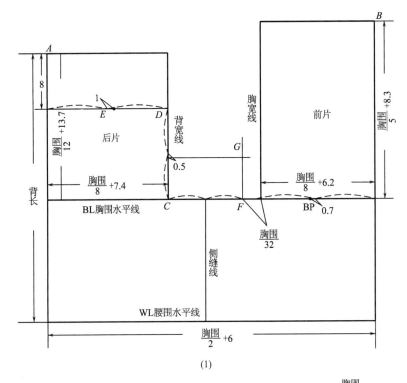

(1)

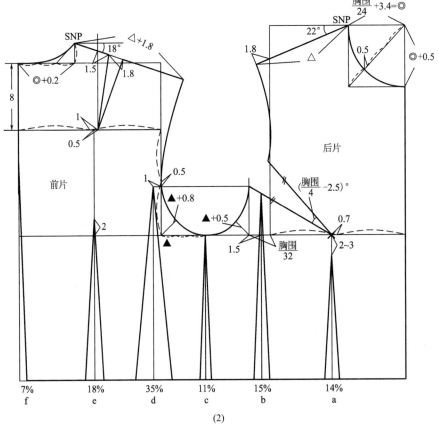

(2)

图1-1

③绘制后领口弧线，由A点沿水平线取◎+0.2cm（后领口宽），取其1/3作为后领口深的垂直线长度，并确定SNP点，画顺后领口弧线。

④绘制后肩线，以SNP为基准点取18°的后肩倾斜角度，在此斜线上取△+后肩省（B/32–0.8cm）作为后肩线宽度。

⑤绘制后肩省，通过E点，向上作垂直线与肩线相交，由交点位置向肩点方向取1.5cm作为省道的起始点，并取B/32–0.8cm作为省道大小，连接省道线。

⑥绘制后袖窿弧线，由C点作45°倾斜线，在线上取▲+0.8cm作为袖窿参考点，以背宽线作袖窿弧线的切线，通过肩点经过袖窿参考点画圆顺后袖窿弧线。

⑦绘制胸省，由F点作45°倾斜线，在线上取▲+0.5cm作为袖窿参考点，经过袖窿深点、袖窿参考点和G点画圆顺前袖窿弧线；以G点和BP点的连线为基准线，向上取（B/4–2.5）°夹角作为胸省量。

⑧通过胸省省长的位置点与肩点画圆顺前袖窿弧线上半部分，注意胸省合并时，袖窿弧线应保持圆顺。

⑨绘制腰省，省道的计算方法及放置位置：

总省量=B/2+6cm–（W/2+3cm）

a省：由BP点向下2～3cm作为省尖点，并向下作WL线的垂直线作为省道的中心线，占总省量的14%。

b省：由F点向前中心方向取1.5cm作垂直线与WL相交，作为省道的中心线，占总省量的15%。

c省：将侧缝线作为省道的中心线，占总省量的11%。

d省：参考G线的高度，由背宽线向后中心方向取1cm，由该点向下作垂直线交于WL线，作为省道的中心线，占总省量的35%。

e省：由E点向后中心方向取0.5cm，通过该点作WL的垂直线，作为省道的中心线，占总省量的18%。

f省：将后中心线作为省道的中心线，占总省量的7%。

（3）绘制原型袖子的袖山高步骤［图1-1（3）］：

新文化式女子衣袖原型纸样制作，是在衣身袖窿弧线的基础上进行的。

①首先将上半身原型的袖窿省闭合。

②确定袖山高：将侧缝线向上延长作为袖山线，并在该线上确定袖山高。袖山高的确定方法是：计算由前后肩点高度差的1/2位置点至胸围BL线之间高度，量取其5/6作为袖山高。

（4）绘制原型袖子步骤［图1-1（4）］：

①从袖山高点向下画袖长中线，确定袖肥：由袖山顶点开始，向胸围BL线量取倾斜线长等于前袖窿弧线长前AH，取后AH+1斜线长交与胸围BL线，确定出前后袖肥尺寸。再从前后袖肥垂直画两侧缝线及袖口线。绘制前袖山弧线：在前袖山斜线上沿袖山顶点向下量取前AH/4的长度，再由该位置的点作前袖山斜线的垂直线，并量取1.8～1.9cm的长度，沿袖山斜线与画袖窿弧的辅助G线的交点向上1cm作为袖窿弧线的转折点，然后经过袖山顶点和两个新的定位点以及袖山底部绘制圆顺即为前袖山弧线。

②绘制后袖山弧线：在袖山斜线上沿袖山顶点向下量取前AH/4的长度，由该位置点作后

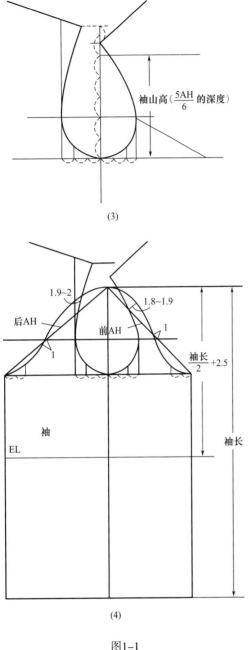

(3)

(4)

图1-1

袖山斜线的垂直线，并量取1.9～2cm的长度，沿袖山斜线与画袖窿弧的辅助G线的交点向下1cm作为袖窿弧线的转折点，经过袖山顶点和两个新的定位点以及袖山底部画圆顺即为后袖窿弧线。

③袖肘线位置：从袖山高点向下长度为1/2袖长+2.5cm。

2. 标准男上体比例原型的制图 男子体型与女子体型有较大差异，人体的曲面状态相对女子较平坦，身高与胸围相同的男女体型相比较，女体胸部、腰部、臀部三围状态较圆，而男体则薄，男体乳点相对较低，后背宽相对较宽厚，因此肩较宽，胸腰差、腰臀差都小于女体，故整体呈倒梯形。

参考国家号型中国标准体，采用人体测量与立体裁剪方法相结合而获得相关体型的基本状态及推导出的比例计算公式，可以建立起适应于男西服、衬衫、大衣等成衣基本纸样的比例原型。方法如下：

号型：170/88A的西服成衣比例原型，规格：成品胸围88cm（净胸围）+18cm（放松量）=106cm、背长42.5cm、颈根围38cm。

（1）采用净体胸围（B=88）计算公式制图方法（图1-2）：

①背长42.5cm画纵向线。

②后领深至胸围线：$1.5B/10+11.2cm=24.4cm$。

③胸围/2：$B/2+9cm=53cm$。

④前袖窿深：$1.5B/10+10.7cm=23.9cm$。

⑤后背宽：$1.5B/10+7.7cm=20.9cm$。

⑥前胸宽：$1.5B/10+6.2cm=19.4cm$。

⑦侧缝线：$B/4+4.5cm=26.5cm$。

⑧后领宽：颈根围/5+0.9cm=8.5cm或$B/12+1.17cm=8.5cm$。

⑨后领深：$B/40+0.3cm=2.5cm$。

⑩后落肩：$B/40+2.3cm=4.5cm$，后背宽冲肩1cm，确定后小肩斜线。

⑪前领宽：颈根围/5+0.7cm=8.3cm或$B/12+1=8.3cm$。

⑫前领深：前领宽+0.5cm=8.8cm。

⑬前落肩：$B/40+3.3cm=5.5cm$，前小肩斜线同后小肩斜线。

⑭后袖窿肩胛省：$B/40-0.25cm=1.95cm$。

⑮后袖窿肩胛凸点：1/2后背宽横线向袖窿方向移1cm。

⑯侧缝前胸凸省：$B/40+0.3cm=2.5cm$。

⑰胸凸点（BP）：侧缝至前中线的1/2下3cm。

⑱后中腰省$B/40+0.3cm=2.5cm$。

（2）采用成品胸围计算公式制图方法（图1-2）：成品胸围88cm（净胸围）+18cm（放松量）=106cm，背长42.5cm，领围38cm（颈根围）+2cm=40cm。

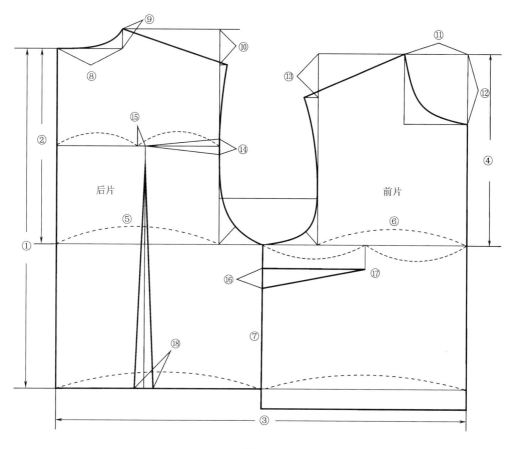

图1-2

①背长42.5cm画纵向线。

②后领深至胸围线：$1.5B/10+8.5cm=24.4cm$。

③胸围/2：$B/2=53cm$。

④前袖窿深：$1.5B/10+8cm=23.9cm$。

⑤后背宽：$1.5B/10+5cm=20.9cm$。

⑥前胸宽：$1.5B/10+3.5cm=19.4cm$。

⑦侧缝线：$B/4-26.5cm$。

⑧后领宽：领围/5+0.5cm=8.5cm或$B/12-0.33cm=8.5cm$。

⑨后领深：$B/40-0.15cm=2.5cm$。

⑩后落肩：$B/40+1.85cm=4.05cm$，后背宽冲肩1cm，确定后小肩斜线。

⑪前领宽：领围/5+0.3cm=8.3cm或$B/12-0.53cm=8.3cm$。

⑫前领深：领围/5+0.8cm=8.8cm或$B/12-0.03cm=8.8cm$。

⑬前落肩：$B/40+2.85cm=5.5cm$，前小肩斜线同后小肩斜线。

⑭后袖窿肩胛省量：$B/40-0.7cm=1.95cm$。

⑮后袖窿肩胛省点：后背宽/2横线向袖窿方向移1cm。

⑯侧缝前胸省量：$B/40-0.15cm=2.5cm$。

⑰胸凸点（BP）：侧缝至前中线的1/2下3cm。

⑱后中腰省量$B/40-0.15cm=2.5cm$。

（三）公式计算与实测法

登丽美式原型采用公式计算与直接测量相结合的方法，即有的部位采用公式计算，而有的部位如胸宽、背宽等则采用直接测量的数据。

（四）实测法

实测法是采用测量工具设备，直接针对人体各部位进行细致的测量，然后依据实测数据展开制图。这种方法需要有较好的人体计测设备和测量经验，才不至于产生误差。近年，随着电脑控制的人体非接触测量仪器的发展，使测量数据更加准确，能取得较好的人体立体三维形态数据，从而获得原型。

（五）原型的细分法

鉴于人体体型的复杂性，即生理体型有较大差异，如骨骼脊椎柱的曲度形成人体体轴的区别；肩胛骨、锁骨的关系与三角肌的状态形成宽肩、窄肩及肩斜度的不同；胸部、臀部肌肉与脂肪的状况不同，造成不同的腹突、臀高；前胸肌肉与脂肪的状况不同，造成乳胸的大小高低；颈部肌群的发达程度和脂肪沉积程度则影响颈部的粗细状况。另外，年龄的不同在骨骼、肌肉、脂肪等方面差异就更大了，包括儿童体型、少年体型、青年体型、中年体型、老年体型等。

因此，原型必须进行细分化，确立出不同体型的原型系列才能更有针对性地展开样板的制作。原型细分化的理论目前在我国的服装结构设计中还缺少系统、全面、深入的研究，在成衣制板中对于复杂的人体体型，缺少具体细致的处理，一般只采用一种标准原型的结构处理方式制板。随着人们着装质量的提高对于服装要求不断提升，服装在每个时期都要符合人体的要求，又要充当流行中某种特定造型的角色。近年流行的女时装以紧束、包裹身体为流行点，趋向表现适合自身的体型、气质个性化品位和风格。因此，服装结构设计的科学化、多样性要根据目标顾客的体型设计纸样，所以，原型必须经过反复修正、细分化技术的修正处理，才能较好地运用于实际的纸样设计。

四、比例裁剪制图法

服装结构设计经历了从原始立裁—平面比例裁剪—原型裁剪—现代立体裁剪—立体与平面相结合裁剪等过程。我国最早接触的西式裁剪方法基本上是平面比例裁剪，至今仍在广泛使用，所以也称之为"传统比例裁剪"，是一种实用的纸样设计方法。

近十年来，随着理论研究的深入，各种学术观点相继产生，表现在服装结构设计方面认为比例裁剪太经验化，不适应现代服装造型的需要。其实比例裁剪、原型裁剪、立体裁剪是三种不同的服装造型构成方法，至于采取哪种方法获得的结构更理想，除了方法本身的适应性外更主要的还是看设计者对这种方法的研究深度，每一种方法都有一定的优点和不足。正确的是吸收各种方法的优点，避免局限性，建立一套更加科学、变化灵活的结构设计理论和实用方法。

比例裁剪的基本原则是以人体测量数据为依据，根据款式设计的整体造型状态，首先制订好服装各部位的成品规格，例如，上衣包括衣长、胸围、腰围、臀围、总肩宽、领围、腰节、袖长、袖口等尺寸；然后根据成品规格各部位的尺寸，参照人体变化规律设计合理的计算公式，上衣主要以胸围的成品规格为依据，推算出前胸宽、后背宽、袖窿深、落肩等公式。领深、领宽一般也可参照领围成品规格尺寸进行推算，从而构成人体体积的前胸省、后肩胛省，其省量根据所在位置大多采用经验估量或参照胸围尺寸用技术方法确定出来。

较定型的服装像标准衬衫、西服、西裤及宽松式的夹克，尤其男士服装中款式较规范的造型，其结构变化规律通过多年的应用，完全可以采用比较成熟的经验公式，解决从立体的人体转化成平面结构图，再转化为立体的服装。在制板中，衣片的结构线、块面无不是以人体的特征及造型的需要而紧密相结合。纸样设计完美地完成造型，满足穿着的舒适性、功能性的各种条件，比例裁剪法靠计算公式的经验数值的调整来完成。

由于人体形态变化极为复杂，构成人体的体块都是不规则体，必须寻找平面构成的规律，利用最简洁的方法融合各部位的结构原理，通过深入理解服装与人体之间的对应关系，如袖窿与袖山的配合关系；省、褶的构成变化规律；省的移位与变形；领子与领围的配合关系等，反映出平面状态下的衣片结构的准确性、结构的平衡性。

现代服装较过去有着很大的不同，因此，平面比例裁剪必须去除保守思想，将经验性的感性知识上升为理论，改变比例裁剪多年来一直停留在感性与理性的边缘地带的状态，才能较好地发挥它的作用。

比例裁剪与原型法的最大区别在于样板成型的过程。原型法是二次成型制图，传统比例裁剪由于是一次成型制图，故受其定型性的影响，有局限性。本书将在男装应用部分结合原型理论，力图扩展比例裁剪的优势，克服缺陷，最大限度地满足现代服装制板的需要。

第二章　基础缝制工艺

服装基础工艺是指服装制作过程的基础手段和方法，主要分为三部分：手缝工艺、机缝工艺和熨烫工艺。

第一节　手缝工艺

手缝工艺即采用手针缝制的工艺，它是几千年来劳动人民通过劳动不断积累起来的成果，它体现了劳动人民的智慧。手缝工艺有着灵活、针法多变的特点，它是服装缝制过程中一项重要的基础工艺。

一、手缝工具

1. **手针**　手工缝制所用的钢针顶端尖锐，尾端有小孔，可穿入缝线进行缝制。手针按长短粗细分型号，号码越小，针身越粗越长；号码越大，针身越细越短。

手缝针约有15个型号，即1~15号。服装行业用针通常按加工工艺的需要或缝制材料的不同，选用不同型号的缝针。一般丝绸、棉布等较薄或纤维较细的材料，选用7~9号针；毛呢、绒布类较厚而硬实的部位或部件，选用4~6号针，具体用针情况见表2-1。

表2-1

型号	1	2	3	4	5	6	7	8	9	10	11	12	13	14	15
最粗直径/mm	0.96	0.86	0.86	0.80	0.80	0.71	0.71	0.61	0.56	0.48	0.48	0.45	0.39	0.39	0.33
用途	缝制帆布用品及被、褥等		缝制较厚呢料，锁眼、钉扣、装垫肩等		缝制一般毛呢类服装或敷衬布，也可用于中厚型料锁眼、钉扣等		缝制一般薄料服装，也用于薄型料锁眼、钉扣等		缝制精细丝绸类服装		刺绣		在薄料上刺绣或钉珠片等装饰物		

2. **顶针**　顶针也称顶针箍，它是铜、铁、铝等金属制成的圆形箍，其表面有较密的凹型小洞穴，不分型号，只分活口和死口两种。现在一般顶针多为活口，便于调整大小。选用顶针时，以挑选凹穴较深、大小均匀为佳。

手缝时，将顶针套在右手中指上，起顶住针尾、帮助将针推向前的作用。

3. **针插** 针插也称针座，为插针用具，一般采用布或呢料制作，直径在4~10cm。使用针插除了使针不易丢失，还能起到使针保持光滑、防止生锈的作用。

4. **尺** 根据国务院实行"中华人民共和国法定计量单位"的规定，必须统一使用我国法定计量单位。尺的种类很多，常用的有塑料软尺、有机玻璃直尺（30cm、40cm、60cm）、方眼定规尺等。软尺的作用是量体及检查服装成品规格等；有机直尺可用于定位及画线，也可用于测量零件尺寸大小等；方眼定规尺可用于定位尺寸及画线、放毛板线、推板线等。

5. **划粉** 划粉用于在面料上画线、定位，多以石灰粉制成。划粉颜色有多种，形状为有角的薄片，以确保画线时线迹的精确性。使用时，深色衣料可用浅色或深色划粉，浅色衣料可用较深色或浅色划粉，白色衣料应用浅色划粉。

6. **剪刀** 缝纫时一般应准备两种剪刀：一是裁剪面料用的剪刀（9# ~ 12#），其剪刀后柄有一定的弯度，以便在面料铺平的状态下裁剪，减少误差；二是普通小剪刀或小纱剪，主要用于剪线头和拆线头等。剪刀要求刀口锋利，刀尖整齐不缺口，刀刃的咬合无缝隙。

其他缝纫工具还有拆刀，用于拆线；锥子，作为辅助工具；镊子，拔面料的细小部位等。

部分工具如图2-1所示。

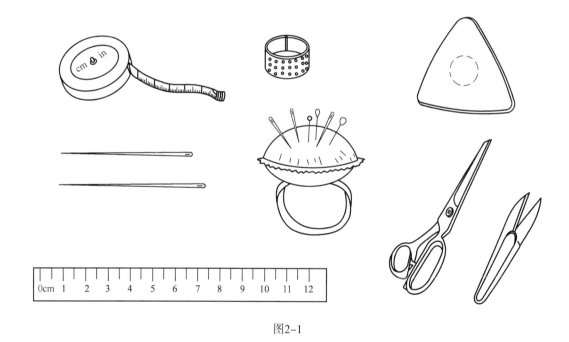

图2-1

二、手缝用具的使用及保管

手缝针一般要求针身圆滑、针尖锐利，因此使用时切忌沾湿，以免针身生锈。另外，应避免针尖起钩、磨钝，否则缝纫时会产生阻滞或将织物拉毛的现象。由于手针较小容易失落，因此使用完毕后将针插在针插上，或在针尾留有余线，不能乱丢或随手插在衣物上。

使用剪刀，应注意不要随手去剪面料以外的硬物，如硬纸盒，也不要将多层面料叠合在一起剪。

三、手缝针法

手缝工艺的基本动作是用已穿线的手针扎进衣料，又移位扎出并拔针拉出缝线，缝住衣料（一针），连续插针缝线，即可把衣物的一边缝合。在具体的手缝工艺中，应区别不同部位与不同要求，采用不同的针法，以达到不同的质量要求和效果。

手缝工艺包括：缝、拱、撩、缲、缭、环、贯、纳、扳、绷、勾、锁、钉、拉、打等十几种针法。

手缝针法按运针方法、方向及技法特点，大体可以归为三类：一是一上一下向前运针的缝针类；二是一上一下运针，但方向进退结合的勾针类；三是向单一方向运针或回绕线圈的环针类。

（一）平缝针

平缝针也称纳针，是一种一上一下、自右向左顺向等距运针的针法。线迹长短均匀，

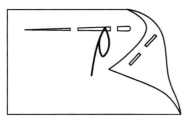

图2-2

排列顺直整齐，可抽动聚缩。这种针法在服装袖山头、袋的圆角、抽细褶等呈圆弧形或需收缩的部位均常用到（图2-2）。

1. 操作要领

（1）左手拇指、小指放在布的上面，其余三指放在布的下面，将布夹住，右手与左手配合采用一针上、一针下，等距离从右向左缝针的方法。

（2）缝针时不必缝一针拉一针，可连续缝五六针，利用右手中指顶针的推力向前推，拇指、食指则将缝料协调配合向后拔；右手有节奏地控制上、下针距，做送布、移位等动作。

2. 要求 针距长短均匀，缝线松紧一致，线迹顺直、整齐、美观。

（二）撩针

撩针也称假缝，是一种将服装两层或多层布料定位缝合的针法，通常起暂时固定的作用。例如服装衣面敷衬、敷挂面以及制作某些服装时，为使袖子、裙摆、衣领等缝得圆顺而需在缝缉前将它们事先固定。依次撩针主要是为下道机缝工序服务的，目的是使所缝制的衣物不致发生移位现象。有些服装采用撩针，在机缝后不拆撩线，又称为固定撩针，也叫定针。例如毛呢服装在挂面、袖里与袖面所缝的撩针等（图2-3）。

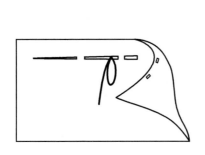
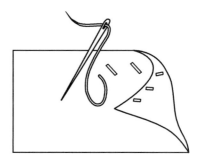

图2-3

1. **针法**　撩针缝法与平缝针缝法类似，即自右向左一上一下运针，只是显露的线迹与缝针不一样。

（1）将面料平铺于台板上，上下对齐。

（2）左手压住待缝定的部位，右手拿针，以中指顶针顶住针尾，向下使针尖穿透面料。应注意向下穿孔不能过长（一般不超过0.5cm），但也不能过少。

（3）左手用食指、中指按住起针部位的面料，同时以右手将针尖从下向上挑起，顶针顶住针尾向上推，将针抽出。

2. **要求**

（1）针迹线路要顺直，抽线松紧适当，针距一致。

（2）一般采用单根白棉纱线做撩缝。

（三）打线丁

所谓打线丁是指采用缝线在两层裁片做上下对应的缝制记号，多用于毛呢服装。打线丁时，缝线一般选用白棉纱线，因为棉纱线软且多绒毛，不易脱落，且不会褪色污染面料。

1. **针法**

（1）把两层裁片叠合、对齐平铺于台板上。

（2）打线丁的方法类似于撩针。先用左手将铺在台板上的两层裁片摆平，食指和中指按住打线丁的部位，将针尖按粉线记号刺入面料，当针刺透裁片后即向上挑起（底层针距约为0.4cm），用左手食指按住面料，拔针、拉线、再进针，依次循环。浮在面料表层的面线距离一般为4~6cm。

（3）根据面料的厚薄和所打线丁部位的不同，打线丁可分为单针、双针两种方法。单针，每缝一针就移位、进针；双针，在同一位置连续缝两针再移位进针。

（4）线丁缝完后，先把表层连线剪断，然后再将裁片上层掀起，轻轻地把上、下层裁片间的线丁拉长为0.3~0.4cm，从中间剪断，上层的线头修剪为0.2cm左右（图2-4）。

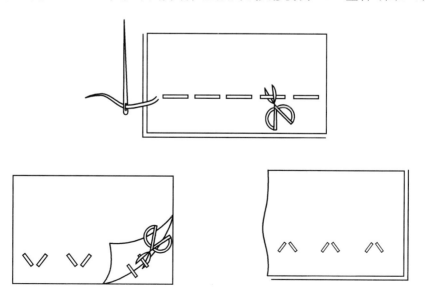

图2-4

2. **要求** 打线丁时，应注意上下裁片叠合准确，不移位变动，以免将来缝制出现误差。

（1）线丁针脚顺直，缝线不要拉得过紧或过松。若过紧，缝线容易在修剪后脱落；过松，则容易产生误差。

（2）剪线丁时（特别是在上、下层面料间），剪刀一定要握平，要对准线丁中间剪，防止剪破面料。

（3）直线处的线丁可打得稀疏些，转弯及装配件处等关键部位宜打得紧密些。

（四）纳针

纳针也叫八字针，是一种将服装两层或多层织物牢固扎缝在一起的针法。常用于毛呢服装纳驳头、领子等。

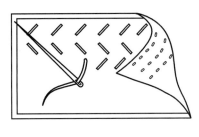

图2-5

1. **线迹特点** 斜向平行，行与行之间形成"八"字形，在面料底层显露的线迹长短距离均匀相等，而在面料面底只留下若隐若现的细小线点（图2-5）。

2. **针法** 扎针自右向左一上一下运针，但每一行线迹排列斜向相同。因此，针尖起落时应均匀一致地朝同一方向；换行返缝再更换方向，与前行形成不同的线迹方向。

3. **要求**

（1）针距一致，线迹均匀，松紧适中。

（2）纳缝后的面料根据要求形成一定的弧形。

（五）勾针

勾针也称回针，是一种运针方向进退结合的针法。有顺勾针和倒勾针之分，顺勾针主要用在高档毛料裤子的后裆缝及下裆线的上段；倒勾针用于高档上装的袖窿弯边或领口的缝头处。

1. **线迹特点** 顺勾针多用单线（用较粗的皮线），在面料正面线迹呈首尾相接状，在面料反面的线迹呈叠链状；倒勾针多用双线，在面料正面的线迹呈交叉相接状，在面料反面的线迹呈小短线状。

2. **针法**

（1）顺勾针：也称正勾针，为自右向左运针。起缝时先从上向下，使针尖穿透面料，再按确定的针距与位置，使针向上刺透面料后拔针，这为进针。然后，使拔出的针从前一针的出针处向后略退再入针，待针尖刺透面料后再向前进针。如此往复，形成面料正面线迹类似机缝，而反面线迹交叉重叠（图2-6）。

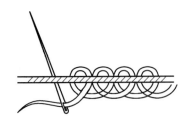
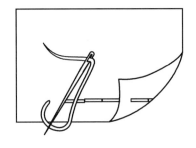

图2-6

（2）倒勾针：自左向右运针。方法是先使针尖刺透面料，拔针，拉线，再向右按确定的距离和位置入针，待针尖露出面料后再向左退针、拔针，这样就完成了第一针。如此循环前进，形成面层针迹如链条状交叉重叠，而底层线迹成短线（图2-7）。

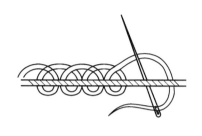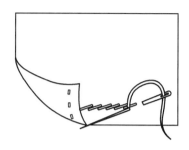

图2-7

3．要求

（1）缝线松紧合适，具伸缩性，不易断线。

（2）针距长短均匀，线路顺直，弧线流畅。

（六）拱针

拱针也称攻针，是一种将多层织物用细小点状线迹固定住的针法。常用于西装止口、驳口边缘、手巾袋封口以及毛呢服装不缉明线而需固定处等。

1．**线迹特点** 在缝物表层、底层所露线迹均很小，排列均匀。

2．**针法** 运针先进后退。手针先将线结藏于面、里料的夹层内，使针尖刺出衣服表面，拔针拉线，然后在第一针出针处稍退后0.1～0.5cm入针，如此往复，最后针结藏于夹层内（图2-8）。

3．**要求**

（1）面料表面仅留很小的线段，但数层织物要缝实、缝牢。

（2）线迹均匀、顺直。

（3）缝线的颜色与面料的颜色相似或基本相似。

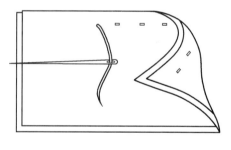

图2-8

（七）扳针

扳针是一种进退结合的针法，主要用于服装边缘起固定作用，如扳止口等。

1．**线迹特点** 衣物表面的线迹呈斜向交叉状，背面不露线迹，用线将一层衣片的边缘扳住另一层衣片（图2-9）。

2．**针法** 沿衣止口边缘自右向左斜向运

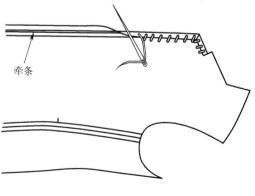

图2-9

针，以扣住止口。操作时，先将服装止口缝份翻转，内粘牵条，压在缝份下，然后沿缝份边做扳缝。第一针由下向上从缝份上刺出，再向右斜方向进针，从缝份边的衬布上入针，把缝份固定在衬布上，再向左从缝份处缝出。斜向衬布进针为第二针，第二针与第一针缝线平行。

3. **要求** 线迹整齐、均匀、美观，松紧度一致。反面线迹不可过多透出面料。

（八）扳三角针

扳三角针也称花绷三角针，是用在服装折边口的一种常见针法。在折边处是一个"X"形线迹，而衣片表面仅留细小的点状线迹。缝三角针时，缝线选用与面料同色或近似色。

1. **针法特点** 取一块毛呢料，将扳三角针的部位沿边折转、烫平。扳缝时，从左向右运针，使线迹成等腰三角形似的夹角。

2. **方法** 第一针起针，将线结藏在折边里，将针插入距折边上端0.7cm的位置。第二针向后退斜缝在折边下层，即衣料的反面，挑起一两根布丝。第三针再向后退缝在折边上的0.7cm处，这样第三针与第一针成斜三角形，依此循环前进（图2-10）。

3. **要求**

（1）线迹成交叉的三角形，针距及夹角均匀相等，排列整齐、美观。

（2）将折边扳牢，平整服帖。

（九）杨树花针

杨树花针是一种多用于女装活里、衣服下摆折边等处的装饰性针法，有二针花、三针花等。运针方法由右向左运针，进退结合，针针套扣。缝线可选用较粗的丝线或绣线，线色可用与衣里料同色或近似色或对比色，以求达到鲜明的装饰效果。

1. **针法**

（1）用定针撩缝底摆。起针时，左手捏住所缝衣物的底边。

（2）起针针尖与前一针起针处的下方平齐，针距为0.3cm。

（3）进针后，针尖向后方约0.3cm处出针，应注意每次出针前，必须将缝线套在针下，套的方向依照所扳的花型而定，针步花型往上的线要向上甩套，针步花型往下的线要向下甩套（图2-11）。

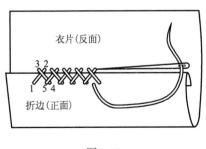

图2-10

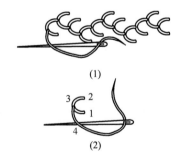

图2-11

2. **要求**

（1）每一针针距长短一致，抽线松紧适中，防止将面料抽皱。

（2）衣物表面线迹要美观。

（十）环针

环针也称甩针，是一种将服装衣片边沿毛丝扣压住，而不使其散乱的针法，用于衣片毛边锁光，现已用包缝机代替。但毛呢服装剪开省缝的边缘锁光，仍用此针法。

1. **线迹特点**　沿衣片边缘斜向锁毛边，以固定住边缘纱丝。

2. **针法**　从衣片边缘内侧几根纱丝处由下向上出针，拔针后反向衣片下面，再由下向上出针。针距可视织物的粗细而定，一般在0.3～0.5cm，运针顺序自右而左渐进，使缝针斜向绕住布边（图2-12）。

3. **要求**　线迹均匀、整齐，环光毛边纱丝。

（十一）缲针

缲针也称缭针、扦针，是按一个方向进针，把一层布的折光边与另一层布边连接起来的针法。常用于袖口、衣摆边、夹里、袖窿边等部位，也可用于服装表面贴装饰性布片，使之达到平整、美观的目的。

缲针针法分为明缲针和暗缲针。明缲针正面线不露，里面有线迹露出。暗缲针两面都不露出线迹。

1. **明缲针法**　将衣服一边折转两次，右手拿针，将针头藏于夹层内，然后从折边的下层布向上层贴边斜向进针，针尖在上面挑住一两根纱线，正面不露线迹，折边处外露线距要短（图2-13）。

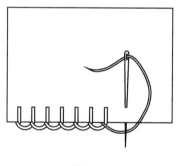

图2-12

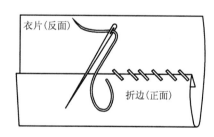

衣片（反面）

折边（正面）

图2-13

2. **暗缲针法**　将衣料折边处向外翻开，右手持针，将线头藏于夹层内，然后自缝物内侧从右向左一针针缲，针尖在衣片折边处夹层内穿缝，两面都只缝住一两根布丝（图2-14）。

3. **要求**　针距在0.3～0.5cm，均匀一致，线迹不外露，松紧度一致。

（十二）贯针

贯针也称通针，是一种缝针暗藏在衣服边缘折缝中的针法，常用于高档服装夹里底边、袖口、衣摆、裤脚等部位。

1. **针法**　与暗缲基本相同，不同之处在于它的运针是在折边与衣面的夹层内。先将线结暗藏在折边中，再出针缝住衣片一两根纱线后，再缝折边内，以此循环。要求衣片面部不见线迹（图2-15）。

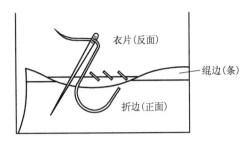

图2-14

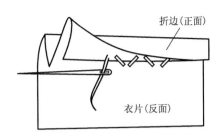

图2-15

2. **要求** 线迹顺直，针距均匀，缝线暗藏，表面不露线迹。

（十三）锁针

锁针是一种将缝线绕成线环后串套，把织物毛口锁绕住的针法。多用于锁扣眼、插花眼及某些装饰性较强的服装绣边、挖花等处。

1. **针法（锁扣眼）**

（1）按纽扣直径画扣眼的大小。扣眼直线长为纽扣直径加0.15～0.3cm。先对折扣眼直线，在中间剪开0.5cm左右开口，再将布摊平向直线两端剪开，使之成扣眼。

（2）打衬线。在离扣眼两侧约0.3cm处，缝两根同扣眼等长的平行线，作用是使锁好后的扣眼牢固，周围不起皱。

（3）锁眼。第一针从扣眼尾部起针，针从下层向上层挑缝，第一针缝出一个针头但不拔出（针尖靠紧衬托线缝出），用右手将针尾的线由下向上绕在针上，然后将针拔出，随即拉线。拉线时，应由下向上斜向45°角，使线套在眼口上交结，从此顺序向前锁至圆头时，锁针和拉线应对准圆心，才能保持圆度、整齐、美观。

（4）封线。锁眼完成后，尾针应与首针对齐，然后再缝两行封线，再将针从中间拔出，插入封线，拉紧缝线，最后在衣片反面打结。图2-16（1）为平头扣眼，（2）为圆头扣眼。

2. **要求**

（1）扣眼两边排列均匀、对称，整齐、结实。

（2）锁结紧密，不露衣片毛丝及衬托线。

（十四）拉线套

拉线套是一种在衣片上以连环套线迹套成小襻的针法，常用于纽襻、腰襻以及外衣、大衣等活底摆，活里与面的连结等。缝线选用与面、里料颜色相近的粗丝线。

1. **针法**

（1）第一针从折边反面缝出，并将线结藏在反面，然后缝第二针，针距约为0.3cm，将衣片放平在工作台上。

（2）用左手套住第二针线套，左手中指勾住缝线。

（3）右手拉缝线，与左手放线配合。

（4）放脱左手套住的线圈，边拉边收，形成第一个线襻，然后第三针通过第一个线襻结形成第二个线襻结，以此循环往复。

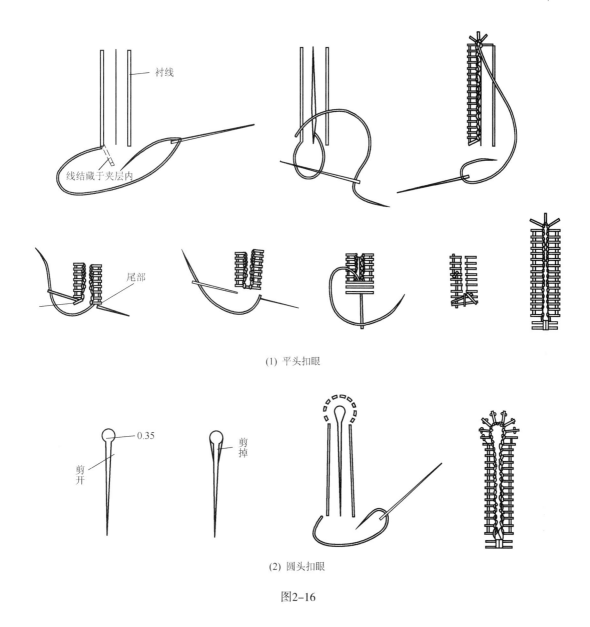

衬线

线结藏于夹层内

尾部

(1) 平头扣眼

剪开 0.35

剪掉

(2) 圆头扣眼

图2-16

（5）收针时，将针穿过最后一个线襻结，拉紧穿到反面打结（图2-17）。

2. **要求**　拉线套时双手要配合好，环环相套的线结应大小、松紧一致。

（十五）打套结

打套结是一种类似锁针般在缝线上打结的手缝工艺。主要用于中式服装的摆缝开口、袋口等部位，用于增强牢度，并起装饰作用。

1. **针法**

（1）先从衣片反面穿出，使线结藏在反面，然后在开衩或口袋垂直方向缝数行衬缝，衬线要紧密靠拢。

（2）用锁扣眼的方法锁出一行排列整齐紧密的线结，最后把缝针刺入衣片反面打结（图2-18）。

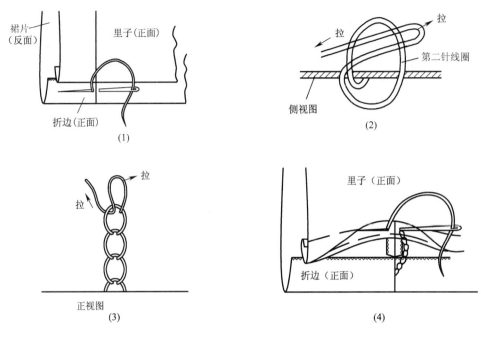

图2-17

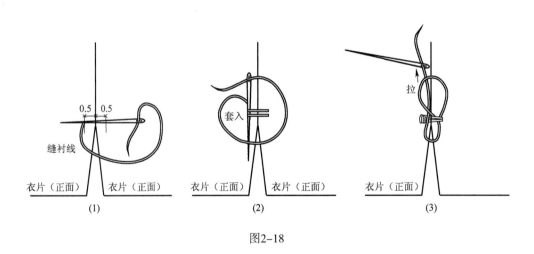

图2-18

2. **要求** 打套结时抽线不宜太紧，拉力均匀。

（十六）钉纽扣

钉纽扣是将纽扣缝缀、固定在服装上。常用的纽扣有两眼扣、四眼扣，缝线以采用与纽扣同色或近色的粗丝线为宜。

1. **方法**

（1）先在布面上用划粉或铅笔画出钉纽扣的位置。

（2）将针从衣片下出针，把线结藏于夹层内，然后把针线穿入纽扣孔，再从另一个纽扣孔穿出，刺入布面，纽扣与布面之间留有松度（薄料留0.1～0.2cm松度，厚料留0.3～0.4cm松度）。

（3）当纽扣缝三四次缝线后，用线在扣子与布面间缠绕若干圈，由上往下绕，绕满后将针穿入反面打结（图2-19）。

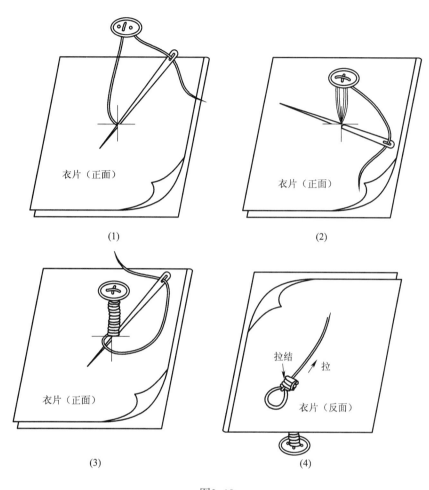

衣片（正面）

(1)

衣片（正面）

(2)

衣片（正面）

(3)

拉结　拉

衣片（反面）

(4)

图2-19

2. 要求

（1）纽扣位置要正确。

（2）钉好的扣子应不紧、不松，周围布面平服，针迹均匀。

（3）如遇到衣料很薄或所用纽扣过大，应在里层衬垫小布片。

（十七）制包扣

包扣是花色纽扣的一种，是用面料将普通纽扣或其他薄形材料包在内部做成。

1. 方法

（1）剪一圆形包扣布，直径为被包入纽扣的两倍。

（2）沿包扣布边0.3cm处缝针一圈，针距要小。然后将需包入的纽扣放入包扣布中间，抽拢四周的缝线，直至完全包住纽扣为止。

（3）用针交叉缝入已包好纽扣的布边，缝牢，线要拉紧（图2-20）。

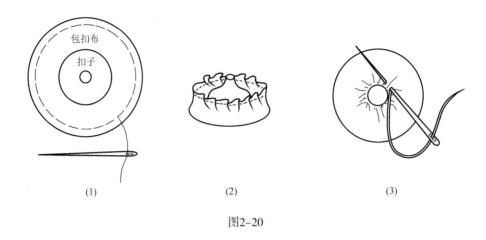

(1)　　　　　　　　　(2)　　　　　　　　　(3)

图2-20

2. **要求** 包扣布面要平整，线要拉紧，不应过于宽松而使里面的纽扣移动。

第二节　机缝工艺

机缝工艺是指服装加工过程中，依靠机械来完成的缝制加工方法。它是现代服装工业生产的主要手段。

一、常用机缝工具

1. **缝纫机针的针号及使用方法** 目前服装制作主要方式是用线进行缝合，而缝纫线只有依靠针的作用才能将衣片缝合。因此，所有缝纫设备几乎都离不开针。针是在缝纫过程中直接对面料进行加工的部件，通过缝纫机针与缝纫线形成线迹，它对缝纫质量的好坏有着直接的影响。为了适应各种加工的要求，缝纫机种类较多，缝纫针的材料、结构、形状、规格、性能更是多种多样。机针型号目前很多。由于机针和缝线在缝纫过程中与面料直接接触，在服装制作中，应根据缝纫机面料的性能及适用条件，正确使用机针，更好地发挥它们的作用，保证生产顺利进行。

（1）机针分类：机针可分为家用机针和工业用机针两类。

①家用机针：主要用于手工或低速电动运转的家用型缝纫机，分别有各种型号手针和家用型机针，只适合完成普通的缝合。在一般小型企业的低档加工产品中仍有采用，对家用缝针的要求不高，服装的结构也较简单。

②工业用机针：主要在中、高速缝纫机上使用，适合成衣加工企业中的工业批量产品，由于服装品位和质量都要求较高，因此对机针的要求也随之提高。现代服装产品种类繁多，故对缝纫机机针要求也不同。根据特定的机种，工业用机针还可分为平缝机针、包缝机针、链缝机针、绷缝机针、缲边机针等。对于不同类型的缝纫机，需选用相应机针型号。

（2）机针型号、规格：按针体外形分为直针和弯针两种。大多数缝纫机使用直针；暗缝机、绗缝机使用弯针，弯针多用于暗线迹的缝合，如缲边、纳驳头等。由此看机针的型号、针型很多。而对于同一种缝纫机型，在缝制不同薄厚、不同质地的面料时，要选用适当的针号。例如制作大衣的厚呢料与普通西服的薄型纯毛面料及制作衬衫用的丝绸面料，由于质地、性能有较大差距，因此所使用的机针型号、规格必须与之相匹配，才可能保证缝制准确。

①针型：是某缝纫机种所使用机针的代码，是针对缝纫机的种类而言的。目前各个国家针型标号仍不统一，但对于同型机针，其针杆直径和长度是一致的。表2-2列出了几种常用工业缝纫机所使用的国产机针与进口机针的对照。

表2-2

缝纫机种类	中国针型	日本针型	美国针型	机针全长/mm	针柄直径/mm
平缝机	88×1	DA×1	88×1	33.4~33.6	1.6
	96×1	DB×1	16×231		
包缝机	81×1	DC×1	81×1	33.3~33.5	2
	DM13×1	DM×13	82×13		
锁眼机	71×1	DL×1	71×1	37.1~39	1.6
	136×1	DO×1	142×1		
	557×1	DL×5	71×5		
	DP×5	DP×5	135×5		
钉扣机	566	TQ×7	175×7	40.8~50.5	1.7
	566	TQ×1	175×1		

②针号：是机针针杆直径的代码，是对缝制物种类而言的。我国常用的针号表示方法有三种，即公制、英制和号制（表2-3）。

表2-3

号制	6	8	9	10	11	12	13	14	15	16
公制	55	60	65	70	75	80	85	90	95	100
英制		022	025	027	029	032	034	036	038	040

公制：以百分之一毫米作为基本单位量度针杆的直径，并以此作为针号。例如55号针，针杆直径$D=55/100=0.55$mm。

英制：以千分之一英寸作为基本单位量度针杆的直径，并以此作为针号。例如022号针，针杆直径$D=22/1000=0.02$英寸。

号制：只是机针的一个代号，号数越大，表明针杆越粗。

2. **缝纫线** 服装缝制加工针与线需要密切配合，因此缝纫线的选用也是非常重要的。根据缝制的要素、缝纫线必须具备三项基本要求，即可缝性、耐用性与外观质量。

（1）缝纫线按所使用的材料分三种基本类型：

①天然纤维型：棉线、麻线、丝线等。

②化学纤维型：涤纶线、锦纶线、维纶线等。

③混合型：涤棉混纺线、涤棉包芯线等。

（2）卷绕方法：有绞装、木纱团、纸芯线、纸板线、宝塔线等。常用卷绕长度为50~11000m，也有数万米长的形式。

3. **镊子** 又称镊子钳，是缝纫的辅助工具。可用于包缝机穿线，也可用于缝纫时拔取线头或疏松缝线。主要是钢制，要求镊口密合，无错位且弹性好。

4. **锥子** 缝纫时的辅助工具。主要用于拆除缝合线，挑领尖、衣摆角等，也可在缝纫时用于轻推衣片上面，以防止衣片在缝纫时赶出。要求头尖，装有木柄或塑料柄，以便拿取方便。

5. **点线器** 主要用于面料或纸样上做标记。使用时滚动点线器，可在面片上留有点状痕迹，作为缝纫时的对位点标记。

6. **拆刀** 主要用于拆除缝错的机缝线段。常用工具如图2-21所示。

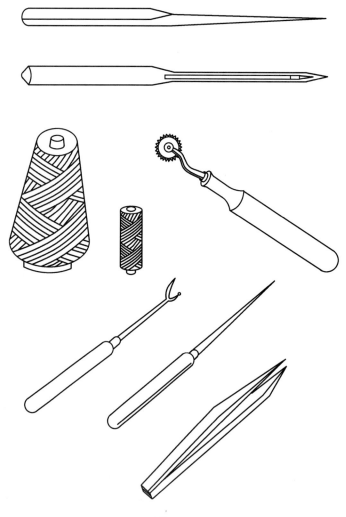

图2-21

二、常用缝纫设备

缝纫设备主要有家用缝纫机和工业缝纫机两类。家用缝纫机种类较单一，适宜于家庭缝纫制作。工业缝纫机较复杂，按不同缝制工艺要求而制成专用机，例如包缝机、锁眼机、打结机、绣花机等。这里只简单介绍家用缝纫机、工业平缝机及包缝机。

（一）家用缝纫机

家用缝纫机分为电动缝纫机和踏脚式缝纫机两种。踏脚式由机架、机头、脚踏板、传送带等组成。机头装有针杆、线钩、挑线、摆梭、梭子等成线器件及压脚、送布牙等缝纫输送器件，当踏动脚踏板时，传送皮带带动机头转轮、机头的成缝器、缝料输送器同时工作，开始缝纫。也有较高级带电脑的台式家用缝纫机（图2-22）。

电动缝纫机由机头、小电动机、脚踏板、电源插头等组成。当踩脚踏板时，通电，开始缝纫。

（二）工业平缝机

一般由动力机构、操纵控制机构、针码密度调节机构、缝料输送机构等构成。此外还可分为单针、双针平缝机、自动剪线平缝机、可修剪缝头平缝机、带电脑的平缝机等（图2-23）。

图2-22

图2-23

（三）包缝机

包缝机也称拷边机，主要用于包锁裁片边缘，防止纤维松散。包缝机主要有三线、四线、五线包缝机等（图2-24）。

三、机缝工艺

1. **平缝**　也称合缝、平接缝，是机缝中最基本、使用最广泛的一种缝法。

（1）缝法：

①取两片面料正面相对，上下对齐。

②沿所留缝头缝合，缝份一般留0.8～1cm。开始和结束需做倒回针（图2-25）。

图2-24

（2）要求：缝线直顺，宽窄一致，面料平整。

（3）线迹要求：上下线绞合度一致，绞合点在面料中间，不应该出现面线松、底线紧，或底线松、面线紧的情况（图2-26）。

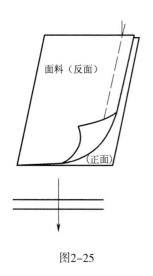

图2-25

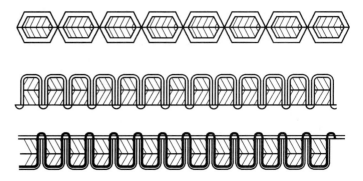

图2-26

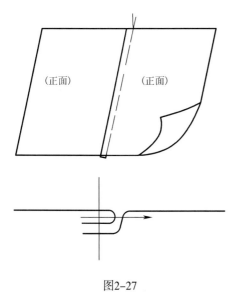

图2-27

2. **坐缉缝** 也称分压缝，是一种在平缝的基础上分倒缝份，并缝缉一侧缝份的缝法，例如裤子侧缝、后裆缝等处，起固定缝口、增强牢度的作用。

（1）缝法：

①取两块面料，正面相对重叠，先对齐一边做平缝。

②平缝后，将缝头倒向一边。

③从面料正面沿翻折边缉明线（图2-27）。

（2）要求：压倒缝的缝份平服，无皱缩现象。

3. **搭缝** 将两块面料连接，缝口处平叠，居中缝缉的缝法。多用于衬或暗藏部位的拼接。

（1）方法：

①将面料正面朝上，缝头互相搭合在一起。

②沿所留缝份缝合（图2-28）。

（2）要求：线迹平直，上下片结合处不起皱。

4. **扣压缝** 这是将上层面料毛边翻转，扣烫实后缉在下层面料上的一种缝法。多用于装贴袋和过肩等。

（1）方法：

①取大小各一块面料，正面都朝上，大的面料放在下层，小的面料放在上层，将小的面料三边扣烫1cm的折边。

②扣烫好的小面料放在大面料之上，沿边缝缉，可缉双明线（图2-29）。

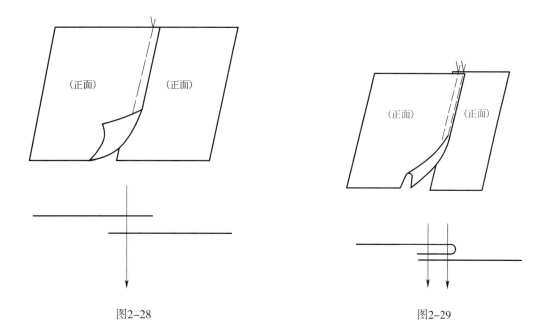

图2-28   图2-29

（2）要求：针迹整齐、宽窄一致，折边平服不露毛边。

5. **卷边缝** 卷边缝是将面料毛边做两次翻折后缉缝。多用于上衣口、下摆和裤口等处。

（1）方法：

①取一块面料，反面向上，将需缉卷边缝的一侧先折出宽约0.5cm的折边，然后再折转1cm的折边。

②沿第二次折转1cm的折边的内侧0.1cm处缉缝线（图2-30）。

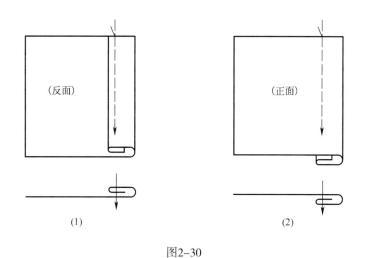

(1)   (2)

图2-30

（2）要求：折卷的衣边平服、宽窄一致，无涟形现象。

6. **包缝** 包缝是一种以一层布边包住另一层布边并缝住的缝法。分为内包缝和外包缝两种，多用于缝合面料服装不锁边的缝口处。例如上衣肩缝、摆缝，裤子侧缝、裆缝等处。

特点是结实牢固，结构线明显。

（1）外包缝的方法：

①取两块面料，毛边剪齐，反面与反面相对，将下层包转上层的毛边0.8cm，并沿边缉第一道线。

②将缝份折转扣齐，从面料正面沿边缉第二道线，从正面可见到两道明线（图2-31）。

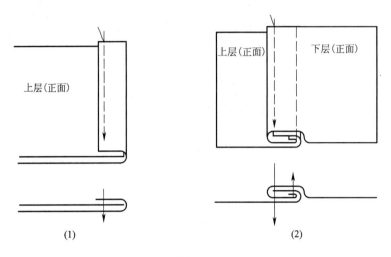

图2-31

（2）内包缝的方法：

①取两块面料，正面与正面相对，下层包转上层，沿边缉第一道线。

②将缝份折转扣齐，从衣片正面沿边缉第二道线，从正面只见一条明线（图2-32）。

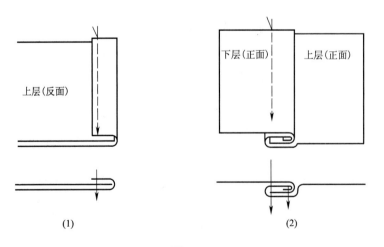

图2-32

（3）要求：缝份要折齐，面料平整，止口整齐、美观。缉两道明线时，明线宽窄一致、顺直。

7. **来去缝** 也称反正缝，是一种将面料正缝后再反缝，面料正面不露明线的缝型。适用于女衬衫、童装的肩缝、摆缝等。

（1）方法：

①来缝，先将面料反面相对并对齐，沿边0.3cm处缉一道明线。

②去缝，缝合后再去缝，面料正面相对，沿边0.6cm处缉第二道明线（图2-33）。

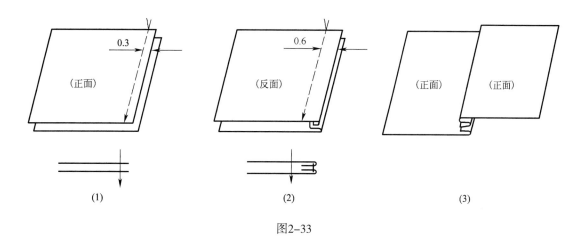

图2-33

（2）要求：缝份整齐、均匀、宽窄一致，正反均无毛头出现。

8. **咬合缝** 也称包边缝，是一种经两次缝缉，将两层面料的毛边包转在内的缝法。多用于装领子、绱袖头、绱腰头等。

（1）方法：

①取两块面料，正面与反面相对，对齐缝份，平缝第一道线。

②将下层面料翻转向上，布边向内折0.8~1cm的折边，盖在第一道线上并超出0.1~0.2cm，然后在折边上缉第二道线（图2-34）。

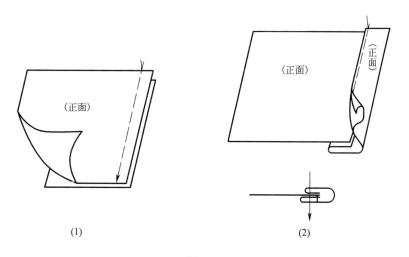

图2-34

（2）要求：线迹平服、顺直，第二道线一定要盖住第一道线。

9. **沿边线** 是一种将线迹暗藏于折边旁的方法。多用于裤腰腰头。

（1）方法：

①将两块面料正面相对，距布边1cm处平缝。

②将上层面料向下翻转、折平，然后在靠紧折边处缝缉第二道线（图2-35）。

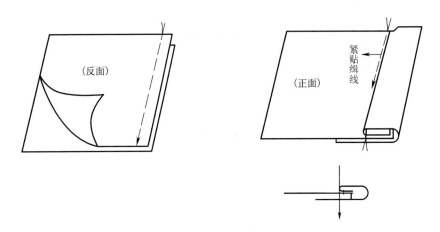

图2-35

（2）要求：不能缉住折边或远离折边。

10. **漏落缝** 也称灌缝，是一种将线迹藏于分缝槽内的方法。多用于呢料服装挖口袋或镶嵌缝。

（1）方法：

①将两块呢料正面相对，平缝第一道线。

②劈缝熨平后，将一层向下翻转（正面向上），沿缝份分开处缝缉第二道线。线迹要在凹槽内（图2-36）。

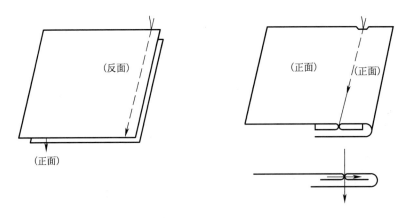

图2-36

（2）要求：不能缉住两边折边，线迹在槽内。

11. **绲边**　是一种装饰服装细节部位的方法。多用于薄面料的领口、袖口等处；厚面料时，多用于男女大衣下摆或女式毛料裙下摆。

（1）方法一：

①将一块面料和一条绲条布（绲条布应为45°斜裁）正面相对，缉一道线。绲条布的宽度应根据绲边宽度而定，绲条布的宽度应为四倍的绲边。例如绲边0.6cm，绲条布宽应为2.4cm。

②绲条布向下翻转扣齐，略拉紧绲条布，沿衣片正面紧贴折边缉明线。这种方法多用于厚面料下摆处（图2-37）。

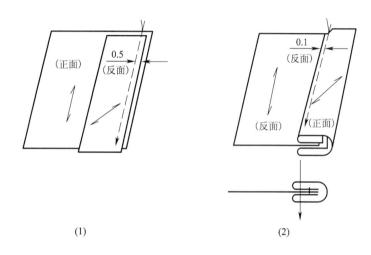

(1)　　　　　　　　　　(2)

图2-37

（2）方法二：

①将面料反面与绲条布正面相对，缉绲边宽度。

②将绲条布向上翻转，再翻转扣齐，略拉紧绲条布，沿绲条布边沿0.1cm处缉明线（图2-38）。

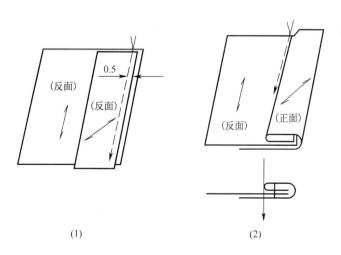

(1)　　　　　　　　　　(2)

图2-38

（3）要求：绲边宽窄一致，无斜皱，平整。

第三节　熨烫工艺

熨烫工艺是服装加工中的一项热处理工艺。它是采用专用工具或设备，对缝制衣物通过加温、加压等手段，使之变形或定型的一种工艺。

一、常用熨烫工具、用品（图2-39）

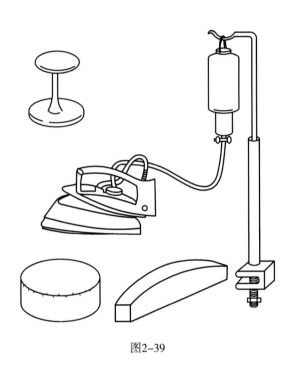

图2-39

1. **熨斗**　熨烫用的主要工具。现多采用蒸汽电熨斗，这类电熨斗带自动调温装置和自动喷雾装置，可根据服装面料不同的耐热性来调节熨烫温度，以防烫缩或烫焦。

2. **铁凳**　熨烫中常用它烫肩缝、袖窿、裤裆等不能放平的部位。

3. **布馒头**　常用于熨烫服装的胸、背、臀等丰满突出部位。

4. **拱形木桥**　通常用于分烫半成品和袖缝等部位，也可用于呢料压缝，使缉缝或止口平整而薄。

5. **水布**　通常用退过浆的白棉布。熨烫时，水布盖在面料之上，再用熨斗熨烫，以防面料被烫脏、烫黄或烫出极光。

6. **垫呢**　熨烫时垫在衣物下面。一般用棉毯或吸水性好且质地厚的线毯，上面再盖一层白棉布作为垫布。

二、熨烫原则

（1）把握正确的熨烫温度。熨烫中要常试温，不能烫黄或烫焦衣物。

（2）喷水均匀，不要过干或过湿。

（3）注意力集中，推移熨斗时根据熨烫要求，轻重得当，不能长时间地将熨斗停留在一个位置上，或将熨斗在衣物表面来回摩擦。

（4）被熨烫的衣物要垫平。

（5）熨烫时要根据衣物部位和熨烫要求的不同，有时用熨斗底全部，有时则用熨斗尖部、侧部或后部。

（6）熨烫时一只手拿熨斗，另一只手配合密切。例如压住衣物，使之不随熨斗移动；分缝时，另一只手需用手指将衣缝拨开等。

三、熨烫温度、湿度、压力和时间的控制

熨烫中掌握温度最为重要，不同的织物和纤维由于它们的结构、质地不同，所需的温度也不同。棉、麻纤维织物熨烫温度可高些，温度控制在140~180℃；毛、丝纤维织物熨烫温度控制在120~160℃；化学纤维织物温度较低，例如黏胶纤维织物为120~160℃，涤纶织物140~160℃，锦纶织物120~140℃，腈纶织物130~140℃，维纶织物120~130℃，丙纶织物90℃以下。要正确掌握温度，温度过高，易使衣物焦黄；温度过低，达不到熨烫要求。最好在熨烫前先取一小块与衣物相同的面料测试熨斗温度后，再正式熨烫。

熨烫的湿度控制。大多服装面料均可给湿熨烫。湿烫的主要方法有两种，一种是布面喷水，另一种是盖湿布。布面喷水，由于熨烫比较直接，推、归、拔效果比较理想。盖湿布，对整烫比较理想，可以避免烫坏面料。

熨烫的压力控制。手工熨烫压力的来源，除了熨斗的自身重量外，主要依靠手的压力。手的压力大小可以根据面料的质地变化而变化，也可以根据服装的不同部位和熨烫要求变化。一般而言，质地紧密的面料压力大些；质地疏松和轻薄的面料，压力要小些；绒毛类织物，压力应较小，否则会造成绒毛倾倒等质量问题。

熨烫的时间控制。熨烫时间与压力有直接关系。压力要求小的面料，熨烫时间就短；压力要求大的面料，在其表面的停留时间可长些。一般来说，时间的"长"与"短"应在3~4s，最长不超过10s。时间过长可能造成面料褪色、烫焦等现象。

四、熨烫方法

根据不同的熨烫要求和目的应采用不同的熨烫方法。熨烫方法大体可分为：平烫、起烫、扣烫和推、归、拔等。

（一）平烫

平烫是将衣物放在垫衬布上，依照要求熨平，常用于面料去皱、缩水或衣物的整理等。

练习方法：

（1）选择一块有皱折的面料，平铺在烫台上。

（2）待蒸汽熨斗到达要求温度后，右手拿熨斗，按从右向左、自下而上的方向熨烫。

左手轻按布料，右手食指轻按蒸汽开关，不要连续按多次，一般按一两次即可。当熨斗向前推动时，熨斗尖略抬；向后退时，熨斗后部略抬，这样才能灵活自如，不带动面料同熨斗一起移动。

（3）当整块面料烫完后，如仍有皱痕未除，可在这些地方再次喷水熨烫，直到烫平为止。

（4）如需烫缩，应多次反复喷水、平烫。

（二）起烫

起烫是一种处理织物表面留下的水花、极光或绒毛倒伏现象的熨烫手段。

1. 清除水花的方法

（1）取一块带有水渍的面料，铺在烫台上。

（2）在面料上盖一块湿水布，熨斗要热，这样，水布上的蒸汽可充分渗入织物内，使其表面的水渍印随水分消散、蒸发。

2. 消除极光、绒毛倒伏现象的方法

（1）取一块带极光或绒毛倒伏的绒类织物，放在烫台上。

（2）取一块含水量较大的水布放在织物上，手持熨斗，反复熨烫。注意熨斗不能压住织物，而应略离开织物。

（3）烫好后，可用毛刷顺丝缕轻刷布面，使绒毛竖起。

（三）分烫

分烫又称分缝、劈缝，是一种将缝好的缝份按需要分烫开的熨烫手法。

分烫的方法：

（1）取两块面料，正面相对，沿缝份平缝，缝份在上放在烫台上。

（2）用左手轻拨开缝份，喷水用熨斗尖烫干缝份。

（3）完成后，再熨烫面料正面，上面盖水布，用整个熨斗底将布烫平（图2-40）。

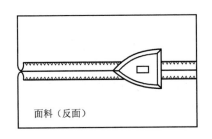
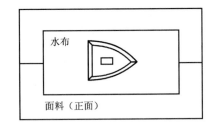

面料（反面）　　　水布　　　面料（正面）

图2-40

（四）扣烫

扣烫是一种把面料折边或翻折处按一定要求扣压烫定型的熨烫手段。主要用于上衣底边、袖口边、裤子裤口、裙底边等，常用方法有平扣烫、缩扣烫等。

1. 平扣烫方法

（1）取一块长方形面料，反面向上，放在烫台上。

（2）用左手将布边向上翻折一定宽度为所需折边的宽度，右手持熨斗，用熨斗尖压住折边，将折边扣倒，边烫边喷水。

（3）烫好后，再将面料翻到正面，用整个熨斗底部边喷水边烫平（图2-41）。

2. **缩扣烫的方法** 缩扣烫主要用于圆角部位扣烫。

（1）取一块直径20cm左右的圆形面料，放在烫台上。再准备一块直径18cm圆形硬纸板，将纸板四周留出相等宽度做折边量。

（2）选择直线一侧开始烫，左手折边，右手边喷水边归烫。完成后，发现不圆顺处，再次按硬纸板归烫一次，直至满意为止。

（3）再翻到正面，盖水布整烫（图2-42）。

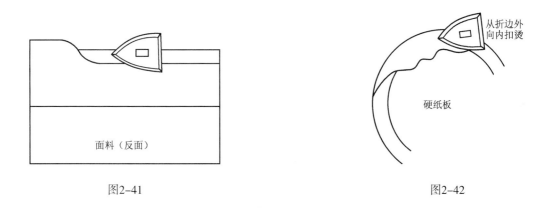

图2-41　　　　　　　　　　　　　　　　　　　图2-42

（五）推、归、拔

推、归、拔是通过归拢或拉伸使织物热塑变形的熨烫方法。推是辅助归、拔实现变形目的的。归、拔时，熨斗推移的方向有一定规则，不持熨斗的手应配合熨斗的推移作归、拔或拉伸织物纤维的辅助动作。归烫时应由轻到重归烫，拔烫时应由重到轻拔出。织物通过归、拔熨烫而变形，但要有限度，不能无限度，那样容易损伤织物。归、拔工艺多用于毛、呢料。

1. **归烫方法**

（1）将一块45cm×45cm的毛料，底边剪成向外凸形，放在烫台上。

（2）以底边中间O点为归烫聚点，从布料中线处起，围绕O点作弧线归烫，在右手推动熨斗时，左手将直丝缕的经纬间隙加以归拢，当熨斗渐向里侧O点处归烫时，左手用力渐增，将凸出的弧形底边烫直（图2-43）。

2. **拔烫的方法**

（1）取一块约45cm×45cm的毛料，底边剪成向内凹进的弧形，放在烫台上。

（2）以底边中间O点为聚合点，将布料底边处作拔烫。当右手推动熨斗时，左手辅助将布料直丝缕的经纬间隙用力拔开，然后再逐步向布料中线过渡，左手拔开丝缕的力量也逐渐减小，将凹进量拔出、烫平（图2-44）。

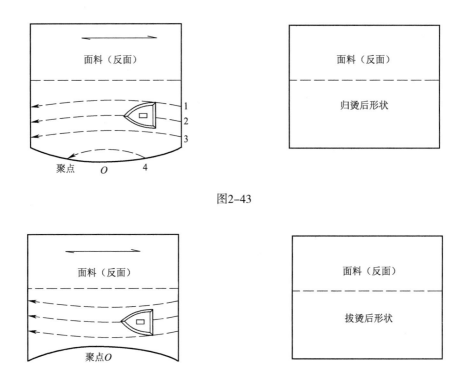

图2-43

图2-44

五、裤子的归拔工艺及整烫

男、女裤归拔处理的原理大致相同，现以毛料男西裤为例，主要介绍对裤前片、后片归拔。

（一）前裤片归拔

前裤片大致可按前裆中部、前侧缝线立裆上部即裤侧袋位、中裆线作不同的归拔处理。前裆中线和裤侧口袋位是略凸出的部位，以归为主。中裆线的侧缝和下裆缝线略凹，以拔为主，中间膝盖处将两侧拔烫出的余势向中间略归（图2-45）。

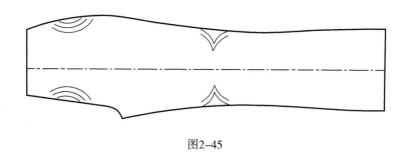

图2-45

具体方法如下：

（1）将两前裤片正面相对并对齐，铺在工作台上。

（2）喷水后，以烫迹线为界，先烫侧缝线一侧，并将裤袋位凸出的部位向内略归，再将中裆部位向外略拔出（图2-46）。

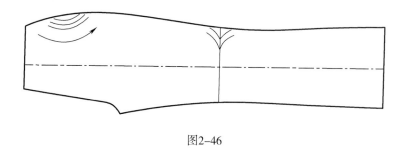

图2-46

（3）以烫迹线为界，先将前裆中心线凸出来的部位向内略归烫，再将下裆线中裆部位向外略拔（图2-47）。

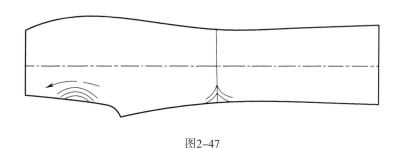

图2-47

（4）两侧归拔好后，将前裤片对折，使两条缝边对齐，检查是否平直。

（5）将裤前片翻到正面，垫水布烫出烫迹线，要烫实（图2-48）。

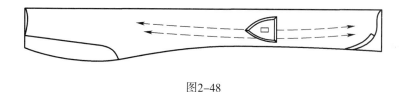

图2-48

（二）后裤片归拔

后裤片可按后裆中心线、外侧缝线立裆上段、下裆缝线上10cm左右做归烫，中裆凹处做拔烫（图2-49）。

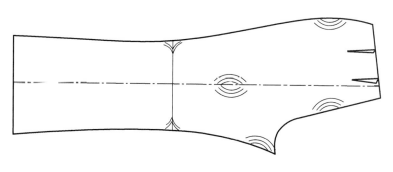

图2-49

具体方法如下：

（1）将后裤片反面向上，铺在工作台上。

（2）先将后裤片腰省缉缝，再将其扣烫平服。

（3）拔下裆，以后烫迹线为界，拔直下裆缝一侧。先将熨斗放在烫迹线靠裆角处，向中裆的裆缝方向推移，用力拔烫，使下裆线成为直线，同时，中裆的里口向中裆烫迹线处归拔。为使裆角不起翘，要把裆角以下约10cm的一段横丝拉开，将下裆缝归、拔直，后裆缝线弯处做归烫，形成臀形（图2-50）。

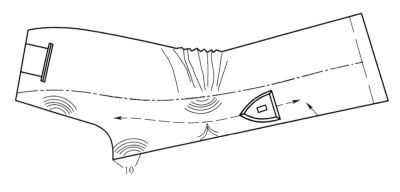

图2-50

（4）拔侧缝，以后烫迹线为界，拔直外侧缝一侧。方法是将中裆的外侧缝凹部拔出，顺手将余势往臀下后裆中心处做推归，将髋臀段的弧形归拢，从而将整个侧缝烫直（图2-51）。

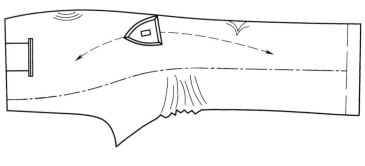

图2-51

（5）下裆缝、侧缝归拔后，按烫迹线对折，检查两边及腰缝、脚口是否平齐。最后整理裤后片，先将左手伸入后裆内，指尖向外稍推臀部，右手则用熨斗顺势推烫，使裤片的臀部圆顺凸出，造型美观（图2-52）。

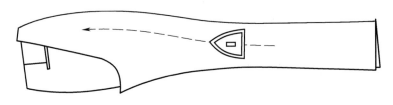

图2-52

（三）男西裤的整烫

整烫是整件服装完成后的熨烫，使服装美观、漂亮、平服。

整烫方法如下：

1. **分缝烫**　先将裤子翻至反面，劈分烫侧缝和裆缝的缝份。分缝烫时，应将缝子拉紧，以免皱缝，尤其是分烫裆弯时，应带有拔烫。

2. **烫腰头**　将裤子翻回到正面，先将裤子腰部套在铁凳上，盖水布、喷水熨烫，烫裤腰的同时烫侧袋、后袋、前腰省、后腰省、串带襻等（图2-53）。

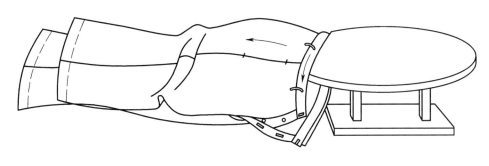

图2-53

3. **烫裤腿**　将左右两只裤管分别以侧缝对下裆缝放在烫台上，分别熨烫两只裤管。熨烫时需盖水布、喷水熨烫，先烫前烫迹线，从腰褶烫至裤口。要熨平，烫实。

4. **归拔臀、裆位**　将裤子后烫迹线靠向身体一侧，盖上水布，由臀位向外喷水推烫，把后烫迹线压实、烫挺，再把中裆与横裆间的凸势向内归拢，将横裆烫平，再向下推烫，将整个裤管烫平、烫实。

六、上衣类归拔及整烫

上衣类归拔可分为袖片、前衣片、后衣片等的归拔。

1. **袖片归拔**　袖片归拔主要是指大袖片的归拔，小袖片不用做归拔。

方法：袖片反面向上，先将偏袖弯度拔开，熨斗熨烫宽度不要超过偏袖宽，袖深以下7cm左右处应略归烫，后袖弧线稍归烫，主要在袖深线上下位置归烫（图2-54）。

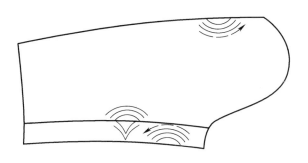

图2-54

2. **前衣片归拔** 前衣片归拔俗称"推门"，即推烫门襟之意。凡有省道的部位应先分缝烫好省道，再拔衣片。归拔衣片大致分为前襟、腰部、胸部和衣摆等部位（图2-55）。

方法：

（1）先将衣片反面向上铺在烫台上。

（2）将腰省和前片与腋下片的缝份劈分烫平。

（3）推归门襟：以腰节线为界，将熨斗放在门襟靠腰节处，分别向下、向上平推、平拉，使门襟下段的直丝稍向外弧出，然后把门襟止口上段撇门处稍向内归约0.6cm，使整条前衣襟形成直线略向外弧出（图2-56）。

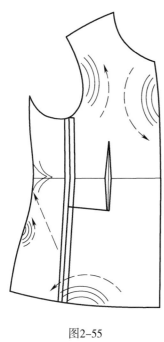

图2-55　　　　　　　　　　　　　　　　　　图2-56

（4）归前腰与摆缝：用熨斗从门襟腰节线向后推烫，同时将形成多余的量归烫至两省之间，再向上归平。归拔摆缝时，先将摆缝腰部凹处拔出，再顺手将摆缝下段的弧线烫成近似直形（图2-57）。

（5）归烫胸部和下摆：先将袖窿处直、横丝放直顺，然后将袖窿凹处归烫，把凸量推向胸部，把门襟撇门处归烫的凸量也推向胸部。烫下摆时，先由腰部把两省间归烫的余量推归至袋位，再将袋位以下呈弧形的衣摆归烫平直（图2-58）。

3. **后片归拔** 后片归拔部位大致分为背缝、侧缝、腰节和肩缝等处（图2-59）。

方法：

（1）归拔侧缝：将侧缝腰节凹处拔出，余量推向后腰中部归入。腰节线以上至袖窿处推烫归入，腰节线以下凸量也归入，使侧缝归拔成直边，最后再归袖窿和肩部，将余量向后背肩胛骨处推平（图2-60）。

（2）归拔背缝：先在后片中缝的上部、下部做归烫，将余量推向侧缝中部，顺势将背缝腰节的凹处向外拔出做拔烫，使整条背缝成直线（图2-61）。

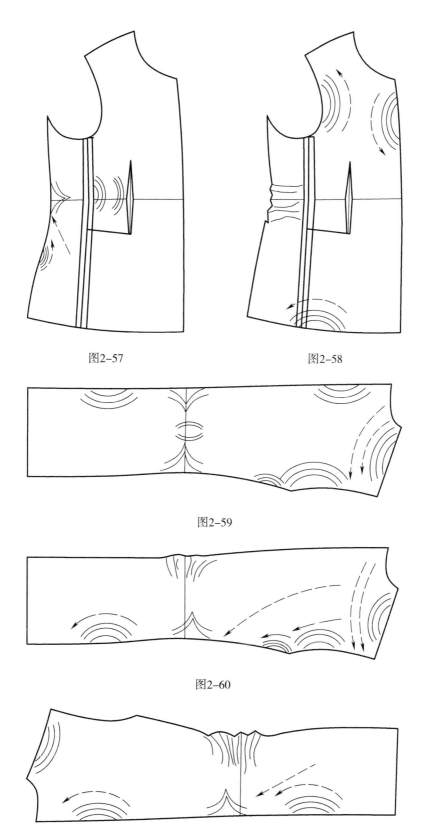

图2-57　　　　　　　　　　　　　图2-58

图2-59

图2-60

图2-61

4. 上衣的整烫 上衣的整烫主要是袖窿、止口、领口、肩、胸、袖等部位的整理和修饰。

（1）烫袖窿：将上衣的两袖翻出，即衣里向外，衣袖在内。将袖窿处下垫铁凳，用熨斗按袖窿弧度熨烫。

（2）烫肩头：将衣服肩部放在铁凳上，垫上水布，用熨斗喷水熨烫，到肩部水分烫干为止。

（3）烫袖子：将衣袖套在铁凳上，抵住袖山，盖水布烫袖窿部位。袖窿以下部位仍在铁凳上烫，但烫至距袖口10～12cm时，可再喷水、熨平。

（4）烫衣身：

①先烫背缝和摆缝。将背缝、侧缝依次放在布馒头上放平，垫上水布，喷水，由上而下推烫，将缝份烫平。

②烫胸部和大袋部位。要在衣片下垫布馒头，盖水布，由中心向两侧烫胸部，顺势烫省道，再烫口袋，口袋要分两次完成，以保证其弧度。喷水不要过多，一定要熨平整。

③烫止口。将衣片正面朝上平放在烫台上，盖水布，烫止口时要多喷些水，烫的时间长，压力大些，烫干。烫干后即拿去水布，趁势用烫板或铁凳压住止口，这样才能使止口又平又簿，而且定型。烫底边时要烫平、烫实、压死。

5. 烫领子 先翻开驳领，盖上水布将领面烫平，再翻回驳领，在领面盖布，喷水，将领面烫得平服而自然弯曲。将驳头领面朝下，衣服里子朝上铺在平板上熨驳口定型线，在衣里驳头处盖水布，沿驳口线扣熨，但驳口定型线不能熨到底，而应熨至离终点约1／3处，以使驳头活而不死。

第四节　部件缝制工艺

一、袖头制作方法

1. 制作方法一（图2-62）

（1）袖开衩垫布粘衬。

（2）袖开衩布与袖口开衩位正面对好，沿开衩口一圈缉线。

（3）将开衩口剪开，将袖开衩垫布翻折到袖子反面，熨平。

（4）沿开衩口缉0.1cm明线固定，合袖缝。

（5）袖头里反面粘衬，做袖头。

（6）袖头与袖口正面相对合，缲袖头。

（7）袖头压明线。

2. 制作方法二（图2-63）

（1）将袖口开衩线剪开。

（2）开衩条，其长度长于开口长度两倍，宽3cm。

（3）将开衩处顺直，与袖开衩条车缝第一条线。

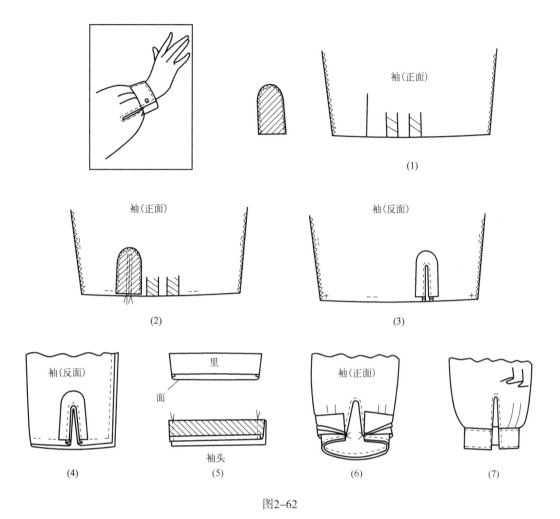

图2-62

（4）再将开衩条翻折扣好，沿边线车缝第二条线，距边0.1cm明线固定。

（5）合袖缝，袖口抽碎褶，封折开衩条。

（6）袖头里反面粘衬，做袖头。

（7）袖头与袖口缝合。

（8）袖头压缉明线一周。

3. 制作方法三（图2-64）

（1）袖口抽碎褶。

（2）合袖侧缝，缝至预留袖开衩位置，长度一般为8cm。

（3）沿袖开衩位，车缝明线0.4cm。

（4）袖头里反面粘衬。

（5）袖头与袖口缝合。

（6）扣烫袖头两侧缝份。

（7）扣烫袖头里缝份。

（8）车缝一周明线0.4cm。

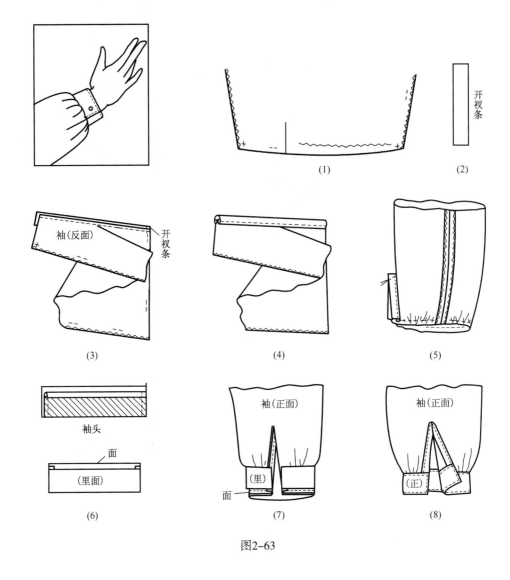

图2-63

二、口袋制作方法

1. 双嵌线斜插袋制作方法（图2-65）

（1）准备前口袋布、后口袋布和嵌线布并粘衬。

（2）前身片反面开口袋位粘衬。

（3）嵌线布与口袋位对齐，并沿嵌线宽度车缝四周缝线，再剪开口。

（4）将嵌线布翻进反面并劈缝。

（5）将嵌线布折成双嵌线熨平。

（6）将开口三角车缝固定。

（7）接缝前口袋布，接缝前口袋布的反面状态。

（8）前袋口牙子外侧缝缉明线。

（9）后口袋布缉缝垫布。

（10）车缝三角，并车缝牙子明线，再缉合两片袋布。

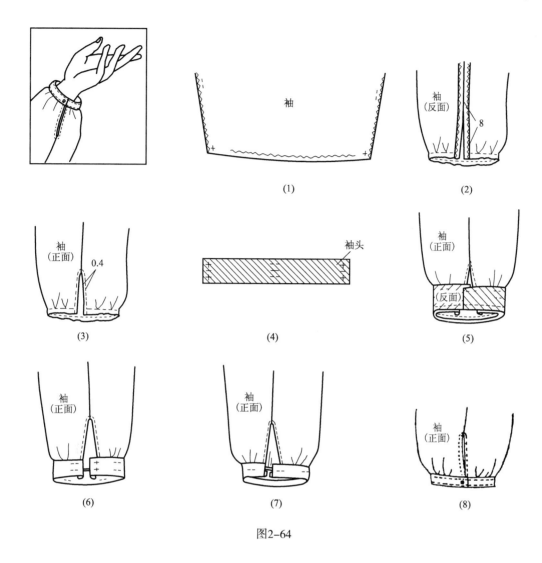

图2-64

（11）完成效果。

2. 贴袋制作方法（图2-66）

（1）袋面上口反面贴衬，再剪相应长的袋里布。

（2）袋面正面和袋里正面相对平缝。

（3）袋面、袋里正面相对缝合，在一侧留口长4～5cm。

（4）翻过来，封好口子，熨平。

（5）做好的口袋放在口袋位上，袋口处稍松些，用手针攥缝。

（6）缉0.1cm和0.6cm双明线。

3. 裙子侧缝袋制作方法（图2-67）

（1）袋布长27～29cm，宽13～14cm。前袋布比后袋布宽度小2cm。

（2）在裙前片口袋位粘衬，宽度3cm。

（3）前袋布与前裙片缝份边平缝。

（4）前袋布翻折，缝份熨平，在口袋处缝缉0.6cm明线。

（5）后袋布与裙后片缝份做搭接缝。

（6）翻到正面，在口袋位缝缉明线0.1cm，在口袋上下位来回做封线。

（7）车缝上袋布与底袋布，并包边。

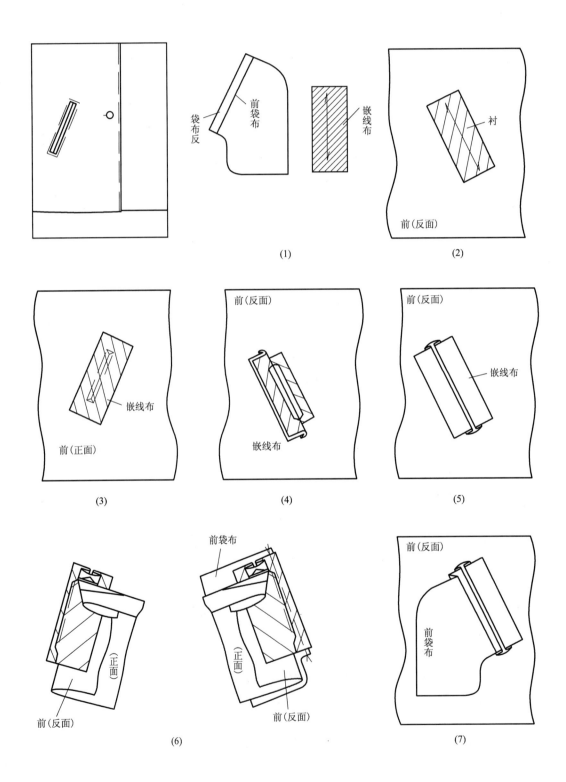

(1)

(2)

(3)

(4)

(5)

(6)

(7)

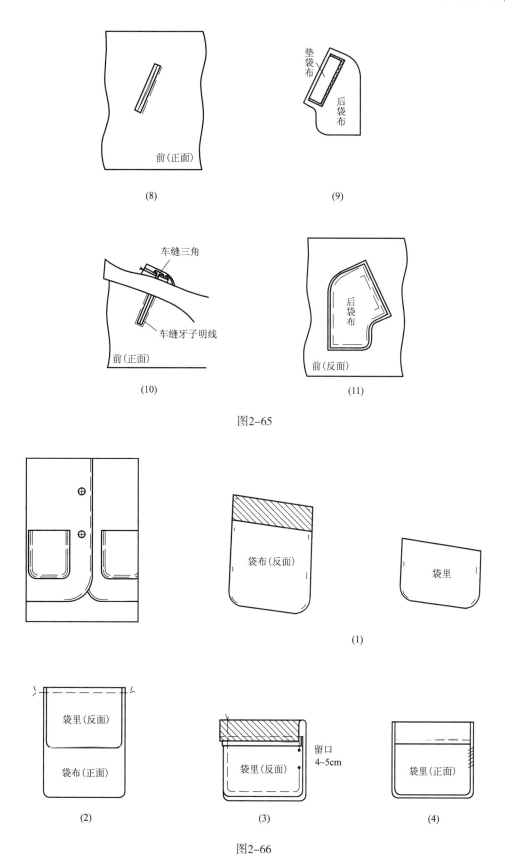

前（正面）

(8)

垫袋布

后袋布

(9)

车缝三角

车缝牙子明线

前（正面）

(10)

后袋布

前（反面）

(11)

图2-65

袋布（反面）

袋里

(1)

袋里（反面）

袋布（正面）

(2)

留口
4~5cm

袋里（反面）

(3)

袋里（正面）

(4)

图2-66

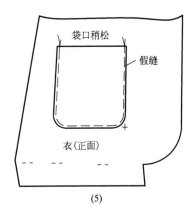

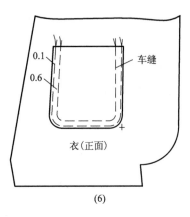

(5)

(6)

图2-66

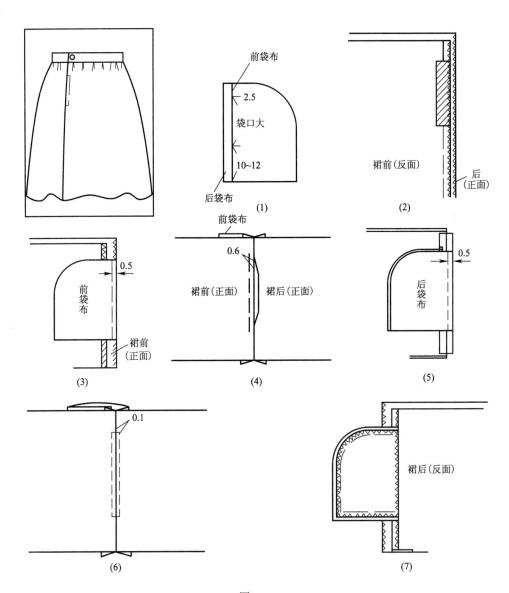

图2-67

4. 女装袋盖兜制作方法（图2-68）

（1）袋盖里反面粘衬，嵌线布反面粘衬，口袋位反面粘衬。

（2）车缝袋盖面与袋盖里，袋盖面要松一些，注意不要倒吐或反翘。

（3）将前衣片开袋口位在衣片正面画好，下嵌线与开口下线对齐并车缝一道线，缝份0.5cm。

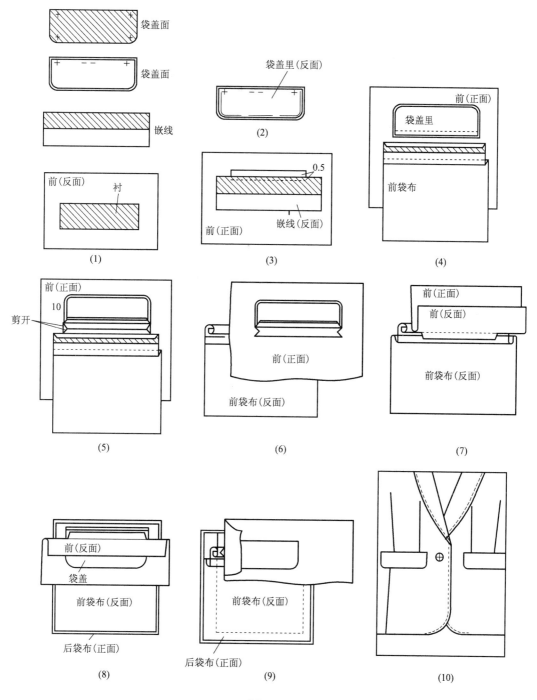

图2-68

（4）将袋盖面与前衣片正面开口上部对齐车缝。

（5）剪开开口，并在距两端1cm处剪三角口。

（6）将袋布从剪开口翻进到衣片反面，并折好。

（7）前袋布与下嵌线车缝。再漏落缝下牙子线。

（8）先把袋盖缝线上部折进，再附上后袋布。后袋布上要车缝垫袋布，再将后袋布与前袋布对齐，在前衣片反面袋盖开口上部车缝固定。

（9）车缝前后口袋布。车缝开口三角，来回车缝三次，注意要车缝到开口三角根部。

（10）完成效果。

5. 运动裤侧缝斜插袋制作方法（图2-69）

（1）准备袋布两片，前袋布、后袋布都用裤片面料。

（2）裤前片斜插袋位连裁前贴边，贴边粘衬，下部打剪口至侧缝份处止。

（3）前袋布与前裤片斜插袋位对齐，在贴边处车缝一道线。

（4）将前袋布与裤片贴边折倒，在斜袋口位车缝明线，明线为0.5cm。

（5）敷后袋布对齐侧缝及腰部。

（6）将底袋布与前袋布缝合，封好插袋上部位。

（7）合前后裤侧缝。

（8）封好袋口上下封口。

三、领子的制作方法

（一）开门领制作方法（图2-70）

（1）裁好领面、领里，领里粘衬。

（2）领面与领里正面相对车缝，翻转烫平。

（3）将做好的领子夹在挂面中间，后领中段压放一斜条，沿领边弧线车缝。

（4）翻转挂面、领子，熨平，在后中段车缝0.15cm明线固定。

（二）翻领制作方法

1. 制作方法一（图2-71）

（1）裁好领面、领里，领里粘衬。

（2）领面与领里正面相对，车缝外口缝份。

（3）翻转领子，整理领尖，熨烫平。

（4）领面、领口与前后身领口相对，车缝至领嘴止。

（5）翻折领子，将领里边折进并与领里边车缝至领嘴止。

2. 制作方法二（图2-72）　图（1）~（3）同图2-71（1）~（3）。

（1）裁好领面、领里，领里粘衬。

（2）领面与领里正面相对，车缝外口缝份。

（3）翻转领子，整理领尖，熨烫平。

（4）前身挂面与后领口贴边缝合后，将制作好的领子夹放在中间，沿领驳嘴车缝［图2-72（4）］。

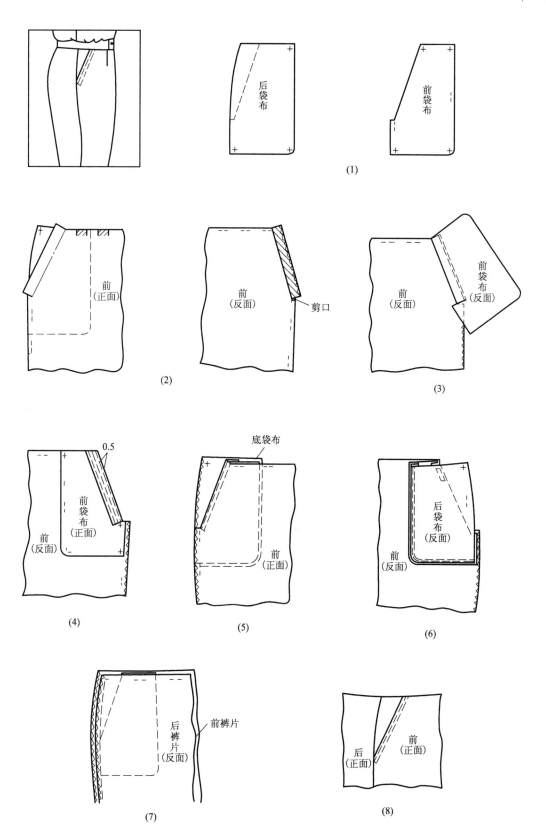

(1)

(2)

(3)

(4)

(5)

(6)

(7)

(8)

图2-69

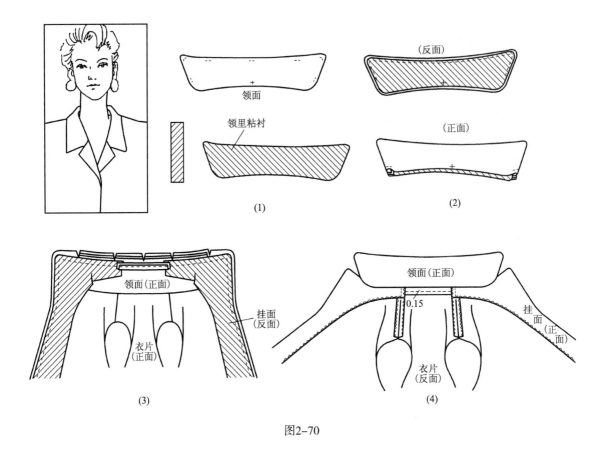

图2-70

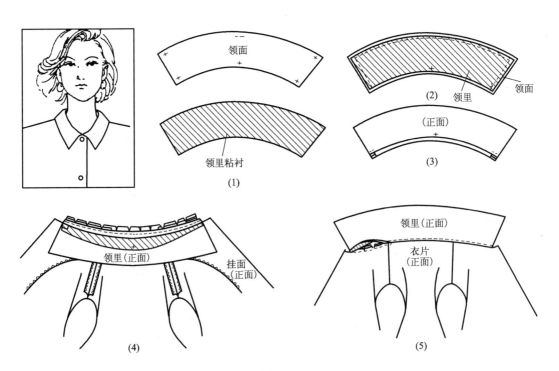

图2-71

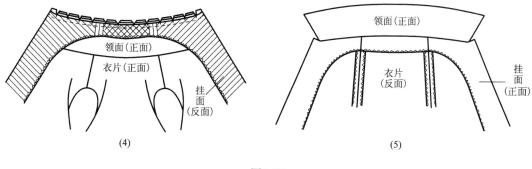

图2-72

（5）翻转挂面、领子，烫熨平整［图2-72（5）］。

3．制作方法三（图2-73）　图（1）~（3）同图2-71（1）~（3）。

（1）裁好领面、领里、领里反面粘衬。

（2）领面与领里正面相对，车缝外口缝份。

（3）翻转领子，整理领尖，熨烫平。

（4）制作好的领子夹放在挂面与前后身领口处，在领口中段压放一斜条，车缝至领驳嘴终端止。

（5）翻转领子、挂面，将领口中段压放的斜条折缝。

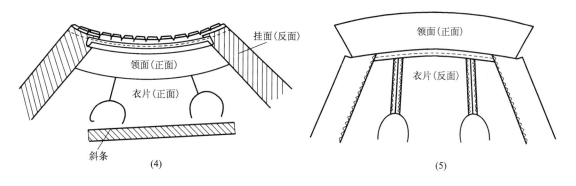

图2-73

（三）平领制作方法

1．制作方法一（图2-74）

（1）将领里反面粘衬，领面、领里正面相对，沿领外口缝合，领里略吃紧。

（2）留0.3cm缝份，多余的剪去，将领子翻转、熨平，沿领口缉0.15cm明线。注意领里不能倒吐。

（3）挂面、贴边粘衬。

（4）将制作好的领子夹放在挂面、贴边和前后身之间，沿止口、领里口边车缝1cm。

（5）翻转挂面、贴边熨平。领口处打若干剪口，挂面、后领贴边与领口车缝，固定好。

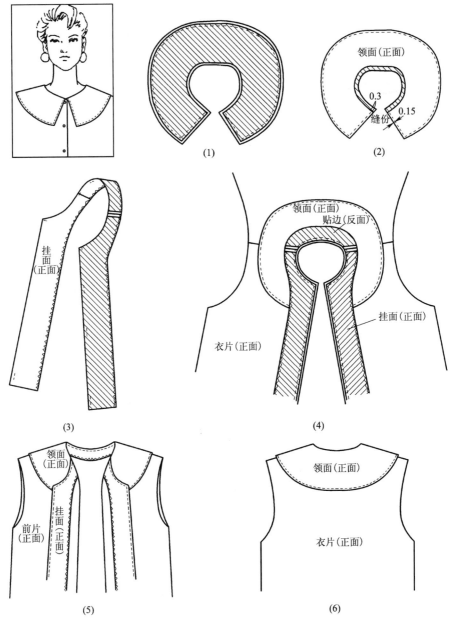

图2-74

（6）完成效果。

2. 制作方法二（图2-75）

（1）剪领子四片、绲条布（斜丝）一条，与领口弧线等长，宽2cm。

（2）两片领里贴衬。

（3）将领面和领里缝合，留缝头0.3cm。

（4）翻折、熨平。

（5）先将翻折、熨平的领子缝缉在领口上。

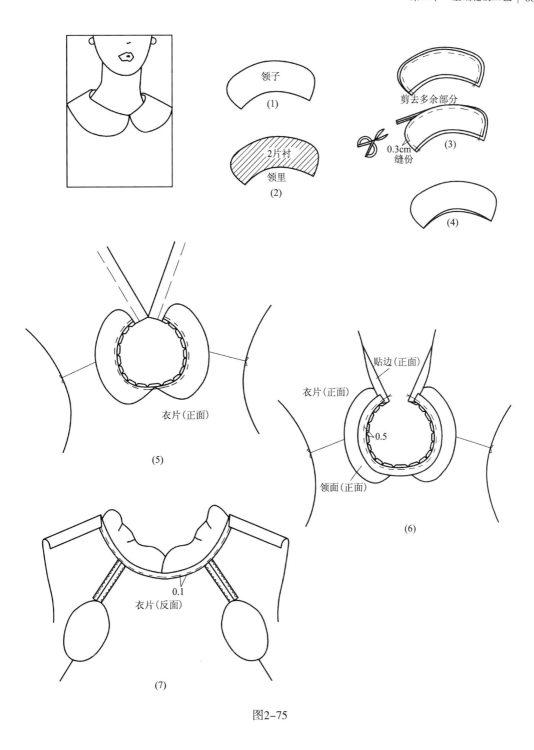

图2-75

（6）再将绲条布放在做好的领子上，距领口0.5cm处平缝。剪去多余的缝份。

（7）包转绲条布，包住缝份，车缝0.1cm明线。

（四）后开身式圆领口制作方法（图2-76）

（1）根据衣身后片和前片，绘制出前、后领口贴边。

（2）前、后领口贴边粘衬。

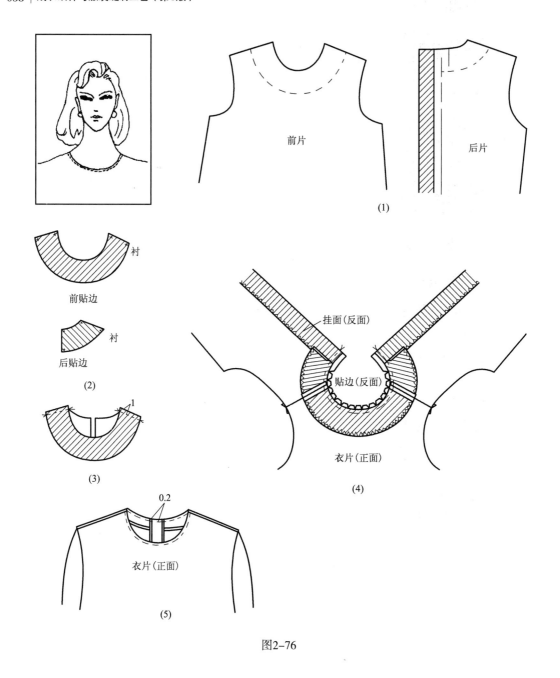

图2-76

（3）前、后领口贴边肩缝处平缝1cm。

（4）将拼接好的前、后领口贴边与挂面缝合，置于领口处，沿领口缝份车缝一周。

（5）翻转前、后领口贴边和后片挂面，在领口弧线处打剪口，熨平贴边，距领口0.2cm处车缝明线。

（五）套头式圆领口制作方法（图2-77）

（1）后领口贴边粘衬。

（2）前领口贴边粘衬。

（3）前、后领口贴边正面相对肩缝处平缝1cm。

（4）将接缝好的领口贴边，放于领口上，沿领口缝份车缝一周，并在后身领口右上角加放一扣襻，剪开后领开口，在缝份处打剪口。

（5）翻转领口贴边，熨烫平整，车缝0.2cm明线。

（6）完成效果图。

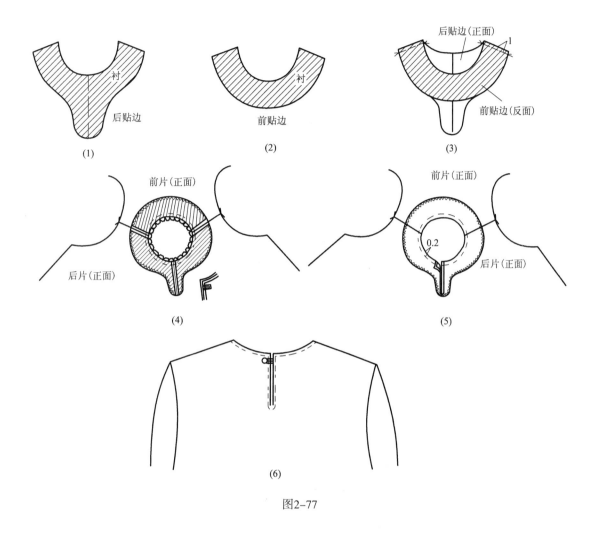

图2-77

（六）连领带领制作方法（图2-78）

（1）前衣片挂面粘衬。

（2）制作领带，在前后领部位粘衬，车缝领带部位至前、后领位止。

（3）翻转熨平。

（4）领带后领部位，领里与衣片领口正面对齐车缝1cm缝份。

（5）翻转领带，将领带领面部位与领口对折好，沿领口车缝0.1cm明线固定。

（七）立领制作方法（图2-79）

（1）领里粘衬。

（2）领面与领里正面相对，沿领外口车缝1cm缝份。修剪缝份至0.3～0.4cm。

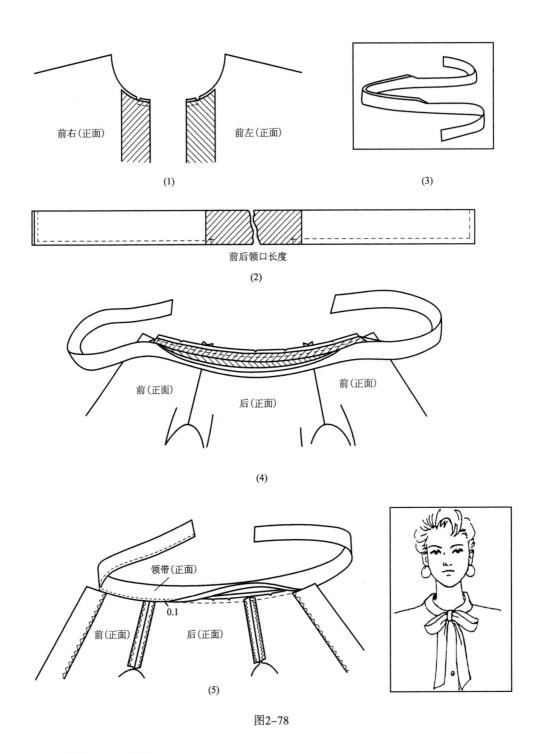

图2-78

（3）翻转领面，熨平。

（4）将领面正面与衣片反面相对，按1cm缝份车缝。

（5）翻转领面，领面下口缝份扣好并与衣片正面缝份对齐，车缝0.1cm明线，在立领上车缝0.1cm明线，熨平。

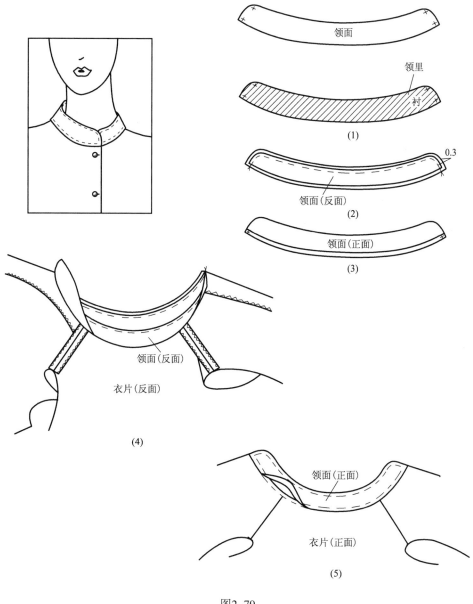

图2-79

（八）青果领制作方法（图2-80）

（1）青果领挂面，领里裁剪图。

（2）挂面、领里粘衬。

（3）领里缝合熨平。

（4）领里与前后身领口缝合，分缝熨平。

（5）挂面、肩领断开片缝合，分缝熨平。

（6）挂面整片缝合好。

（7）挂面与前后身及领里车缝。

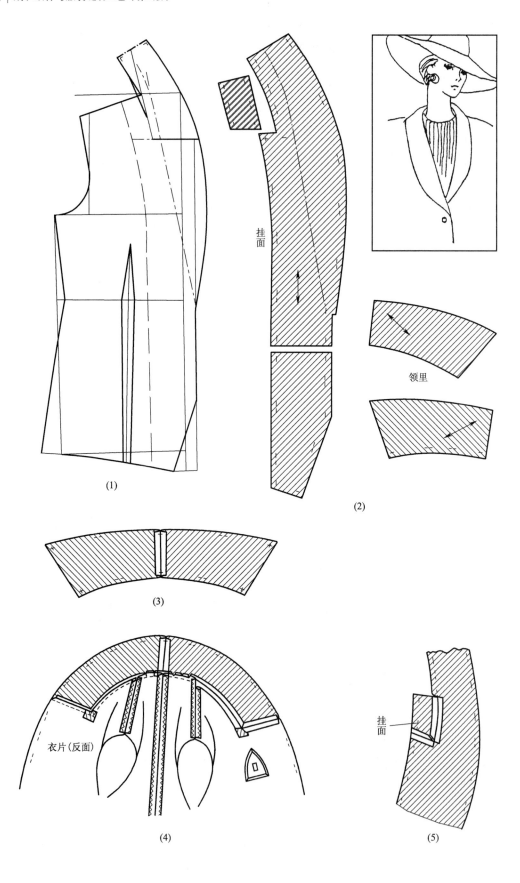

挂面

领里

(1)

(2)

(3)

衣片（反面）

挂面

(4)

(5)

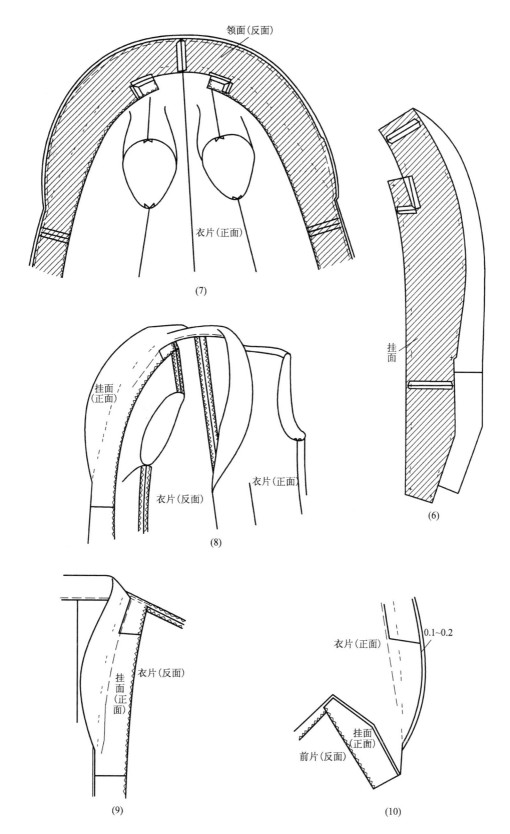

领面(反面)

衣片(正面)

(7)

挂面

(6)

挂面
(正面)

衣片(反面)

衣片(正面)

(8)

挂面
(正面)

衣片(反面)

(9)

衣片(正面)

0.1~0.2

挂面
(正面)

前片(反面)

(10)

图2-80

（8）翻转挂面，熨平领折线。

（9）将挂面前肩部上端与肩缝车缝固定。挂面与前身车缝暗线固定，距上扣位15cm处止。

（10）青果领领面止口吐出0.1～0.2cm，前身止口吐出0.1～0.2cm。

四、裙子后开衩制作方法

1. 制作方法一（图2-81）

（1）开衩部位粘衬。裙片后中缝对齐、车缝，缝至开衩上端处止。

（2）左片开衩上端打剪口0.5cm，开衩折倒向右片。

（3）熨烫平开衩及中缝，中缝上端剪口处斜向车缝两道线，固定开衩于右片。

（4）将底摆折边及左片开衩缝份折倒熨平。

（5）左、右片里子开衩上端粘小块衬并打剪口。

（6）翻折并熨平开衩缝份。

（7）将里子后中缝车缝好，再车缝好里子底边。

（8）将里子开衩烫好。

（9）里子与面开衩对齐，用手针固定，并用手针缲缝好。

2. 制作方法二（图2-82）

（1）将裙片左、右片开衩部位粘衬。

（2）两片后中缝对齐，车缝至开衩位止。

（3）扣折开衩及底摆折边折好。

（4）左片开衩上端打一小剪口，长0.5cm。

（5）右片里子反面开衩处上端粘一小块衬，并打剪口。

（6）将右片开衩缝份熨平，车缝好里子底摆。

（7）左、右片里子中缝对齐车缝好。

（8）左、右片里子熨平。

（9）里、面开衩位对齐，手针缲缝固定。

3. 裙腰后开口装拉锁制作方法（图2-83）

（1）将裙后片装拉锁位粘衬。将后中缝对齐，从开口下部车缝至下摆或裙后衩部位。

（2）缝份烫平，将拉锁正面与左片开口车缝住，明线0.1～0.15cm。

（3）将左、右片摆平，沿右片开口处与拉锁车缝住，明线0.8cm。

（4）装好拉锁的反面图。

（5）将左、右片里子开口对齐，后中缝车缝好，剪开折平上部开口，剪开三角口。

（6）将三角及开口缝份折倒烫平。

（7）将裙里子反面与裙片反面开口处对齐，用手针绷缝后再缲缝固定。

五、连腰裤前门开口装拉锁制作方法（图2-84）

（1）里襟粘衬折烫好。

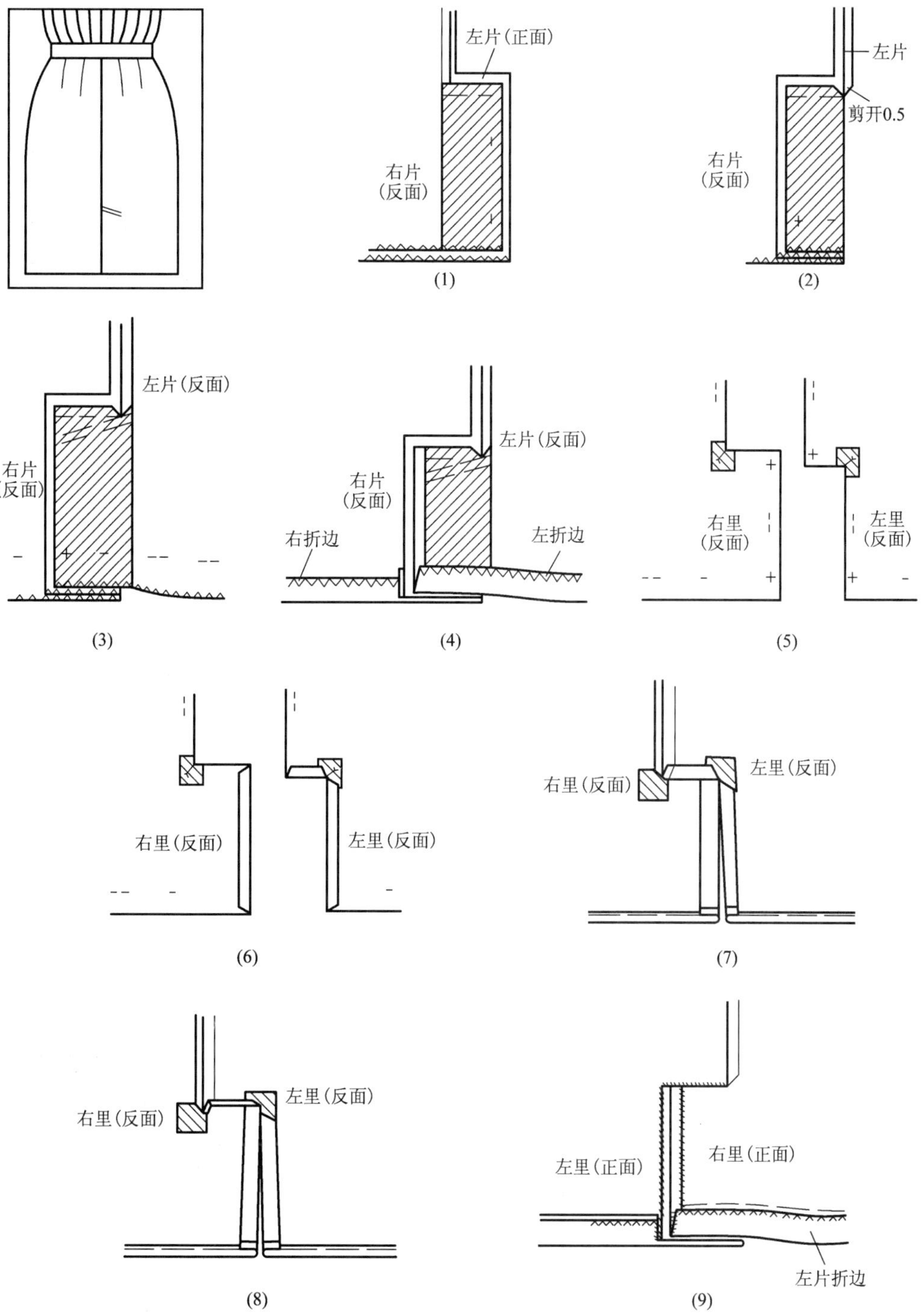

左片（正面）
右片（反面）
（1）

左片
剪开0.5
右片（反面）
（2）

左片（反面）
右片（反面）
（3）

左片（反面）
右片（反面）
右折边
左折边
（4）

右里（反面）
左里（反面）
（5）

右里（反面）
左里（反面）
（6）

右里（反面）
左里（反面）
（7）

右里（反面）
左里（反面）
（8）

左里（正面）
右里（正面）
左片折边
（9）

图2-81

（2）前左片门襟反面粘衬。车缝前后裆缝，并劈裆缝。

（3）里襟车缝拉锁。

（4）将底襟绱在右裤片上，从右裤片止口1cm处向下车缝至开门止点。缝线距边0.2cm。

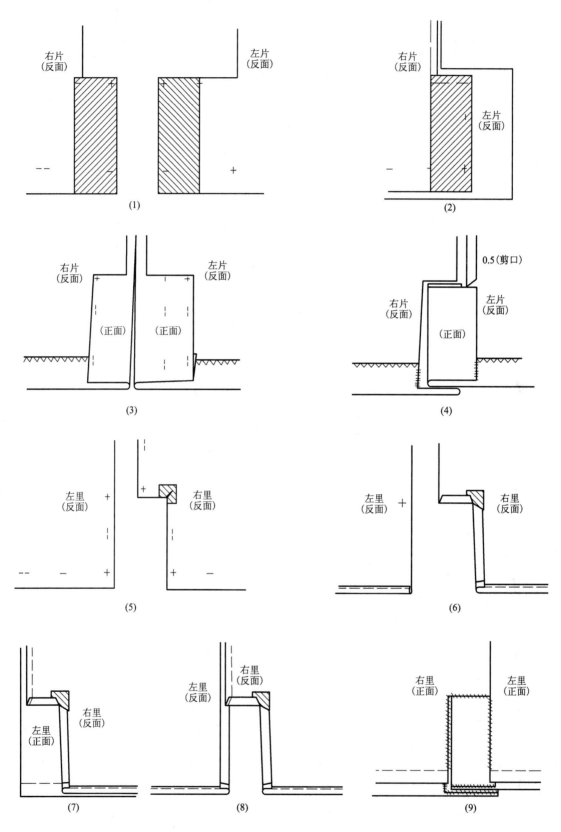

图2-82

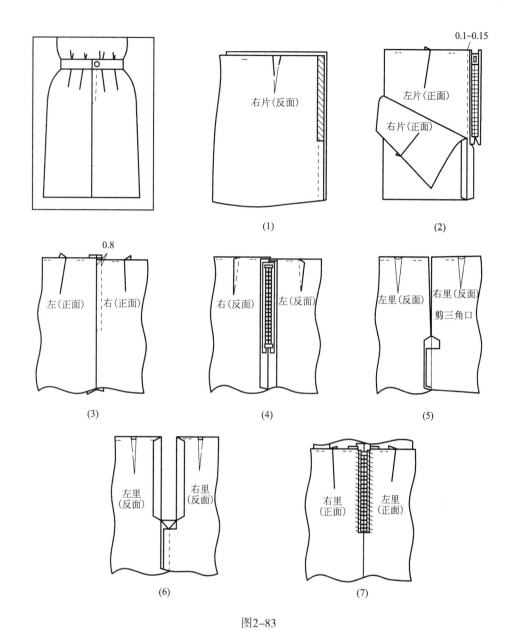

图2-83

（5）将裤片左、右片开门处摆平。

（6）将拉锁摆正，另一端与前左片门襟车缝固定。

（7）将前裤片左片门襟烫平，在左片距止口3cm处车缝一条明线。

（8）前开门左、右片摆正，车缝门襟下口线。

（9）装裤腰。

六、滚扣眼制作方法

1. 制作方法一（图2-85）

（1）取一块斜丝扣眼布，长度为扣子的直径加3cm，宽度为4cm左右。在服装前身片正

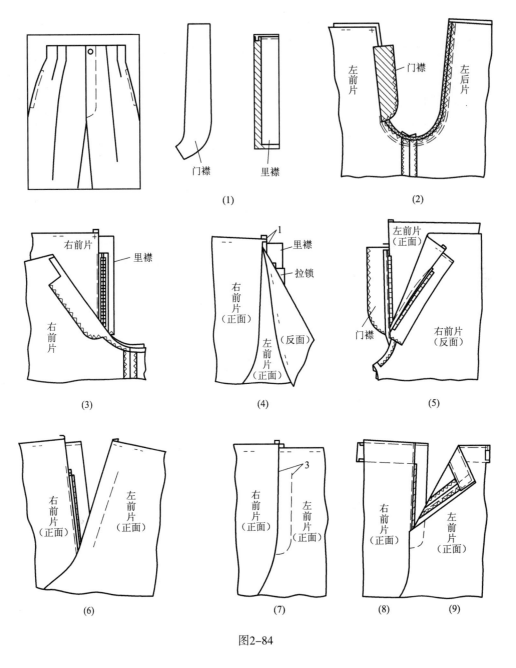

图2-84

面画出扣眼长度，长为扣子的直径加厚度，宽度为0.3~0.5cm，再在扣眼布的中间位置正反相同位置画出扣眼线。

（2）按扣眼画线，将绲扣眼布与身片对准。沿线车缝长方形2周，剪开扣眼，两头剪三角形。

（3）将扣眼布翻折到衣片反面。

（4）将扣眼缝份劈缝烫平。

（5）折好烫平扣眼布。

（6）衣片向下翻折，将扣眼布缝份与扣眼布车缝固定。

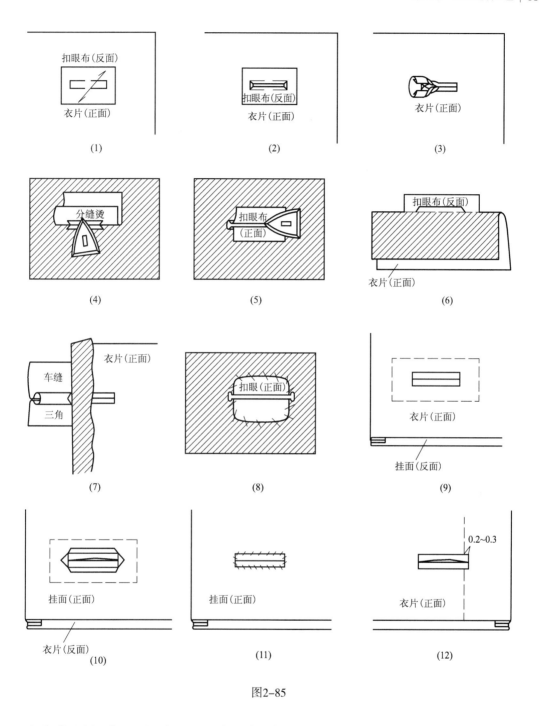

图2-85

（7）将衣料翻折，对准扣眼的眼角缝线两侧三角部位倒回针两三道，作为封口。

（8）用手针将扣眼布与前片缲缝。

（9）再将挂面和身片擦缝固定。

（10）剪开挂面扣眼位置，两头剪成三角形。

（11）用明缲的方法将扣眼缲密，四角不露毛边。

（12）完成效果，扣眼位应过搭门线0.2～0.3cm。

2. 制作方法二（图2-86）

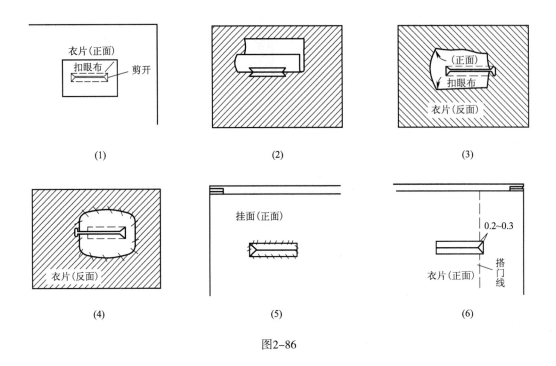

图2-86

（1）取一块斜丝扣眼布，长度为5~6cm，宽度为4cm左右。在衣片上画好扣眼大小，长度为扣子的直径加厚度，宽度为0.3~0.5cm，在扣眼布正反两面相同位置也画好扣眼。对好衣片与扣眼布的扣眼位置，车缝长方形，并剪开扣眼。

（2）将扣眼翻折到反面，并劈缝烫好扣眼。

（3）将扣眼熨烫平整。

（4）将扣眼布擦缝在衣片反面固定。

（5）将挂面的扣眼位剪开，翻折，并明缲固定。

（6）完成效果，扣眼位应过搭门线0.2~0.3cm。

第三章　半身裙纸样设计与缝制工艺

　　裙子款式的分类方法有很多种，本章介绍典型的直身裙和四片斜裙。主要内容包括纸样绘制方法、排料方法、工艺流程及缝制方法，另外还有节裙类的制图方法。

第一节　直身裙纸样设计与缝制工艺

　　直身裙的腰部、臀部合体，下摆顺臀围而下，基本上处于包裹在人体之上的状态，后身有开口和开衩，绱腰。直身裙款式虽然简练，但其制作工艺基本上包括了一般裙子的制作要点，因此选用直身裙作为本章节的内容。直身裙效果图如图3-1所示。

一、直身裙的纸样绘制

　　直身裙的纸样绘制方法如图3-2所示。图中腰围、臀围均为成品尺寸，号表示身高；开衩的长度可适当调节。

二、直身裙的面料毛板与排料

　　1. **面料毛板**　在直身裙裁剪图的基础上，下摆留出贴边，其他部分留出制作时所需要的缝份（图3-3），沿着图3-3中的外轮廓线剪下，便形成了直身裙的毛板。在每一块毛样板上标注其部位、纱向及裁剪的片数，以此作为排料的依据。

　　2. **面料排料**　适宜制作直身裙的面料有很多，面料的幅宽也有各种规格，这里使用的是72cm×2俗称"双幅"的面料。按照毛板上所标注的纱向及裁剪片数的要求，将其排列在面料之上（图3-4，斜线表示剩余面料）。

图3-1

成品规格表（号型160/68A） 单位：cm

部位	裙长	臀围	腰围	臀高	腰头宽
尺寸	65	94	68	17.5	3

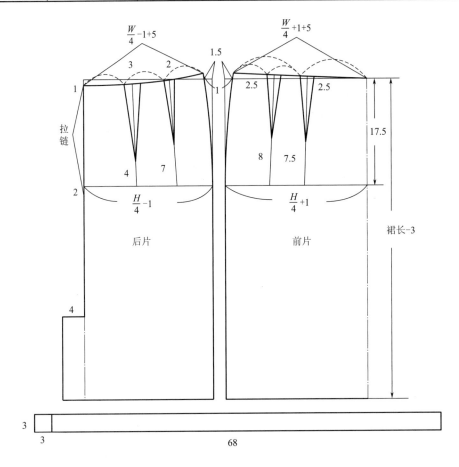

图3-2

三、直身裙的里子毛板与排料

1. **里子毛板** 直身裙的里子毛板是根据面料样板绘制而成的。如图3-5所示，腰口部位里子毛板与面料的毛板对齐，侧缝及后中缝部位里子毛板比面料毛板多0.3cm，此量留作眼皮；下摆部位里子毛板比面料净板长1cm。沿着图3-5中的外轮廓剪下，便形成了直身裙的里子毛板。在每一块板上标注其部位、纱向及裁剪的片数，以此作为排料的依据。

2. **里子排料** 将幅宽114cm的里料对折，按照里子毛板上所标注的要求，将其排列在里料之上（图3-6，斜线表示剩余面料）。

四、直身裙的工艺流程

如图3-7所示的直身裙工艺流程将案台工艺与机台工艺分别集中起来，按顺序编排，适用于有经验的人，图中的单线框表示案台工艺，双线框表示机台工艺。对于初学者来说，请参阅本书后面的缝制方法部分，它详细介绍了各个步骤的制作方法。

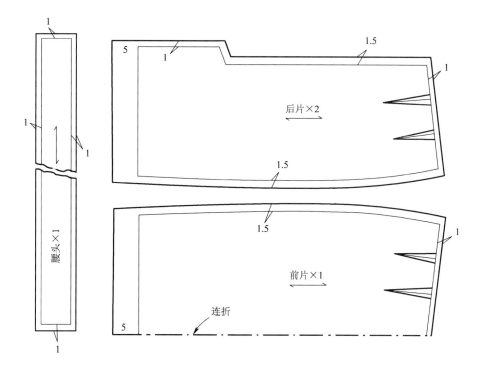

图3-3

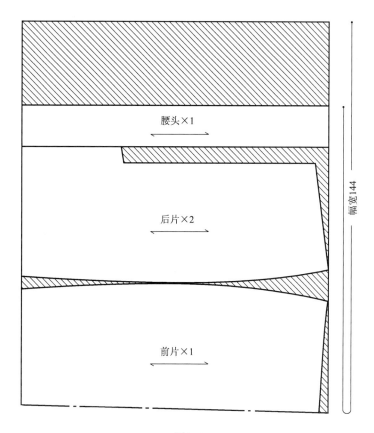

图3-4

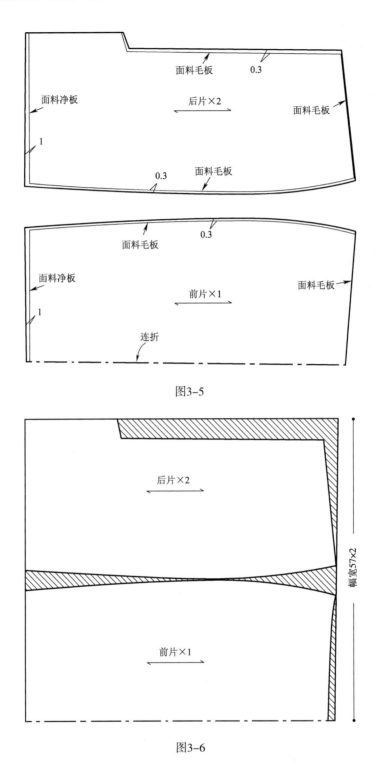

图3-5

图3-6

五、直身裙的缝制方法

为了便于初学者学习，在此将各个部位的缝制方法按顺序加以说明。对于有一定制作经验的人来说，可以把工序分别集中在案台与机缝工艺中，按照工艺流程图的顺序制作。

1. **准备工作**（图3-8）

直身裙工艺流程

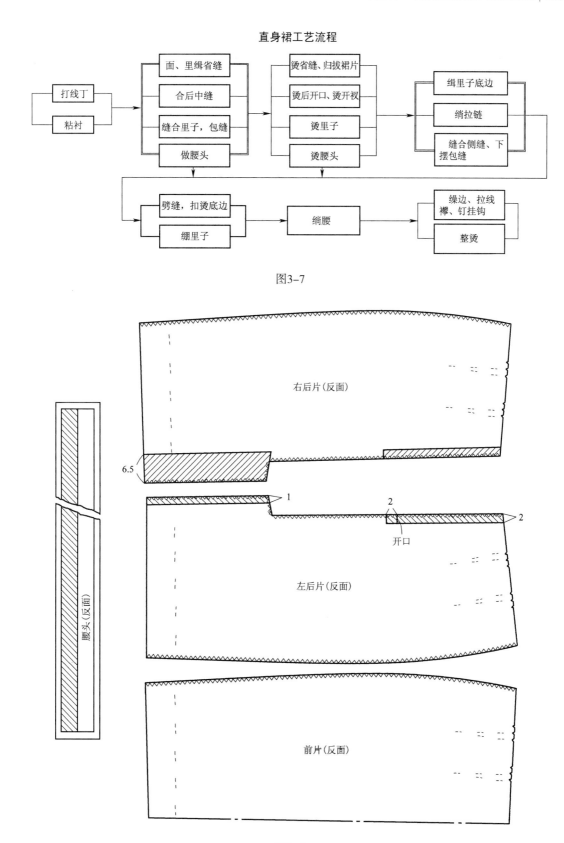

图3-7

图3-8

（1）打线丁：裙片的省缝、下摆及后开衩部位打线丁。

（2）粘衬：后开口及开衩部位粘无纺衬。腰头按净板粘树脂衬。图中的斜线表示衬。

（3）锁边：将粘好衬的裙片用包缝机锁边。

2. **省缝的缝法**（图3-9）　机缝前、后裙片的省道。里子的省道缝按褶的形式来处理。

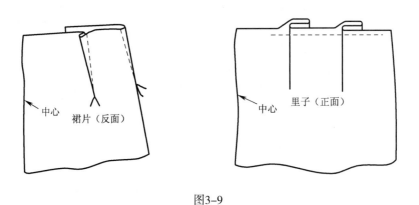

图3-9

3. **合后中缝**（图3-10）　自开口止点向下缝合两个后裙片，缝至开衩转弯距边缘1cm的位置止。里子后中缝自后中心开口止点向下缝至开衩的起点。

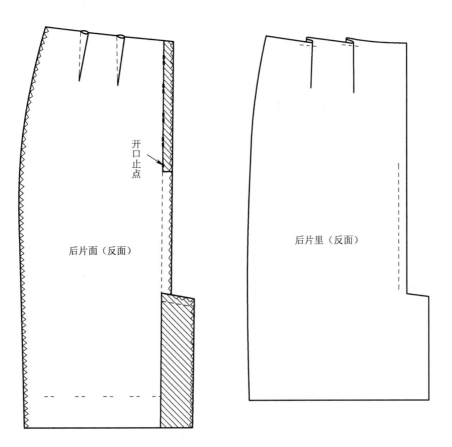

图3-10

4. 烫省缝、归拔裙片（图3-11）

（1）将裙片上的省缝向中心方向烫倒，至省尖位置时，用手向上推着省尖熨烫，以免这个部位的纱向变形。裙片的侧缝要归拢，使侧缝尽量形成直线。

（2）后开衩的熨烫。

（3）开口处右后片缝份扣烫1.5cm宽，左后片缝份扣烫1.2cm宽。

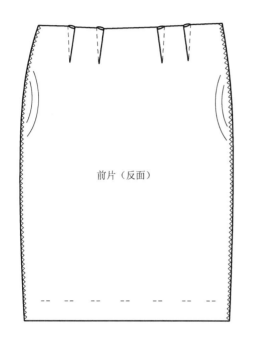
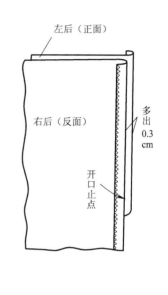
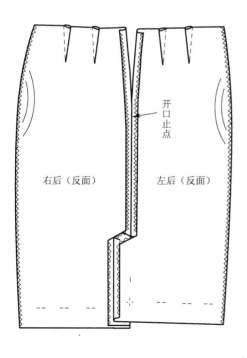
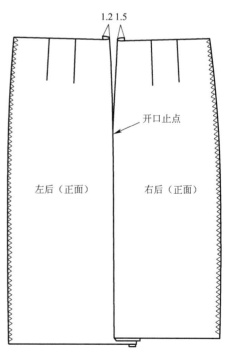

图3-11

5. **绱拉链** 将拉链与左后片开口的地方缝在一起，如图3-12所示。在裙片的正面用手针将右后片开口的地方与拉链攥缝在一起，然后缉明线1~1.2cm，并缉缝封结线三道，三道线需重叠在一起，如图3-13所示。图3-14为反面效果。

6. **缝合侧缝、劈缝、下摆包缝** 如图3-15所示。

7. **缉开衩贴边、扣烫底边** 如图3-16所示。

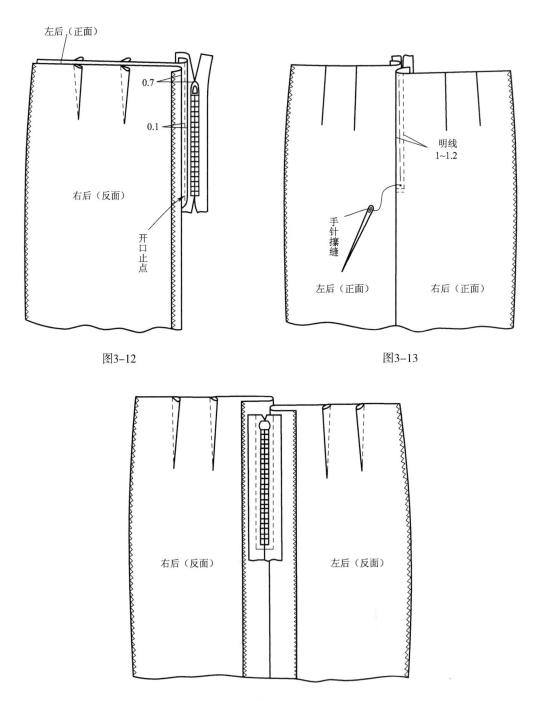

图3-12

图3-13

图3-14

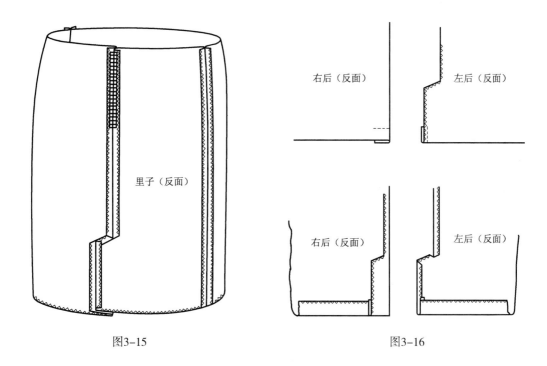

图3-15　　　　　　　　　　　　　　　　　　　图3-16

8. **缝合里子**　先把前、后片里子的侧缝按1.5cm缝份缝合在一起，然后用包缝机锁边，线迹的正面在前片里子上。下一步将里子的侧缝向后片烫倒，同时留出0.3cm的眼皮。接下来用卷边缝的方法缉底边（图3-17）。

9. **裙身与里子连结**　裙身的反面与里子的反面相对，在开口处用手针把里子假缝在拉链上，然后再用手针沿边缘缲好，缲完之后将假缝线拆掉。腰口一圈用机缝把面与里合在一起（图3-18）。

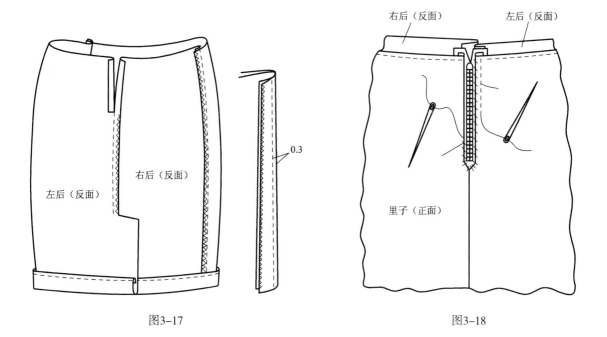

图3-17　　　　　　　　　　　　　　　　　　　图3-18

10. **做里子后开衩**　如图3-19所示，将里子左片的开衩缝份向里折，用手针假缝，然后再缲缝。右片里子在开衩转弯处打一个剪口，如图3-20所示，把开衩的缝份向里折，用手针假缝，然后再缲缝。

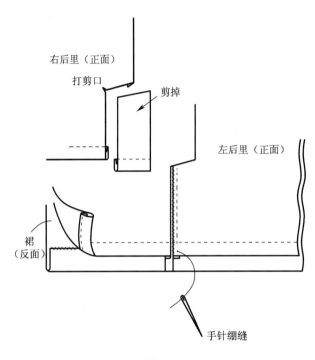

图3-19

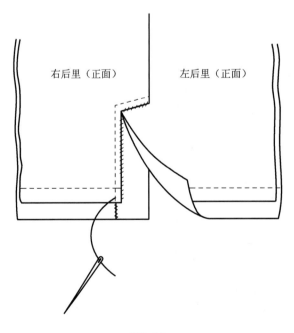

图3-20

11. **做腰头**（图3-21）

（1）将腰头与腰头衬搭接缝在一起。

（2）将腰头衬粘在腰头的反面烫好。

（3）将腰头正面朝里，两端距离腰衬0.2cm绱住。

（4）将腰头正面翻出来，烫平。

12. **绱腰头**　将腰头的正面与裙身的正面相对，右后裙片与腰头对齐，把腰头绱在裙身上，腰头上留出的底襟放在左后裙片，然后将腰头翻好，在正面的腰口缝里绱缝一道线（图3-22）。

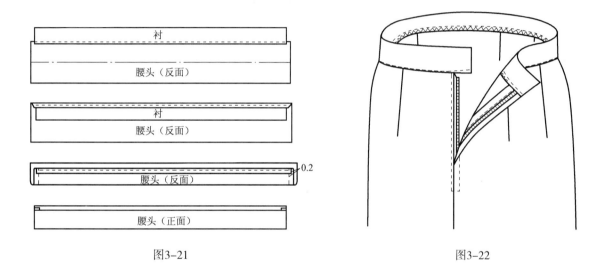

图3-21　　　　　　　　　　　　　　　图3-22

13. **拉线襻、钉挂钩**　在侧缝上，将裙面与里子用线襻连接，如图3-23所示。如图3-24所示钉挂钩。

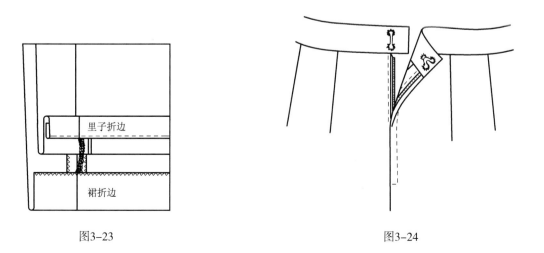

图3-23　　　　　　　　　　　　　　　图3-24

第二节　斜裙纸样设计与缝制工艺

　　所谓斜裙，是指前后中心为斜纱方向的裙子。其特点是腰部合体、无省道、无褶裥，下摆宽大，腰以下呈自然悬垂的状态。斜裙一般分为45°、90°、180°、360°等不同角度。45°裙由四片组成，90°斜裙由两片组成，180°斜裙由一片组成，360°斜裙由一块面料形成或由多块面料拼合而成。

　　图3-25为斜裙效果图。

成品规格表（号型160/68A）　　　　　　单位：cm

部位	裙长	腰围	腰头宽
尺寸	75	68	3

图3-25

一、斜裙的纸样绘制与排料方法

以下各种角度斜裙的纸样绘制图中，腰围表示的是成品尺寸。

1. 360° **太阳裙**（图3-26）

2. 180° **一片裙**（图3-27）

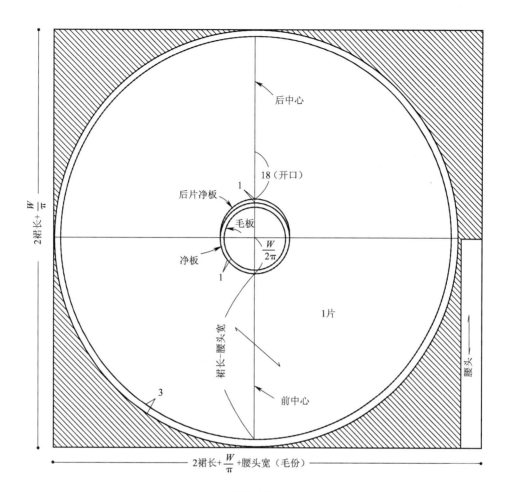

图3-26

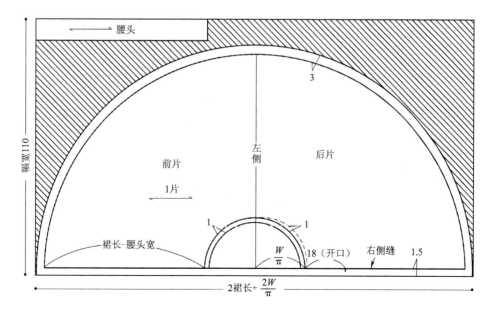

图3-27

3. **90° 两片裙**（图3-28、图3-29）

4. **45° 四片裙**

（1）裁剪图与净板：沿着图3-30中的裙片轮廓线剪下，标注纱向及裁剪的片数，此时形成的是净板。

（2）面料与里子毛板：在45° 四片裙裁剪图或净板的基础上，腰口放出1cm的缝份，两条缝子分别放出1.5cm缝份，下摆放出3cm折边（图3-31），沿外轮廓线剪下，便形成了毛板，在其上标注纱向及裁剪的片数，以此作为排料的依据。

里子毛板是根据面料毛板绘制而成的，如图3-32所示，方法与直身裙相同。

（3）45° 裙的排料方法：由于样板在布料上摆放的角度不同，缝制完成之后所形成的效果也不相同，图3-33、图3-34的效果为中间斜、两侧直，如图3-35所示。图3-36、图3-37的

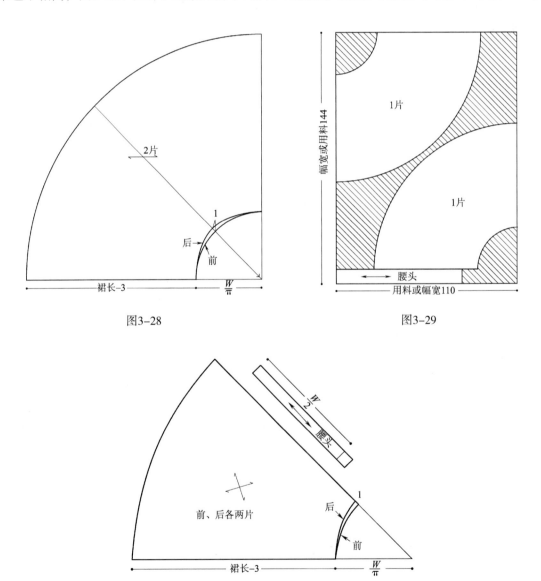

图3-28

图3-29

图3-30

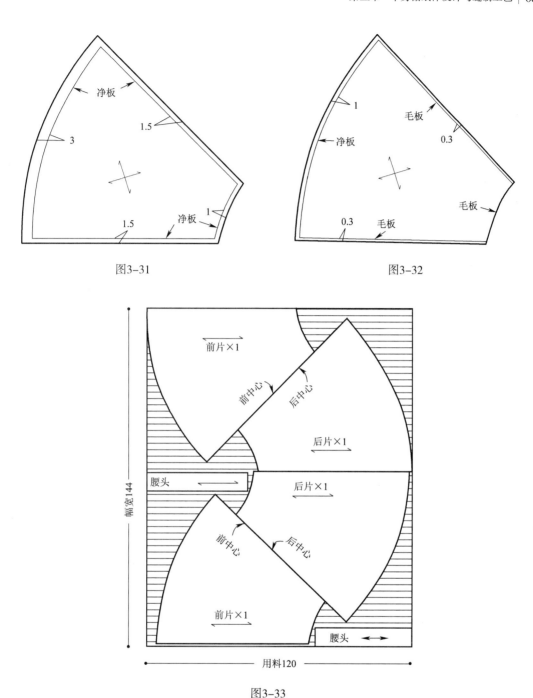

图3-31

图3-32

图3-33

效果是中间、两侧都是斜纱，如图3-38所示。里子的排料方法可与面料相同。

二、四片斜裙的工艺流程

如图3-39所示的四片斜裙工艺流程是将案台工艺与机台工艺分别集中起来，按顺序编排的，适用于有经验的人。图中的单线框表示案台工艺，双线框表示机台工艺。对于初学者来说，请参阅后面的缝制方法部分，该部分详细介绍了各个步骤的制作方法。

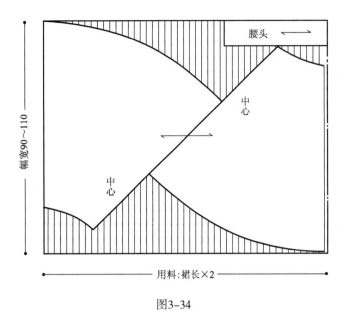

图3-34

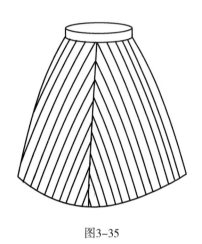

图3-35

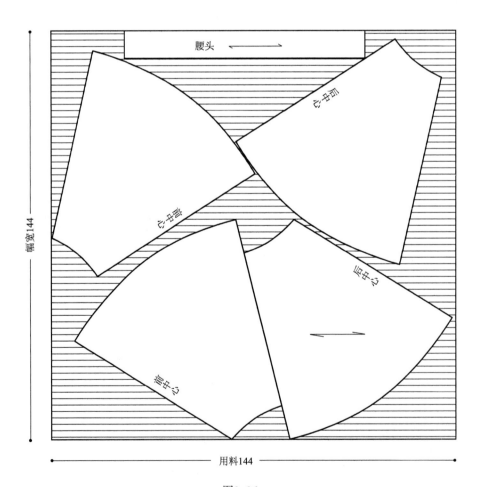

图3-36

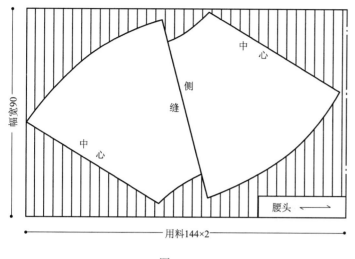

图3-37

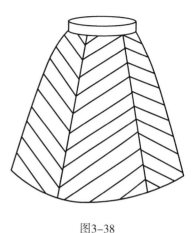

图3-38

四片斜裙工艺流程表

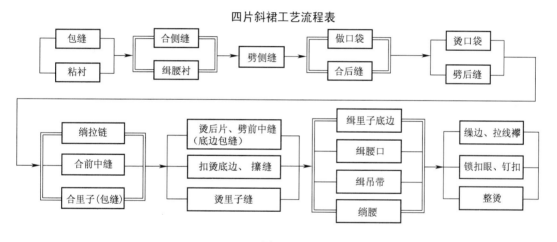

图3-39

三、四片斜裙的缝制方法

1. 准备工作

（1）包缝：四个裙片除了腰口之外，其余的缝和底边均用包缝机锁边。

（2）粘衬：前片侧缝开口处粘牵条衬，如图3-40所示。

2. 做侧缝袋

（1）缝合侧缝：将前、后裙片的侧缝对齐，留出袋口，缝合两个裙片，如图3-40所示。

（2）将合好的侧缝劈开，第一片袋布与前片缝合，如图3-41所示。

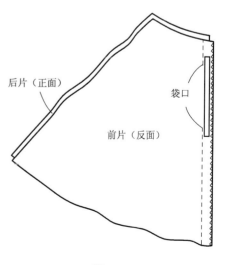

图3-40

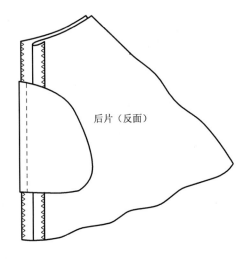

图3-41

（3）缉袋口，如图3-42所示。

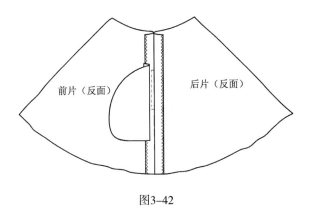

图3-42

（4）第二片袋布与后片缝合，缝两道线，如图3-43所示。

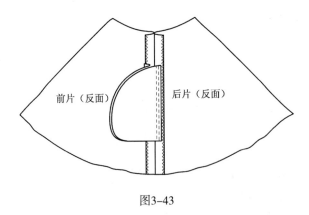

图3-43

（5）封袋布：将两片袋布对合在一起，沿边缘缝两道线，如图3-44所示。

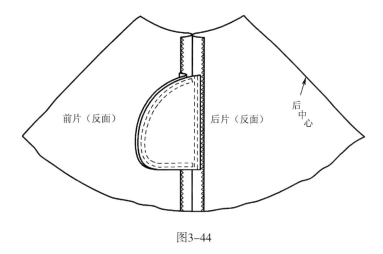

前片（反面）　　　　　后片（反面）　　后中心

图3-44

3. **合后中缝**（图3-45）

（1）攃缝开口：将两个后中缝对齐，开口部位用手针攃缝，起临时固定的作用。

（2）机缝后缝：自开口止点起缝合后中缝。

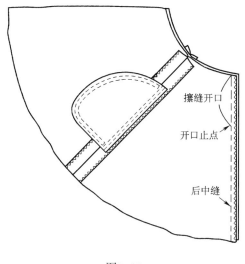

攃缝开口

开口止点

后中缝

图3-45

4. **绱隐形拉链**

（1）如图3-46所示，把隐形拉链用手针攃在开口处的缝份上。

（2）如图3-47所示，拆掉开口攃线，用专用压脚绲住隐形拉链。开口止点以下留出2cm。

（3）如图3-48所示，把拉链翻好，手针缝住留出的2cm空隙。

5. **缝合前中缝、劈缝烫平**（图3-49）

6. **扣底边**　扣烫底边，用手针临时固定攃缝，然后缲针或用三角针将折边缝好，如图3-50所示。最后再把攃线拆掉。

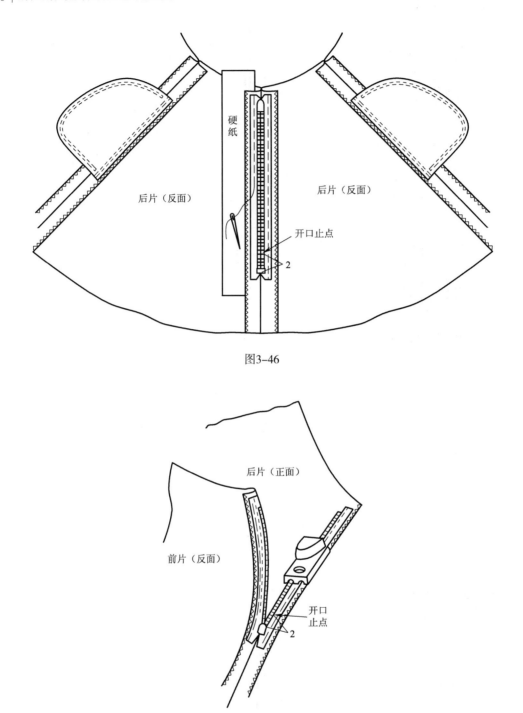

图3-46

图3-47

7．做里子

（1）如图3-51所示，将里子缝合在一起，注意后中缝留出开口。然后将缝子用包缝机锁边，再用电熨斗坐倒缝熨烫，留出0.3cm的眼皮。

（2）如图3-52所示，将里子的底边卷边缝。

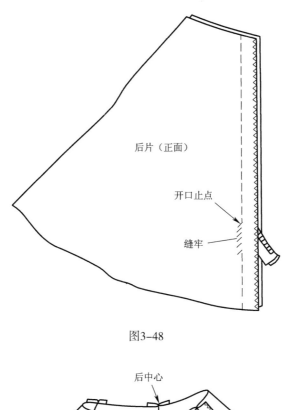

图3-48

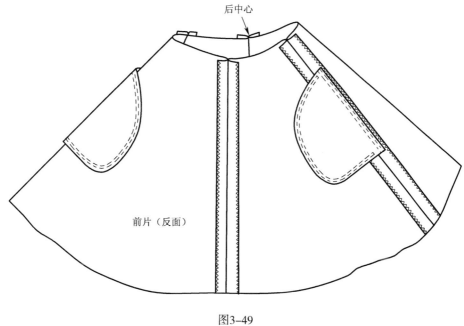

图3-49

8. **缝合腰口**　如图3-53所示，将裙身反面与里子反面相对，缝合腰口，两侧缝分别钉上吊襻，开口部位用手针缝好。

9. **做腰头**　如图3-54所示。

10. **绱腰**

（1）如图3-55所示，将腰面的正面与裙身正面相对，沿腰口缝合一圈，底襻放在左后

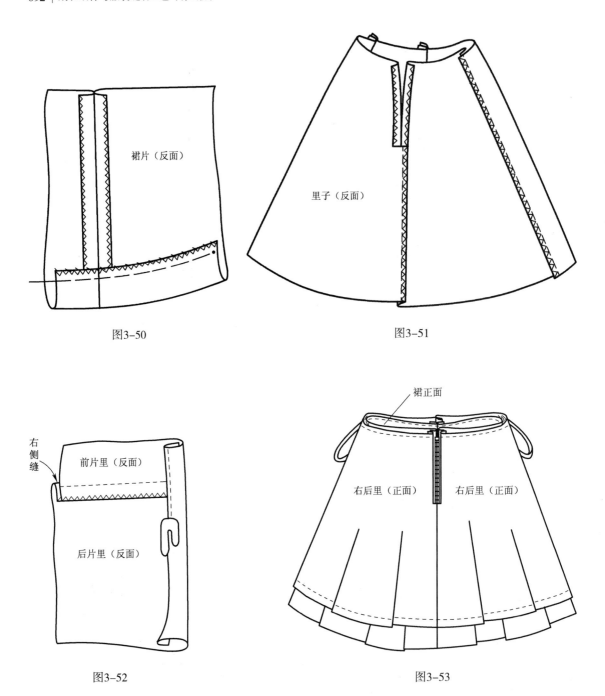

图3-50

图3-51

图3-52

图3-53

片开口处。

（2）如图3-56所示，将腰头两端缉住。

（3）如图3-57所示，将腰头的正面翻出，腰里下口用手针缲在里子上。

11. **锁扣眼、钉扣** 如图3-58所示，在腰头的大襟（右后侧）锁扣眼，底襟（左后侧）钉扣子。

12. **拉线襻** 方法与直身裙拉线襻相同。

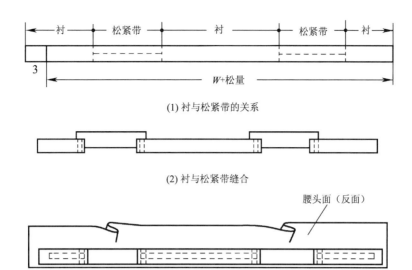

(1) 衬与松紧带的关系

(2) 衬与松紧带缝合

腰头面（反面）

(3) 衬绲在腰头里的反面

图3-54

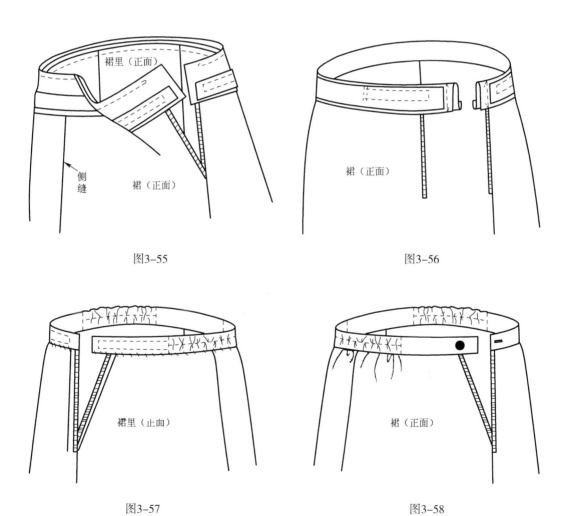

裙里（正面）

裙（正面）

侧缝

裙（正面）

图3-55

裙（正面）

图3-56

裙里（止曲）

图3-57

裙（正面）

图3-58

第三节 节裙类纸样设计

节裙顾名思义指裙形呈现多层多褶相接的造型。层节数一般在三节或以上的不同比例设计，可以每节缩褶后可直接相接，根据合理的褶量设计出较大的下摆浪。也可以通过缝制方法呈现从下向上层层插入的塔裙样式，节裙作为日常生活中穿着宽松舒服，亦可以加长加大缩褶量成为活动功能要求较高且方便的舞蹈服。

一、三层节裙纸样设计

效果图如图3-59所示。

图3-59

三层节裙成品规格表（号型160/68A） 单位：cm

部位	裙长	腰围	腰头宽
尺寸	73	68	3

此款是三层节裙 设计的裙子，每层的长度比例可随意设计，控制好每层的褶量比例。采用垂感较好的丝质或纱质薄型面料。

二、三层节裙制图步骤

制图步骤如图3-60所示。

（1）第一层的缩褶量参照：腰围/4的1/2加放。

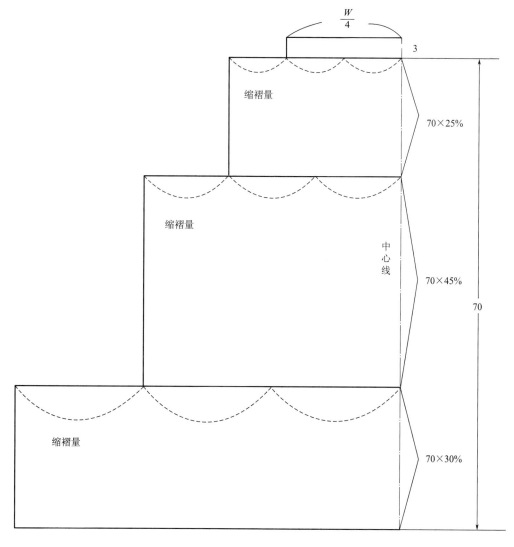

图3-60

图3-61

（2）第二层的缩褶量参照第一层长度的1/2加放。

（3）第三层的缩褶量参照第二层长度的1/2加放。

（4）节裙里的衬裙按照基础裙的制图方法，里衬裙一般在净臀围上加放4cm松量。

三、塔裙纸样设计

效果图如图3-61所示。

塔裙成品规格表（号型160/68A） 单位：cm

部位	裙长	腰围	臀围（衬裙）	臀高	腰头宽
尺寸	73	68	94	17.5	3

此款是三层塔式设计的裙子，主要是控制好每层的褶量比例，里衬裙在净臀围的基础上加放4cm，腰围不加放，下两层附着在里衬裙上，每层的长度比例可随意设计。

四、塔裙制图步骤（图3-62）

（1）第一层的缩褶量参照：腰围/4的1/2加放。

（2）第二层的缩褶量参照第一层长度的1/2加放。

（3）第三层的缩褶量参照第二层长度的1/2加放。

（4）塔裙里的衬裙按照基础裙的制图方法。

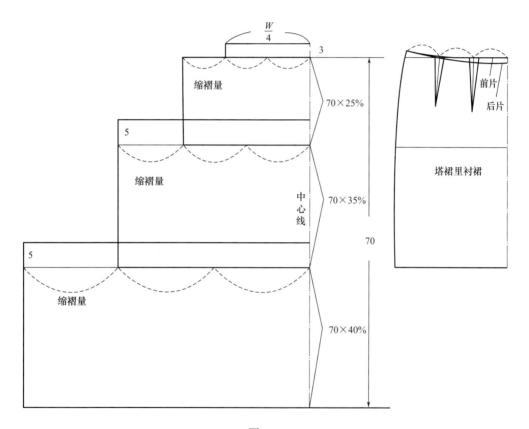

图3-62

第四章 连衣裙纸样设计与缝制工艺

第一节 连衣裙基础知识

一、概述

连衣裙是女装中的一个服饰品种,其特点为上装与裙子贯通一起的连身结构。连衣裙主要在夏季穿着,其他时节,可根据气候情况及特定穿着的需要,选用不同薄厚质地的面料和变化多样的款式,因而具有流行时装的特征。

连衣裙的款式造型总体主要靠下装裙子的长短及摆围变化而产生各种不同的样式特点。其领子有立领、翻领、西服领等及无领式的圆、方等各式领型和领口形状。袖子则有各种长袖、短袖和无袖等自由变化组合的袖型。

连衣裙的结构主要为断腰节和连腰节两大类。按腰节断开缝合线的高低,又可分高腰节、中腰节和低腰节三种类型。连衣裙身外形结构有直身式、宽松式和适体紧身式,包括有纵向、斜向、横向曲面结构的各种构成形式。

面料可根据季节、不同款式、穿着用途等选择。如日常装可以选择棉、麻、真丝、毛、混纺、化纤等悬垂性较好的面料,舞会、晚会服则要选择有特殊效果要求的各种天然或人造纤维织物。

二、连衣裙的分类

根据连衣裙的不同特点,可以从穿着场合、结构形式、使用面料等几方面进行分类。

1. **按造型划分** 连衣裙可分为直身型、适体型和宽松型。同时可按高、中、低腰节的结构形式及裙子的长短来进行设计,如直身式长连衣裙、低腰式短连衣裙等。

2. **按季节划分** 可分为夏季单层或单层带里子的各式面料的连衣裙及春秋、冬季较厚面料的各式连衣裙等。

3. **按穿着场合划分** 可根据不同穿着场合分为日常、旅游及舞会、晚会礼服式连衣裙。

三、成品规格的制订

连衣裙的款式和整体造型及成品尺寸的确定,主要从人体三围(即胸围、腰围、臀围)的加放松量的不同来控制。由于是连身结构,上衣部分要参照塑胸的原则来处理,下身要按裙装构成方法来处理。服装的各控制部位要谐调统一。

本章所选取的款式属较适体的、带有分割线、收腰、放摆的结构形式,可称为适体刀背式宽摆连衣裙,单层无里子,薄面料且悬垂性较好,可适宜夏季青年女子穿着(图4-1)。

图4-1

号型标准为160/84A型，由此制订相应的成品规格，成品规格见下表。通过该表可以看出，由于是较合体形，三围松量适中，以胸围的松量奠定整体造型的基础。结构形式由于采用刀背分割方法，加大了下摆的松量，摆围可根据款式要求进行调整。

成品规格表（号型160/84A） 单位：cm

部位	衣长	胸围	总肩宽	腰围	袖长	袖口宽	背长
尺寸	107	100	41	80	24	17	38

第二节　连衣裙纸样设计与缝制工艺

一、连衣裙的纸样绘制

连衣裙的裁剪图如图4-2所示。

图4-2为净板，采用原型制图方法，采用160/84A原型，依据成品尺寸进行修正，B/4加放1.5cm，前、后各加放0.75cm，胸围线下移1.5cm，前片胸凸省一部分转给袖窿，一部分转移至刀背剖缝线。腰部收省量依据胸腰省差量进行合理分配，后片腰省占总省量的60%左右，前片占40%左右。以保证均衡状态。袖子采用中高袖山的短袖，袖肥适中，先画基础袖子结构，确定袖口后，剪开袖肥线/4，收至袖口尺寸。

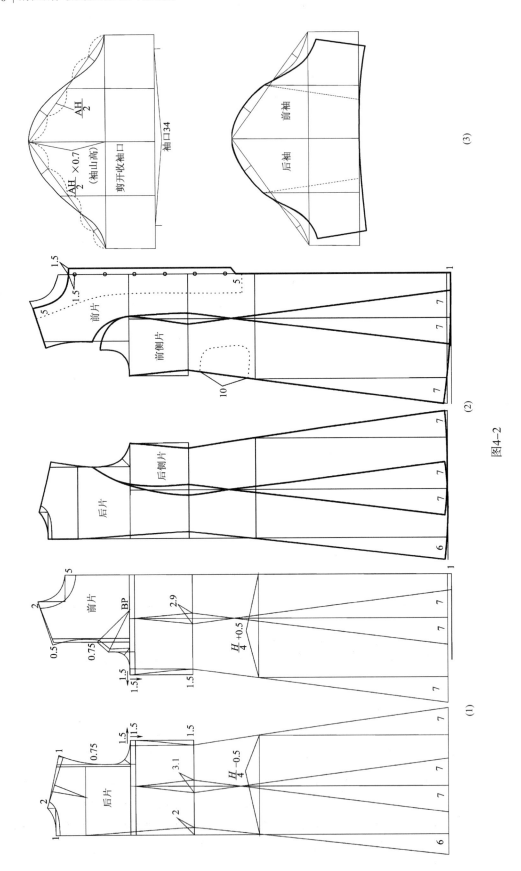

图4-2

二、连衣裙的毛板与排料

1. **前后身毛板** 在净板基础上，在领口、袖窿前中、分割线及侧缝处各加放1cm缝份，下摆加放2cm缝份，挂面及领托也同时在净板上各加放1cm缝份 [图4-3（1）～（3）]。

2. **袖子毛板** 在净板基础上，袖山及袖侧缝加放1cm缝份，袖口加放3cm缝份 [图4-3（4）]。

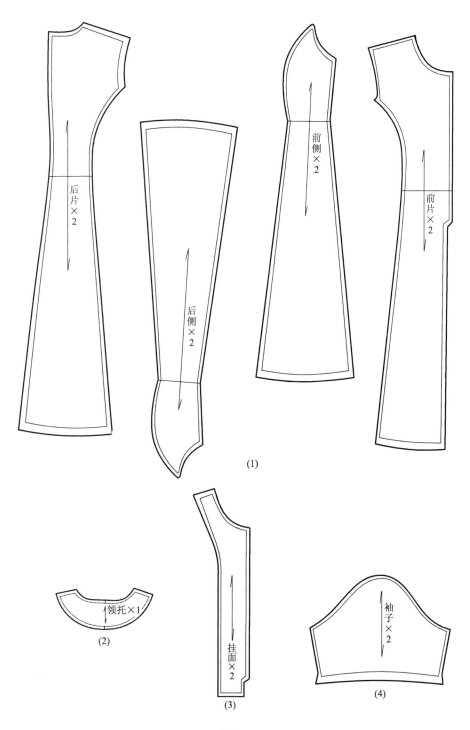

图4-3

3. **无纺黏合衬板**　后领托、袖口折边、前身领口门襟处贴边等需粘衬部位的毛板，如图4-4所示。

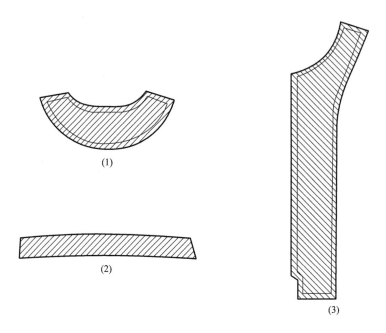

(1)

(2)

(3)

图4-4

4. **排料图**　本排料图面料幅宽为90cm，单件用料为290cm（图4-5）。

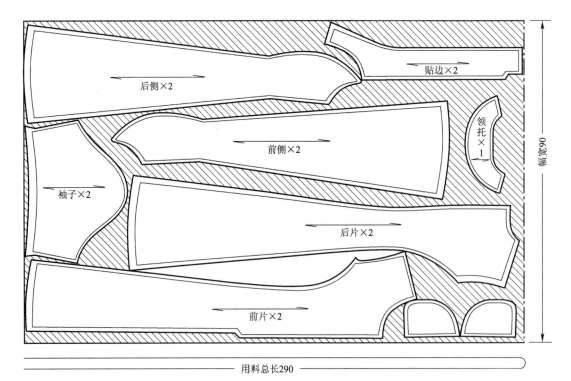

图4-5

三、连衣裙的工艺流程（图4-6）

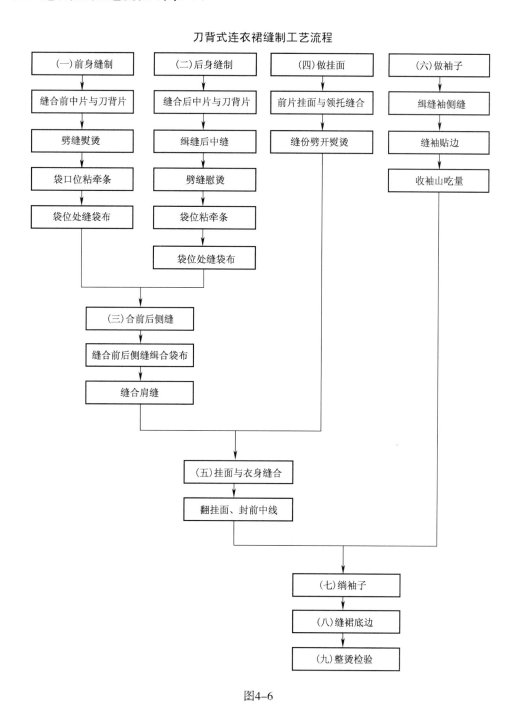

刀背式连衣裙缝制工艺流程

图4-6

四、连衣裙的缝制方法

1. **包缝机包缝份**　将衣片的前片侧缝、刀背缝和后片侧缝、刀背缝、后中缝、前后肩缝进行包缝。包缝至刀背曲线部位时，注意不要拉抻以免造成裁片变形。

2. 缉前片刀背缝（图4-7）

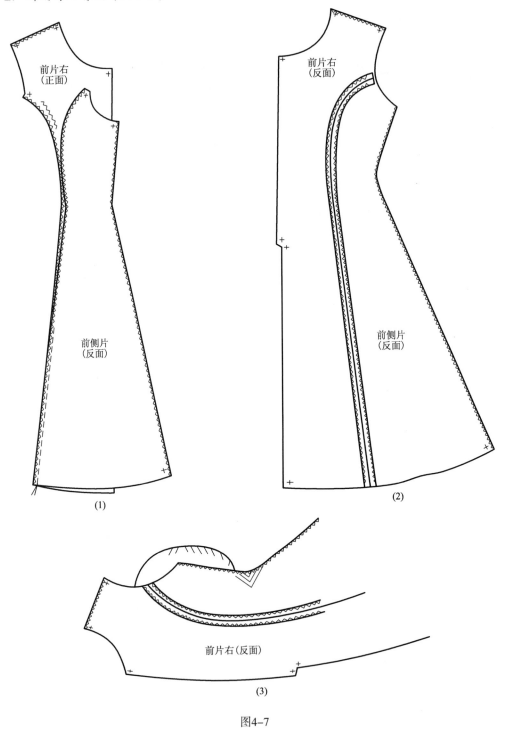

（1）

（2）

前片右（反面）

（3）

图4-7

（1）前中片在下，前侧片在上，正面相对，左边衣片从下向上车缝，右衣片由上向下车缝。车缝至腰节部位时两片要对齐，缝线要平顺。

（2）从缝子中间劈开进行熨烫，要将缝份烫平、烫死。腰部应拔开，胸部放在烫枕上，将刀背缝塑胸部位熨烫出乳胸曲面。

3. **车拼缝后片**（图4-8）

（1）后中片在下，后侧片在上正面相对，从下向上缉缝至腰节部位时，两片要对齐。

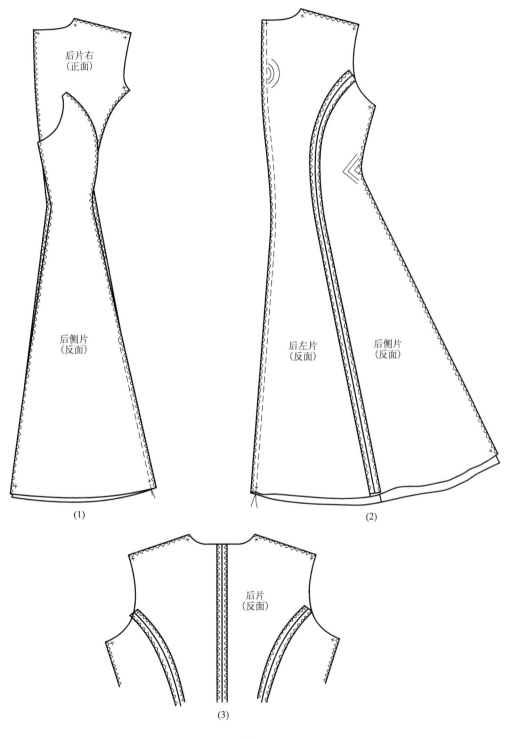

（1）

（2）

（3）

图4-8

（2）两刀背缝车缝好后，将左右两片后中缝对齐，正面相对，在反面进行车缝，缝线要平服、顺直，不能有吃或赶的现象。

（3）劈开车缝的刀背缝和后中缝熨烫，缝份要烫平、烫死。后中缝腰节以上要将弧线用熨斗归顺直。

4. 粘牵条、做口袋、合侧缝、合肩缝

（1）在前片侧缝袋口处粘牵条，将袋布两片各车缝在前后片袋位处（正面）［图4-9（1）、（2）］。

（2）将袋布折倒烫平，合侧缝留出袋口位置，劈缝熨烫好，车缝袋布并包缝好，袋布倒向前侧片熨烫平服［图4-9（3）～（5）］。

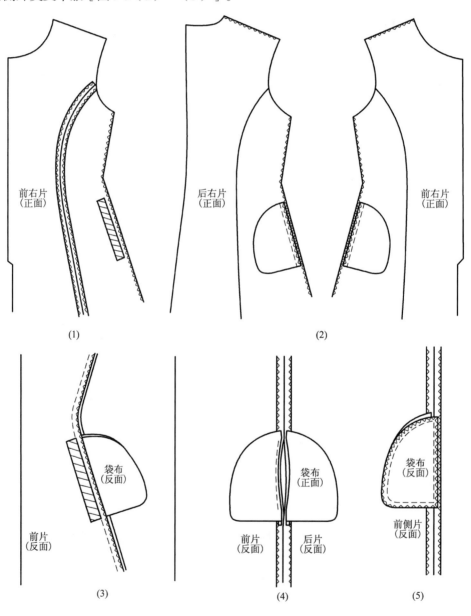

图4-9

（3）合肩缝时注意，后肩缝需适量缩缝，前后肩缝要劈烫开（图4-10）。

5. 制作挂面，车缝挂面，车缝下摆底边

（1）将前片挂面两片与后领托连接烫好［图4-11（1）］。

（2）将挂面与衣片正面相对，沿前止口及领口缝份车缝，应注意缝线平服，不要吃纵［图4-11（2）］。

（3）在挂面下端打剪口，翻至挂面正面，将挂面烫平。熨烫时将挂面适当推进一些，保证前止口、领口不要倒吐［图4-11（3）、（4）］。

（4）挂面车缝好，翻烫平整后，车缝前中线挂面下部，劈缝烫平［图4-11（5）］。

（5）车缝下摆底边，折边要准确，缝线顺畅，熨烫平服［图4-11（6）］。

6. 做袖子、绱袖子方法之一

（1）车缝袖侧缝，袖缝劈烫开。翻折袖

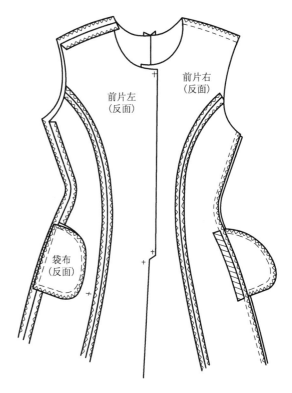

图4-10

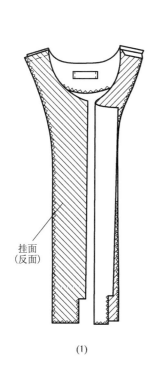

(1)

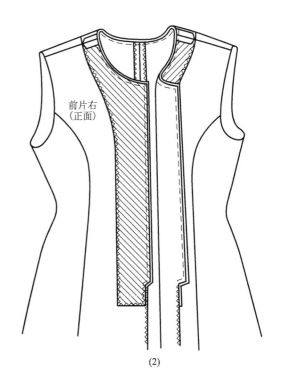

(2)

图4-11

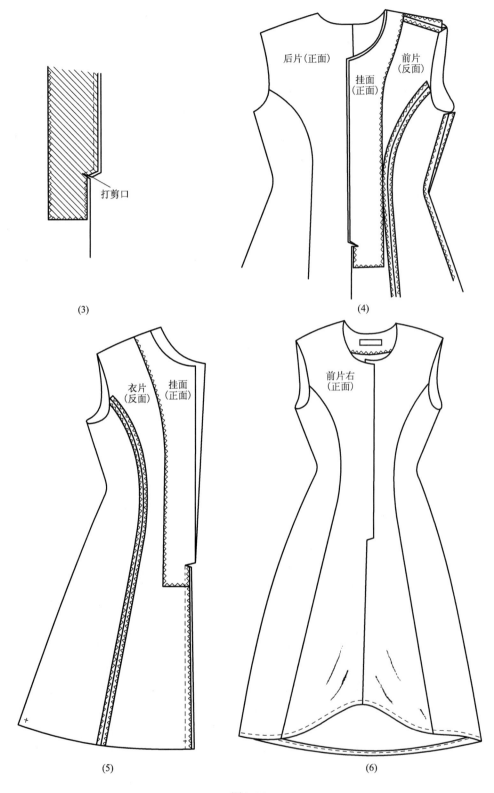

打剪口

后片（正面）

挂面
（正面）

前片
（反面）

(3)

(4)

衣片
（反面）

挂面
（正面）

前片右
（正面）

(5)

(6)

图4-11

口折边，车缝贴边［图4-12（1）、（2）］。

（2）收袖山头吃量［图4-12（3）］。

（3）绱袖子：将制成的袖子与袖窿对合好，车缝时袖子在上，大身在下。袖窿、袖山缝份要双包缝，倒缝熨烫平服［图4-12（4）、（5）］。

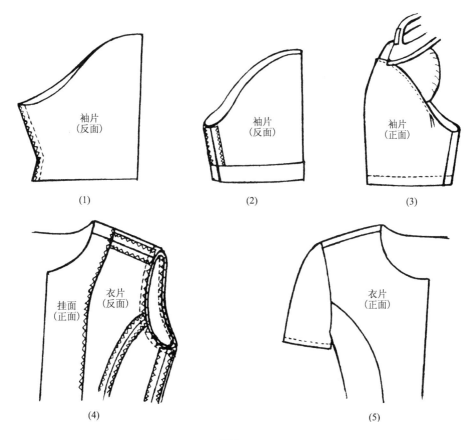

图4-12

7. 做袖子、绱袖子方法之二

（1）前、后片衣身缝好后，缝合前后肩缝，将肩缝劈缝，袖窿处展开、熨烫平服［图4-13（1）、（2）］。

（2）袖子两侧缝包缝［图4-13（3）］。

（3）绱袖子：将袖山与袖窿对合车缝，缝份要双包缝。熨烫袖窿，袖缝倒向袖子熨烫，烫时要顺袖窿弯度、弯势熨平［图4-13（4）］。

（4）缝合袖缝与大身侧缝，侧缝倒缝。袖口折边翻折车缝，熨烫平服［图4-13（5）、（6）］。

8. 绱垫肩、整烫（图4-14）

（1）将做好的垫肩对准肩部缝份及袖窿，顺肩缝手针缲缝后再固定袖山缝，针距稍大些，缝线要稍松。

（2）大烫时应注意，外观整烫要平服，各缝制线要烫平，使线迹顺畅。按照人体曲面的立体结构进行最后的热塑形处理。

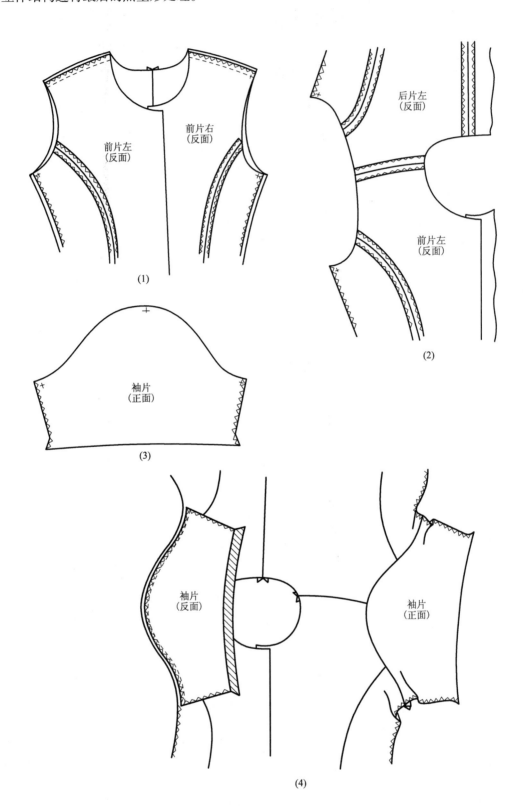

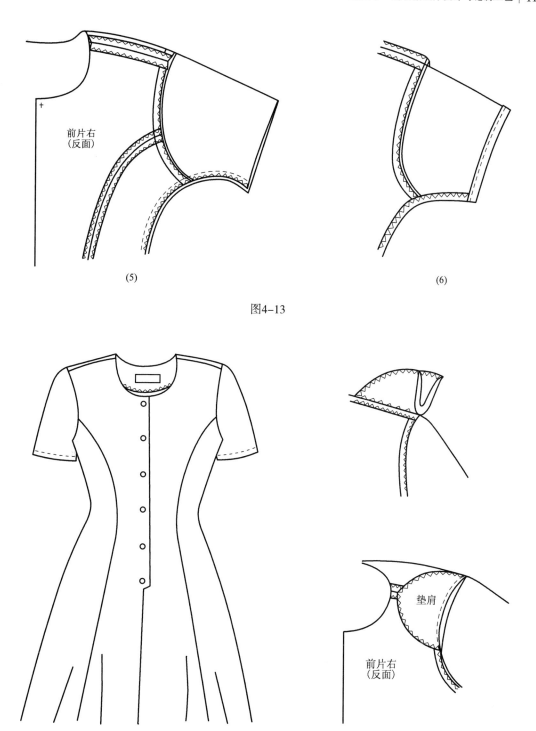

(5)　　　　　　　　　　　　　　　(6)

图4-13

图4-14

9. **检验**　成衣的外观应符合款式造型的要求。各部位应平整，无起皱、吃、赶、纵的现象；左右片对称，明暗线迹整齐，宽窄一致；止口不外露，无反吐现象；上身刀背缝顺畅，塑胸完整，立体感强；裙摆自然下垂，摆浪平衡；规格尺寸准确无误。

第五章　裤子纸样设计与缝制工艺

第一节　裤子基础知识

一、概述

裤子是用左右裤腿包覆下肢的服装，是最常见的下装品种。裤子较其他下装更易体现人的体型特征，而且轻便、便于运动，因此，在任何季节或场合下都可穿用。裤子的结构主要体现在臀部的松量设计，臀部是造型的基础，裤口是造型的关键，中裆起衬托顺应造型的作用。

二、裤子的分类

裤子的产生无论中西方都比衣、裙要晚。裤子的样式较多，按性别可分为男裤、女裤；按裤腿的长短可分为长裤、短裤等；按裤腿的肥瘦与造型不同有紧身裤、锥形裤、筒裤、喇叭裤、裙裤等；按用途可分为高级礼服西裤、标准普通西裤、牛仔裤、运动裤、灯笼裤、马裤、健美裤、睡裤、滑雪裤、登山裤等；按功能可分为特种功能军裤，各种劳动保护裤子以及防火、防酸、防碱裤子等。

裤子的腰、裆、裤口等部位也有许多造型与款式变化。

西裤是裤子中最具典型的品种。穿着西裤既可以出入正式场合，又可以出入较随便的场合，同时，也能与不同类型的上装形成多种组合。

男西裤的结构相对比较固定，其结构原理具有广泛的代表性和普遍性。

男西裤的样式比较固定，没有太多的流行变化，在外部轮廓上，基本为筒型，裤管贴体，形成合体、挺拔的视觉效果。

1. 男西裤在细节上的主要变化

（1）裤前腰褶裥可根据腰臀差数设计为双褶、单褶和无褶等形式。

（2）裤侧袋可做直插袋、斜插袋和平插袋等袋形。

（3）裤后开袋有单嵌线、双嵌线和加袋盖的双嵌线三种基本形式。

（4）裤脚有平脚裤和翻脚裤两种不同形式。

2. 女西裤的主要变化

（1）女西裤与男西裤相比更为简洁，没有裤后开袋且只有平脚裤。不同款式的裤型其规格尺寸的制订也有所不同。

（2）现代女式裤子的造型呈多元化发展，款式变化繁多，主要基础裤形有直筒、喇叭、锥形、宽松、多褶裤形等。

（3）按裤口及腰口分为：紧身裤、锥子裤、筒裤、喇叭裤、连装裤、背带裤、高腰连腰裤等。

第二节　女裤纸样设计与缝制工艺

本节以女西裤为例介绍女裤的纸样设计与缝制工艺。

一、女西裤的纸样绘制

绘制女西裤纸样前需量取腰围、臀围和裤长三个人体尺寸。

女西裤的腰围需在净尺寸的基础上加2cm的松量，臀围需加8~10cm的松量。

女西裤的裁剪图如图5-1所示。

女西裤的毛板图如图5-2所示，它是在净板的基础上，根据缝制部位的需要加缝份而成。

二、女西裤的毛板与排料

女西裤在排料、裁剪时要注意纱向顺直，如果是条格面料则要求左右裤片要对称，裤子的前、后中缝，内、外侧缝处要对格。

图5-3为双幅面料单条女西裤的排料方法。

三、女西裤的工艺流程

图5-4为女西裤的工艺流程图。

四、女西裤的缝制方法

1. **粘衬**　在腰头及前片侧缝袋口处粘无纺衬，如图5-5所示。

2. **归拔**　归拔部位如图5-6所示，其目的是使前、后裤片内、外侧缝成直形，缝合后平服；同时做出臀部的胖势和横裆处的凹势，使裤子更加符合人的体型。

3. **敷裤绸**　用白擦线将裤绸与前裤片固定。

4. **包缝**　前、后裤片的裆缝及侧缝部位用顺色线包缝（图5-7）。

5. **合后片省道**　按标记位置车缝后片省道，在烫枕上将省份向后裆缝方向烫倒（图5-8）。

6. **烫前片裤中线**　将前片烫迹线烫出来，注意正面要垫好水布，以免烫出极光。

7. **做侧缝袋**

（1）做袋布：女西裤袋布分左、右两只，垫袋布两片，里襟一片是钉纽扣用的。右袋布的做法如图5-9所示：

①将垫袋布与右袋布正面相对缝合，缝份为0.5cm。

②翻转垫袋布，使垫袋布与右袋布反面相对，垫袋面略吐出，沿边车缝明线。

成品规格表（号型160/68A）　　　　　　　　　　　　　单位：cm

部位	裤长	臀围	腰围	立裆	裤口宽	腰头宽	臀高
尺寸	97	100	70	28.5	18	3	17.5

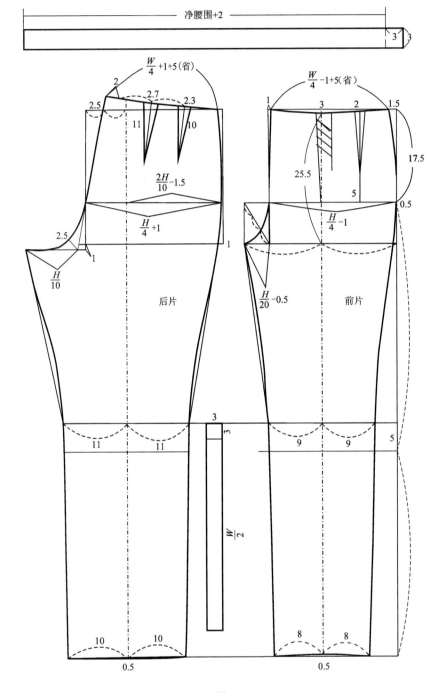

图5-1

③将垫袋布另一边与右袋布缝合固定。

④将右袋布对折，用来去缝车缝袋布底。

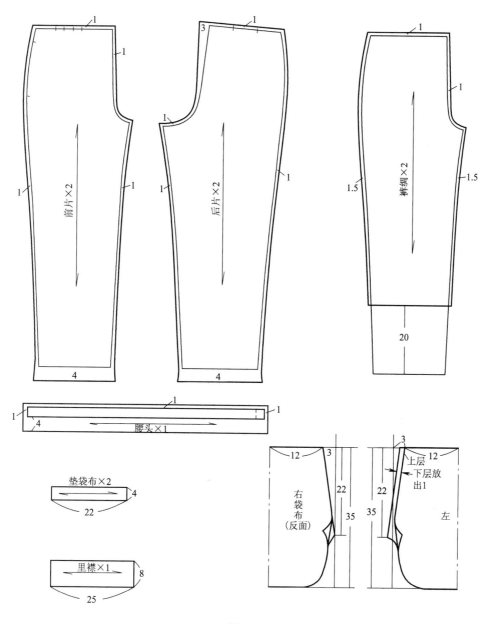

图5-2

左袋布的做法如图5-10所示：

①将垫袋布与左袋布反面相对车缝固定。

②将左袋面对折，用来去缝车缝袋布底。

（2）缝合侧缝（左右相同）：前、后裤片正面相对，按1cm缝份车缝外侧缝，如图5-11所示。车缝时注意上、下两层要保持平直、送布速度一致，可以稍推送上层，稍拉下层，以避免产生上、下层长短差异。缝至袋口处倒回针。

（3）做左袋，如图5-12所示。

①将左袋布与左前片袋口线对齐，沿边缝合。

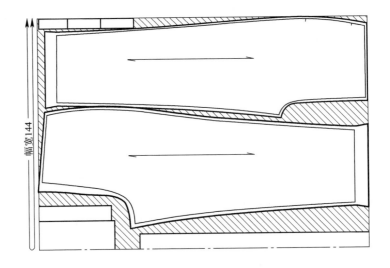

图5-3

女西裤工艺流程图

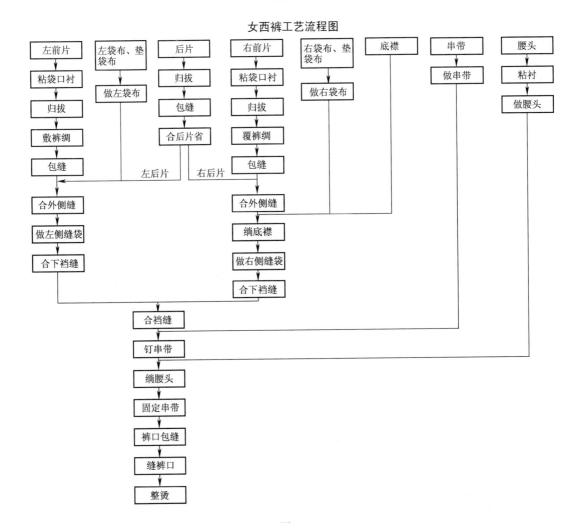

图5-4

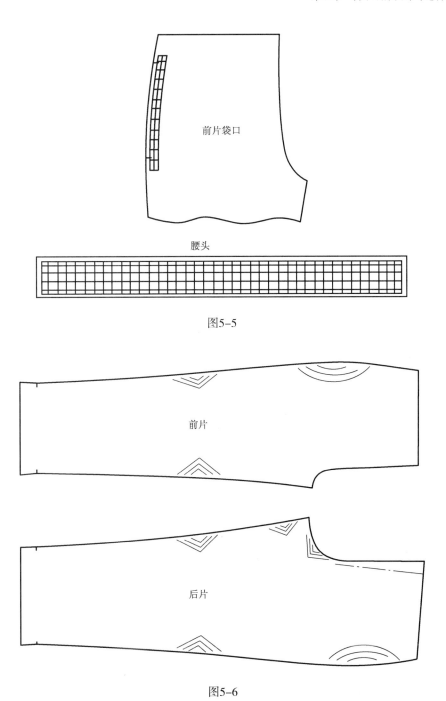

图5-5

图5-6

②按1cm缝份将左前片袋口部位折净，沿袋口边车缝双明线，两线间距为0.8cm。

③将垫袋布与左后片缝合，缝线接近侧缝处，注意不要将袋布一起缝住。

④将垫袋布翻转，分缝烫平。

⑤将袋布摆平服，沿边车缝固定在左后片缝份处。

⑥后片稍归拢，前片盖住侧缝线0.1cm，在袋口处倒回针封袋口；然后将前片两褶裥向侧缝折倒，并将前片褶裥部位整平，与袋布车缝固定。

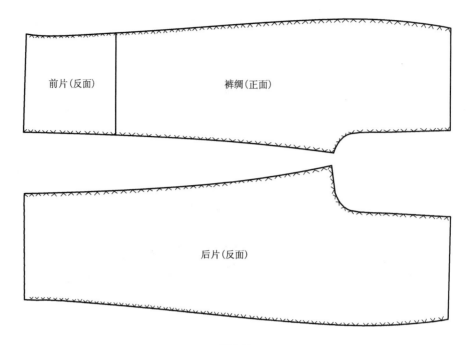

图5-7

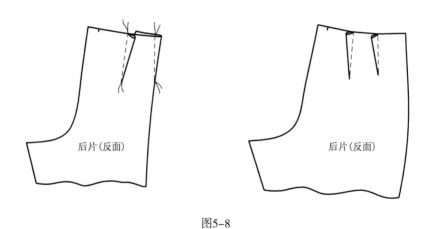

图5-8

（4）做右袋，如图5-13所示。图（1）、（2）同图5-12（1）、（2）。

①将右袋布与右前片袋口线对齐，沿边缝合［同左袋，参见图5-12（1）］。

②按1cm缝份将右前片袋口部位折净，沿袋口边缉双明线，两线间距0.8cm［同左袋，参见图5-12（2）］。

③将底襟与后裤片正面相对缝合，缝线接近侧缝［图5-13（3）］。

④将底襟缝份分缝烫平，并将底襟另一边折转对齐后片缝边［图5-13（4）］。

⑤从正面沿侧缝边将下层底襟车缝固定［图5-13（5）］。

⑥将前片与袋布在上袋口处倒回针封住，注意前片袋口盖住袋垫0.1cm；将前片、袋布及底襟在下袋口处倒回针封住；最后将前片两褶裥向侧缝折倒、整平，并与袋布缝合固定［图5-13（6）］。

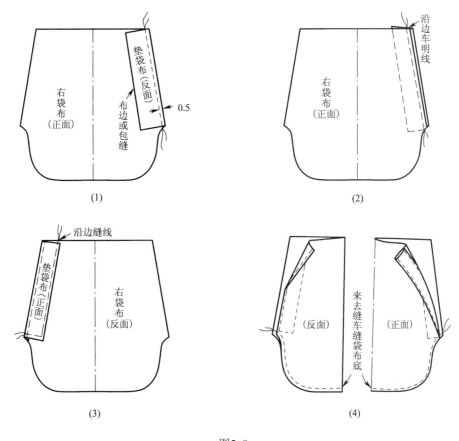

图5-9

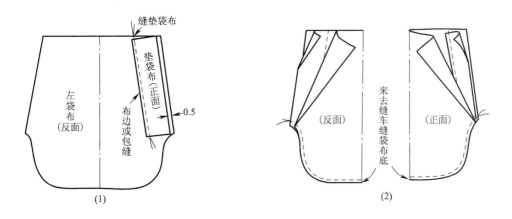

图5-10

8. **合下裆缝（左右相同）**　将前、后片下裆缝对齐，沿1cm缝份车缝。注意，两层车缝要平直，不能出现长短差异（图5-14）。然后将下裆缝分缝、烫平。

9. **缝合裆缝**　将左裤管套入右裤管内，左右两条裆缝对准，然后从前向后或从下裆缝开始向两边缝合，注意，缝至后裆缝处要将腰围校正到准确尺寸；然后再缝一遍，重合在第一条裆缝缝线上，防止穿着时开线（图5-15），分烫裆缝。

10. **钉串带**

（1）做串带：按图5-16所示做5根串带，串带长7cm，宽1cm。

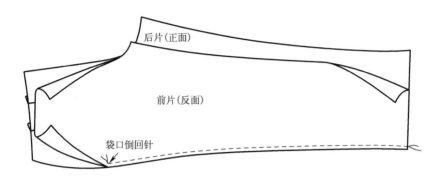

图5-11

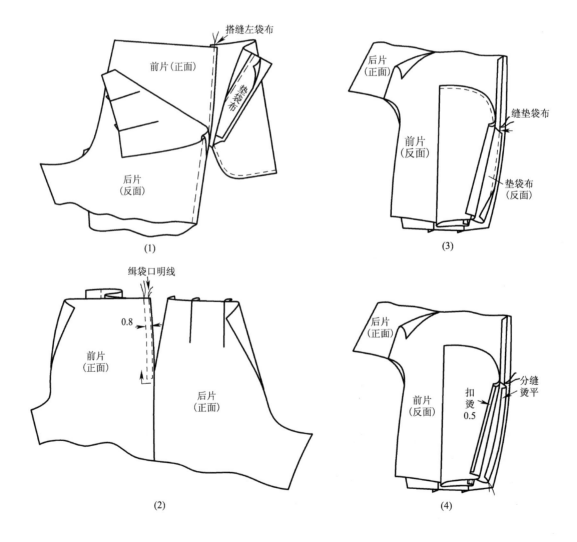

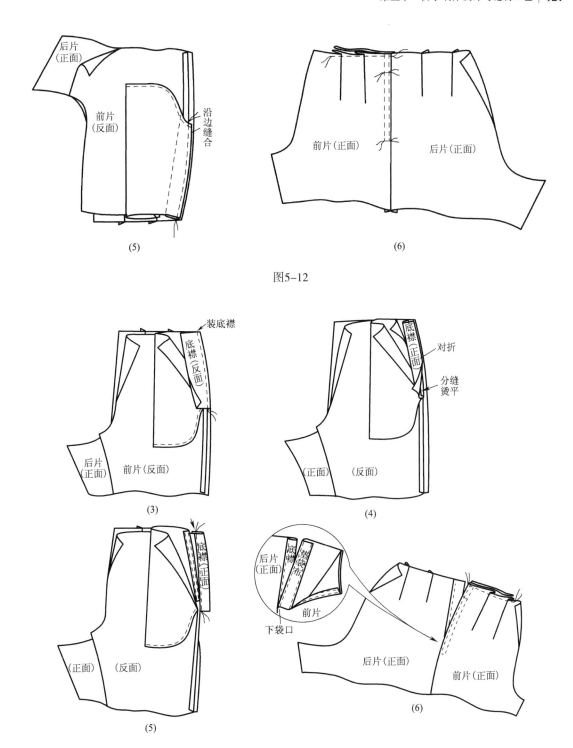

（5）

（6）

图5-12

（3）

（4）

（5）

（6）

图5-13

（2）钉串带：前串带对准前片第一褶裥，后串带对准后裆缝，中间串带在前、后串带之间。将串带与裤片正面相对，距腰口0.6cm处摆正，按0.3cm缝份缝合固定；距第一缝线2cm处再缝一道固定线（图5-17）。

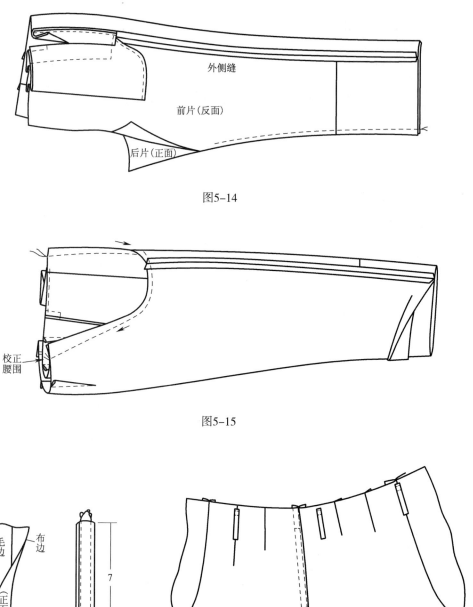

图5-14

图5-15

图5-16

图5-17

11. **做腰头**　如图5-18所示，将腰头一侧按1cm缝份扣净，烫平；然后沿中间对折，两端按1cm缝份扣净，最后将扣好的腰头翻转、烫平。

12. **绱腰头**　如图5-19所示，将腰头与裤子里面相对，两端与裤片及底襟对齐，按1cm缝份缝合一周；翻转腰头，使已扣净的腰头一侧盖住绱腰缝线，沿边缝边缉明线。

13. **固定串带**　如图5-20所示，将串带翻上来，上端按0.3cm缝份扣净，摆正，距腰口

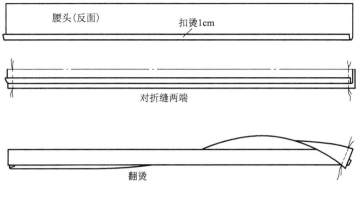

图5-18

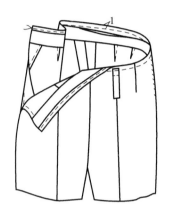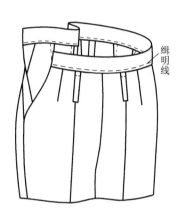

图5-19

1cm，然后沿串带上端车缝边明线固定，注意要倒回针缝牢固。

14. **缝裤口**

（1）裤口一周用顺色线包缝。

（2）按裤长尺寸扣烫好裤口折边，用三角针缲缝。

15. **锁钉**　在腰头前端中间距边1.5cm处锁扣眼，底襟一侧腰头对应位置钉扣。在距右侧袋口1.5cm的垫袋布上锁两个纵向扣眼，底襟一侧对应位置钉扣。

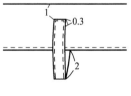

图5-20

16. **整烫**

（1）反面整烫：将前、后裆缝、侧缝、下裆缝分别熨烫平整。

（2）正面整烫：整烫正面时，要垫有水布，以免出现极光现象（图5-21）。

①烫前烫迹线：先将上部的褶裥、袋口等烫好，然后将一只裤腿摊平，下裆缝与侧缝对准，烫平前烫迹线。

②烫后烫迹线：后烫迹线上部烫至臀围线处，在横裆线稍下处需要归拔，横裆线以上部位按箭头方向逐段拉拔和烫出臀围胖势。最后将烫迹线全部烫平。

③烫平腰头。

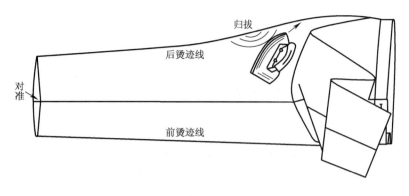

归拔

后烫迹线

对准

前烫迹线

图5-21

第三节　男裤纸样设计与缝制工艺

图5-22

本节选取两款男裤，其一为标准男西裤，文中有纸样绘制方法及缝制工艺；其二为男多褶裤属扩展的纸样内容，缝制方法从略。

一、男裤的纸样绘制

1. **男裤款式一（西裤）**　男西裤的纸样可以作为裤子的基本纸样，其缝制工艺也包括了裤子工艺中较为全面的工艺手段。

如图5-23所示为男西裤（图5-22）裁剪图。

2. **男裤款式二（多褶裤）**

（1）特点：多褶裤形臀腰差要求较大，因此要依据造型进行差量设计，按照款式要求褶量一般都要集中在裤前片，腰口与人体腰围线平齐。而后片腰部不要设褶应保持正常的省量，因此后片臀部也应该尽量保障合体的松量，合理地分配好前后片的臀腰差量及其重要。前片和后片设不同形式的斜插袋、直横袋，为保证整体廓形，裤口要适量收进。

（2）设计（图5-24）：

①裤长与腰头：从腰围量至距地面2～2.5cm，确立裤长较一般西裤稍短，腰头加放2cm。此款不适合短立裆西裤的设计。

②臀围：臀围是造型的基础，因此净臀围加放量一般为16～20cm。主要还应视臀腰差量来控制，腰围肥者掌握加放量按上限加放，反之按下限，同时调整好腰褶量及褶位以保障腰部多褶的造型要求。

③立裆：人体净立裆加放1.5～2cm。

成品规格表（号型170/74A）　　　　　　　　　　单位：cm

部位	裤长	臀围	腰围	立裆	裤口宽	腰头宽	臀高
尺寸	103	104	76	28.5	22	3	18

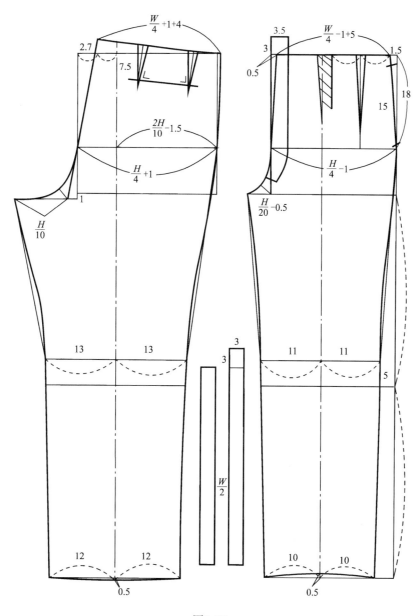

图5-23

④膝围与裤口围：裤口是造型的关键，多褶裤强调上肥下瘦裤子的整体形式，膝围肥度与裤口要协调适当收紧，中裆位置需要适中无须向上移动。

（3）纸样（结构）设计方法：

图5-24

成品规格表（号型170/74A） 单位：cm

部位	裤长	臀围	腰围	立裆	裤口宽	腰头宽
尺寸	98	108	76	29	23	3

注 臀围加放18cm、腰围加放2cm、立裆加放1.5cm。

主要制图步骤（图5-25）：

①前裤片臀围与腰围计算公式为$H/4+1.5cm$、$W/4+1cm$，前片臀腰差共8.5cm。侧缝收1.5cm，剩余7cm平均设三个褶均衡于前腰口。

②中裆为横裆至裤口的1/2处，前裤口为裤口-1cm均分于裤线两边。中裆参照连接侧缝后的实际尺寸均分于裤线两侧。

③后裤片臀围与腰围计算公式为$H/4-1.5cm$、$W/4-1cm$，后片臀腰差共7.5cm，后片实际腰围$W/4-1cm+4cm$（省）。

④后裤线位置参照合体裤子的臀围计算取得为18.5cm，大裆斜线腰口收省3.5cm，大裆斜

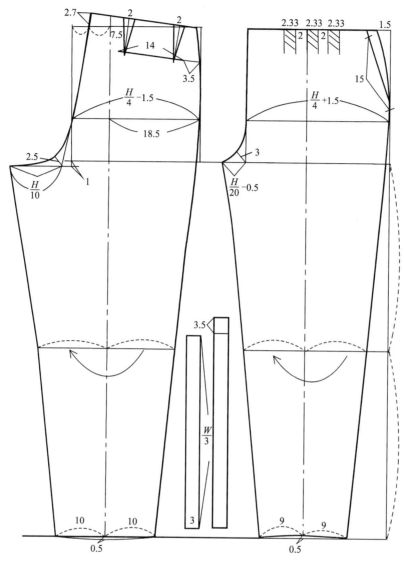

图5-25

线起翘量H/20-2.7cm。

二、男西裤的毛板与排料

图5-26所示为男西裤毛板图。

图5-27所示为男西裤排料图，这是双幅布料单件裤子的排料方法。

图5-28所示为粘衬部位示意图。

图5-29所示为归拔部位示意图。

三、男西裤的工艺流程

图5-30是男西裤缝制工艺流程图，从现在开始进入缝制工艺阶段。

四、男西裤的缝制方法

1. 打线丁及归拔

（1）打线丁：图5-31是打线丁部位图示。

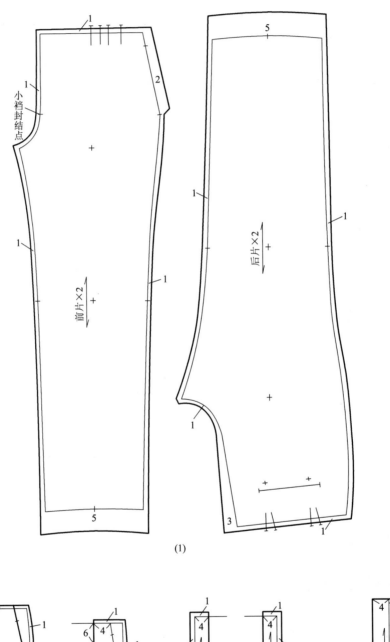

(1)

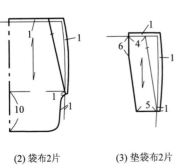

(2) 袋布2片

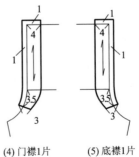

(3) 垫袋布2片

(4) 门襟1片　(5) 底襟1片

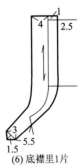

(6) 底襟里1片

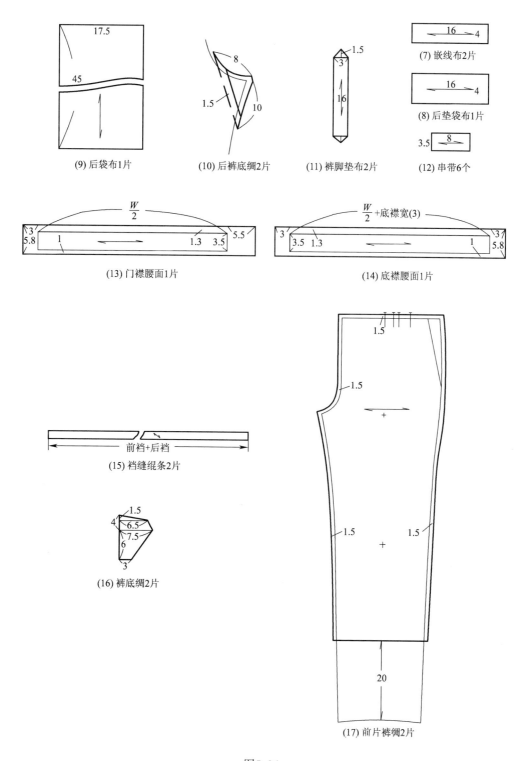

(9) 后袋布1片　　(10) 后裤底绸2片　　(11) 裤脚垫布2片　　(7) 嵌线布2片

(8) 后垫袋布1片

(12) 串带6个

(13) 门襟腰面1片

(14) 底襟腰面1片

(15) 裆缝绲条2片

(16) 裤底绸2片

(17) 前片裤绸2片

图5-26

（2）归拔：线丁完成后，请按照图5-29所示的部位进行归拔。

2. 敷裤绸　先将裤底绸用白扎线固定在后片裆位处，然后，用手针将折叠的直线部位

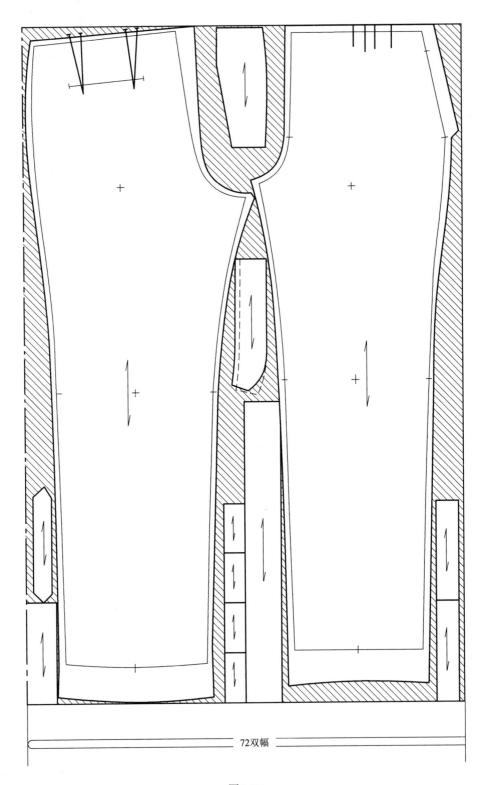

72双幅

图5-27

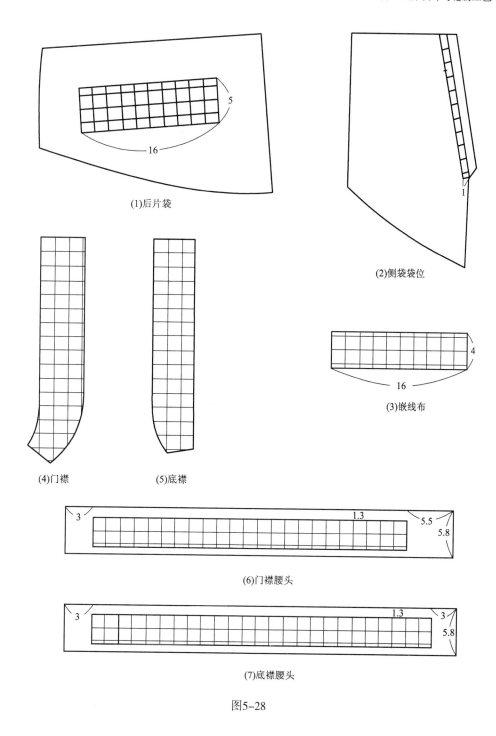

(1)后片袋

(2)侧袋袋位

(3)嵌线布

(4)门襟

(5)底襟

(6)门襟腰头

(7)底襟腰头

图5-28

与裤片缲牢。

3. **包缝** 前片侧缝袋位处、后片侧缝及下裆包缝（图5-32）。

4. **做后袋** 如图5-33所示。

（1）缝合后片省道，在熨烫馒头上将省道向侧缝的方向烫倒。

（2）在袋口处粘有纺衬或无纺衬。

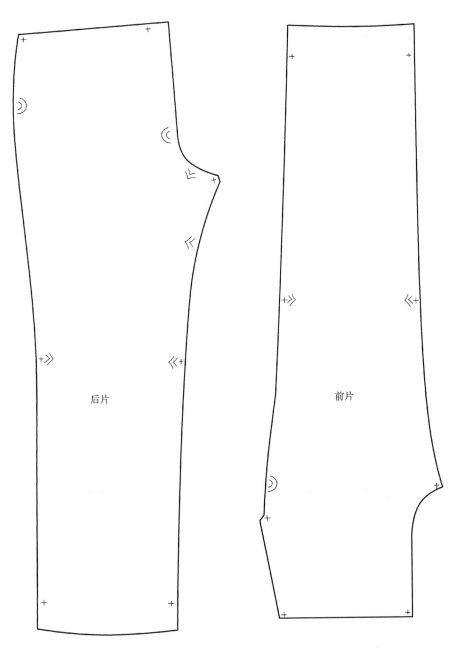

图5-29

（3）在布料正面画口袋位置。

（4）嵌线布反面粘衬后，将袋布垫在裤片下面，袋布上线要超过腰线0.5cm。将嵌线布正面和裤片正面相对，嵌线边中间缝对准袋口，袋布要参照袋口线，使其居中，然后距袋口线0.5cm处，各缉一条与袋口等长的线，两端要倒回车固缝。

男西裤缝制工艺流程图

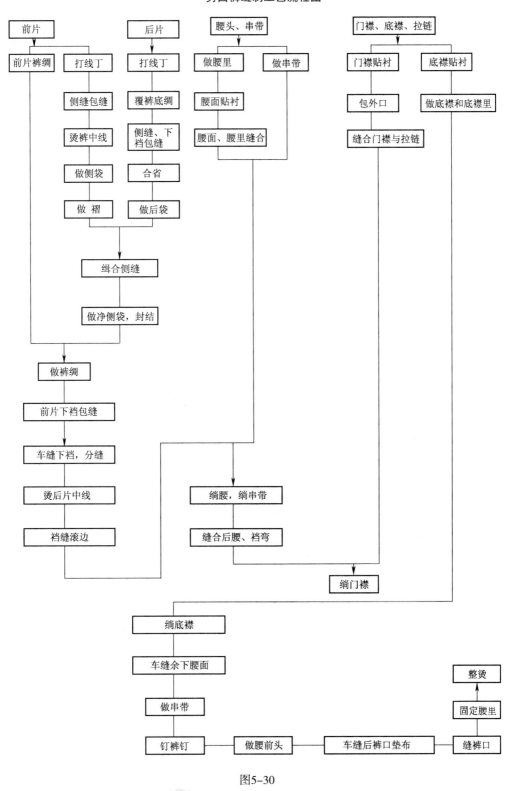

图5-30

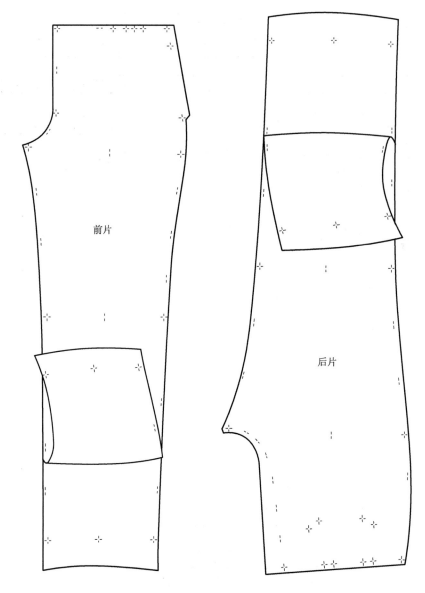

图5-31

（5）沿袋口线剪开口，袋口两端剪成三角。注意，剪三角时不要剪过或剪断缉线。

（6）、（7）将嵌线布翻向裤片的反面，并将缝份分开烫平。

（8）、（9）掀起裤片，车缝固定下嵌线缝份及三角。

（10）、（11）将垫袋布放在袋布的相应部位上，然后用固边缝的方法车缝。

（12）、（13）将裤片卷折，缝袋布两侧。先缝反面，缝份为0.3cm。

（14）将袋布翻向正面，将裤片掀起，车缝上嵌线，同时固定袋布和上嵌线。

（15）剪掉袋布超出腰口的多余部分，嵌线要求上下左右的宽度一致，四角方正。

5. **前片缝制** 如图5-34，将烫迹线先烫出来，注意布料正面要垫水布。

6. **做侧插袋** 如图5-35所示。

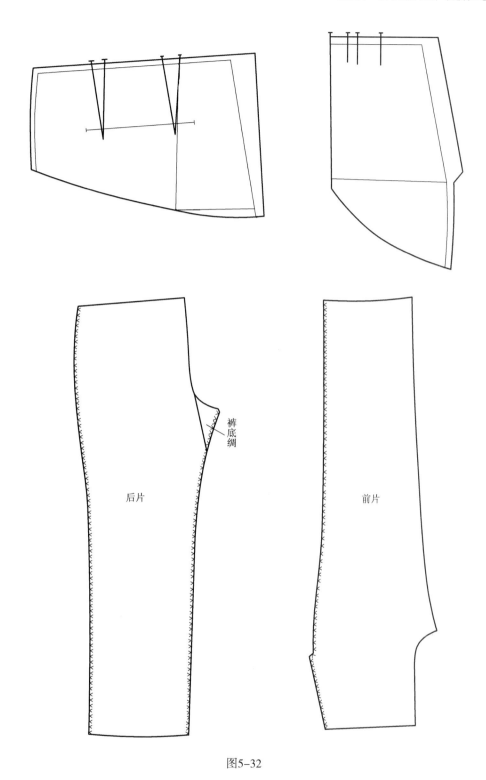

图5-32

（1）袋口贴嵌条衬，防止斜丝被拉开，嵌条宽1cm。

（2）口袋布缝垫袋布，注意左右两边对称，距侧缝1cm不缝死。

（3）将袋布斜口一侧对准袋口线，扣烫前片袋口折边，袋口缉缝双明线，第一条明线距袋口0.1cm，第二条距袋口0.7cm。

（4）将袋布折向反面，先绲缝下口0.3cm缝份，距袋口2cm处不缝。

（5）将袋布翻过来，再在正面绲缝0.7cm的明线。

（6）车缝前腰褶裥2cm长并烫倒，正面倒向侧缝线，上面固定插袋对位。下面固定对位

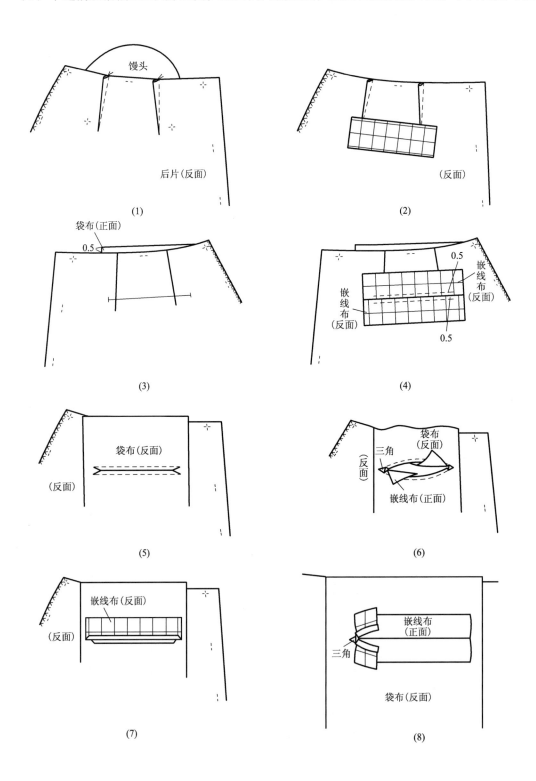

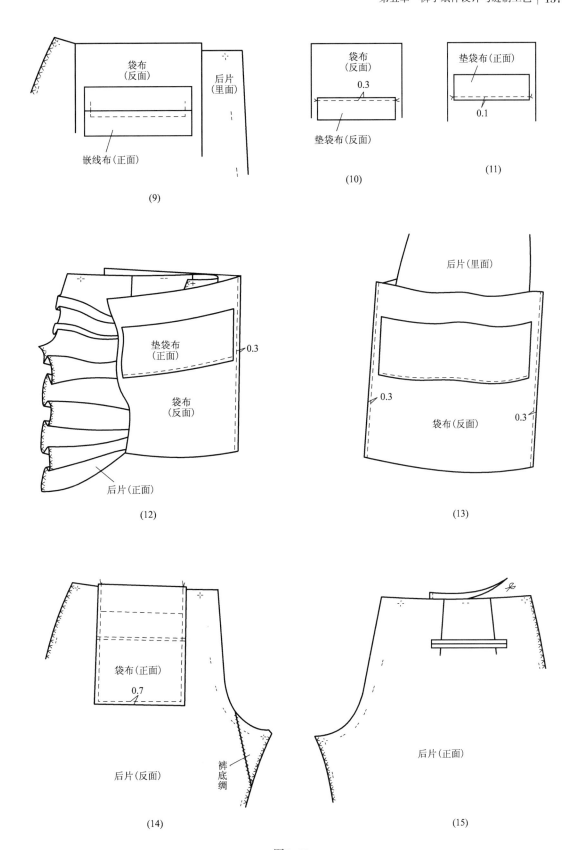

(9)

(10)

(11)

(12)

(13)

(14)

(15)

图5-33

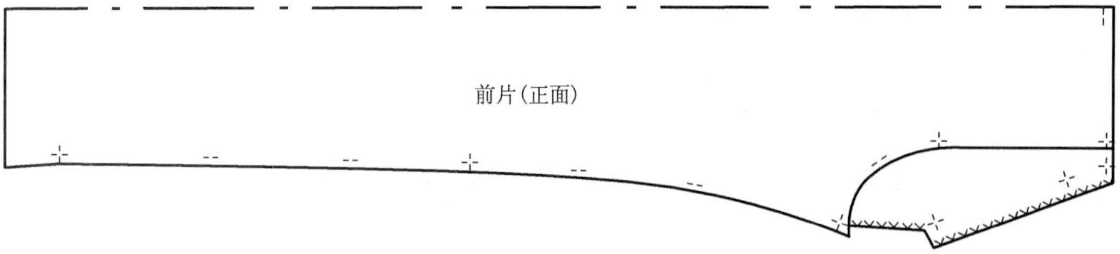

图5-34

时，将袋布和垫袋布分开，使袋布不被缝死。最后将袋布余下的2cm长的折边单缝一下。

7. **缝合侧缝** 如图5-36所示。

（1）侧缝缝合时将前裤片侧袋袋布掀开，使之不被缝合，并将袋布侧缝扣烫0.5cm。

（2）侧缝分缝后，铺好袋布，袋口封结。

（3）前后片侧缝正面完成图。

8. **覆前片裤绸** 如图5-37所示。

将裤绸反面与裤片反面侧缝处相对，裤绸和后侧缝搭接缝合，裤绸折向前片，在侧缝缝份上边沿0.2cm用星点缝固定，按照前片位置，扣烫裤绸褶裥，并用白扎线绷缝，裤绸的前片下裆缝与面料包缝。

9. **车缝下裆缝** 如图5-38所示。

（1）缝合下裆缝，分缝熨烫。

（2）烫后裤烫迹线，面料正面要垫水布。用2cm宽45°斜纱绸包滚后裆缝份边缘和前裆缝份边缘。

10. **制作腰头面、里及串带** 如图5-39所示。

（1）将粘好衬的腰面和市面出售的防滑腰里正面相对缝合，腰里缝份0.5cm，腰面缝份1cm。

（2）将腰面翻向正面，腰里折死并压0.1cm的明线在腰里上，腰面折线应比腰里多出0.3cm，烫死。

（3）此时，腰面宽度为4.5cm。

（4）将串带正面相对，车缝串带宽度。

（5）、（6）分缝烫好后翻到正面，并缉缝0.1cm明线，缝份放在中间。

11. **绱腰头，缉缝裆部** 如图5-40所示。

（1）先在裤片上定好串带的位置，前串带对准第一个裤褶，后中串带对准后裆斜线向内侧3cm，中间的串带在两个串带之间的中点位置。

（2）将腰面正面与裤片正面相对缝合，距前片门襟、底襟7cm处不缝，串带同时被依次缝合。

（3）从后中线腰里开始缝合裆线，双线缝合，到前小裆封结点上2cm处止，并分缝熨烫。

12. **绱拉链** 如图5-41所示。

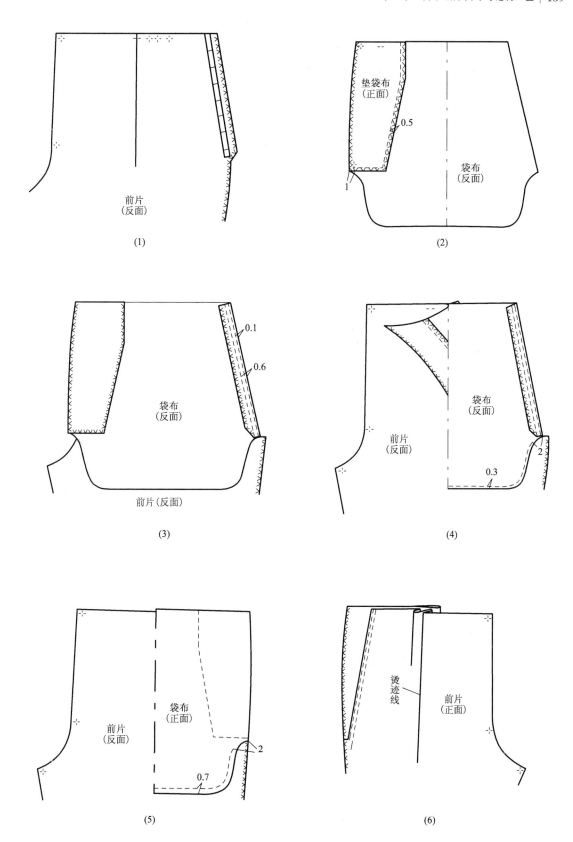

图5-35

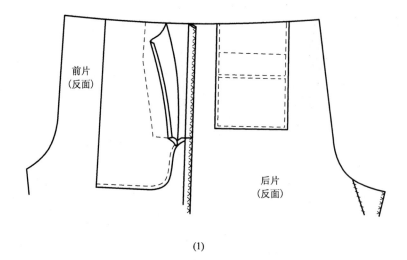

(1)

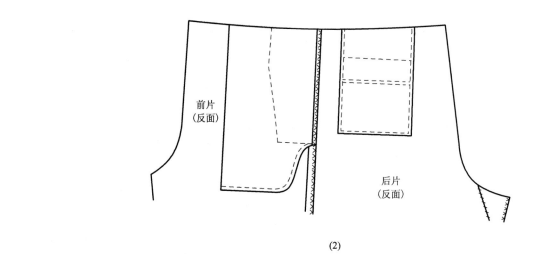

(2)

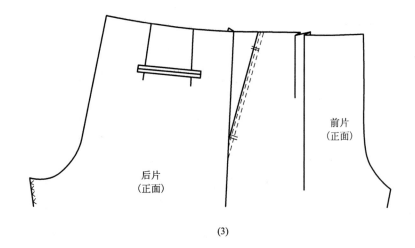

(3)

图5-36

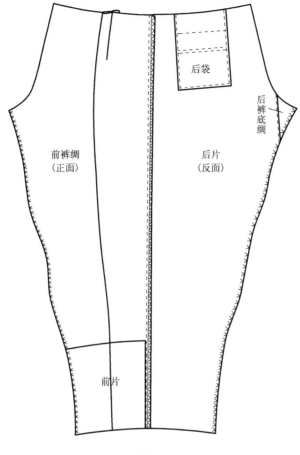

图5-37

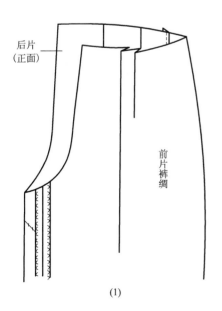

(1)

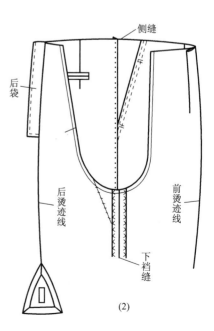

(2)

图5-38

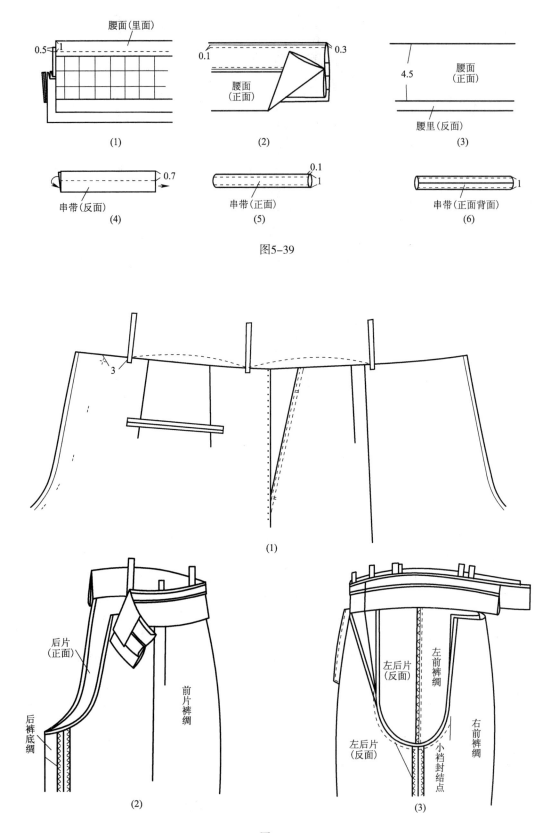

腰面（里面）

0.5

1

（1）

0.1

腰面（正面）

0.3

（2）

4.5

腰面（正面）

腰里（反面）

（3）

0.7

串带（反面）

（4）

0.1

1

串带（正面）

（5）

1

串带（正面背面）

（6）

图5-39

3

（1）

后片（正面）

后裤底绸

前片裤绸

（2）

左后片（反面）

左前裤绸

右前裤绸

右前裤绸

小裆封结点

（3）

图5-40

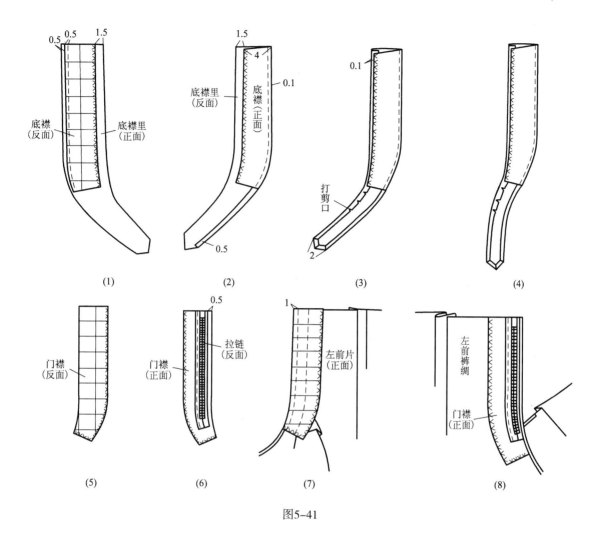

图5-41

（1）底襟粘衬，同底襟里子正面相对缝合。

（2）将底襟翻过来，并烫平再缉缝0.1cm明线。

（3）扣烫底襟里子前口，并烫出前端宝剑头。底襟里子多烫出0.1cm。

（4）用熨斗将底襟里子下部位稍烫弯曲。

（5）门襟粘衬。

（6）将拉链正面与门襟正面相对，拉链边缘与门襟前口留0.5cm，另一边车缝双道线。

（7）门襟与左前片正面相对，车缝门襟线1cm。

（8）翻向正面，在反面扣烫翻折线，缉0.1cm明线。

13. 缝底襟、钉串带、钉裤钩 如图5-42所示。

（1）将右前片底襟缝份向里扣倒1cm，与底襟夹住拉链边，压缝0.1cm的明线。

（2）将底襟折向右前片，车缝门襟明线。

（3）将底襟宝剑头与裆位缝份车缝固定。

（4）将前片门襟、底襟处腰头余下的7cm缝合。

（5）先车缝腰头止口明线0.1cm，在腰头夹着串带下2cm处封结一段串带。

（6）将腰里掀起，距腰里止口0.5cm处封结串带上线。

（7）～（9）掀起腰里，将裤钩钉好，裤钩对准拉链，然后将腰头多余的量翻折到背后，卷成光边，用手针缲好。

（10）、（11）裤钩对准门襟止口，将腰头长出的部分向腰里卷边，用手针缲好。

14. **缝裤脚**　如图5-43所示。

（1）裤脚垫布的形状。

（2）将裤脚垫布与烫迹线对齐，垫放在脚口折边上，比脚口折边长出0.1cm，并车缝0.2cm的明线。

（3）扣烫好裤脚边，用三角针缲缝。

（4）正面的形状。

15. **手缲腰头里**　如图5-44所示。

将4cm宽腰里掀开，用三角针将2.5cm宽的对折腰里与腰头缝边固定。

16. **整烫**

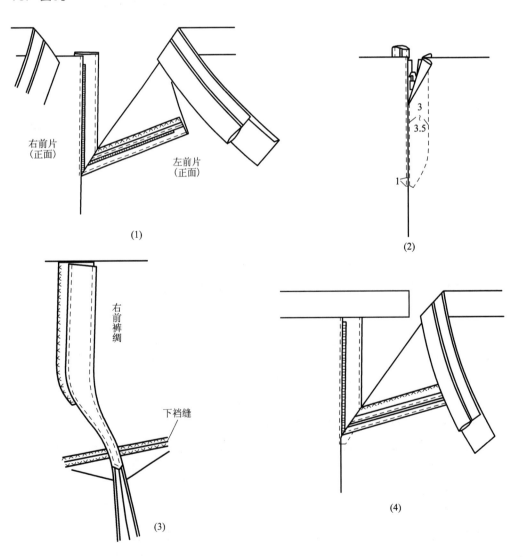

（1）

（2）

（3）

（4）

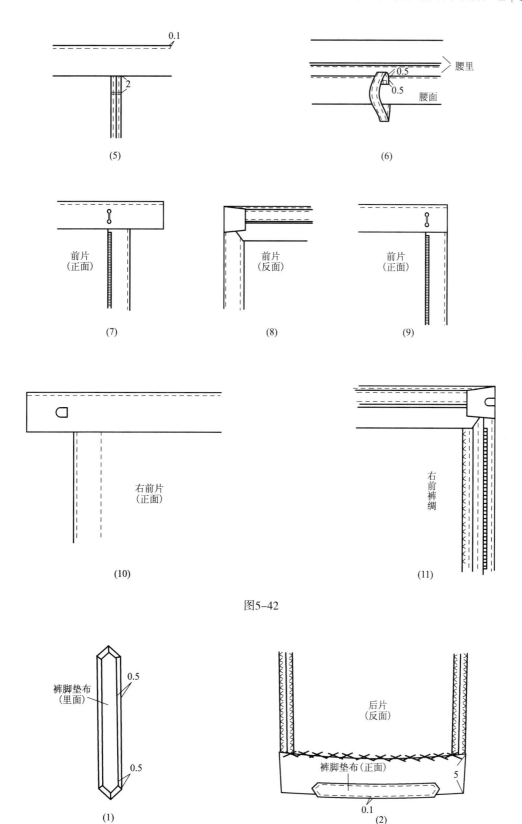

图5-42

图5-43

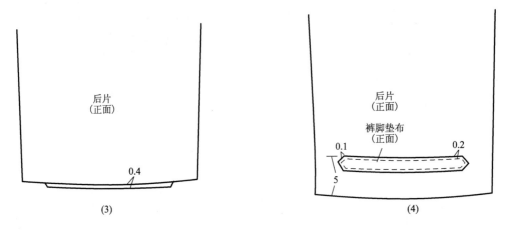

图5-43

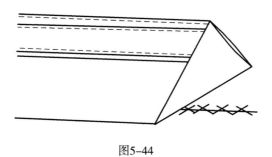

图5-44

第六章　衬衫纸样设计与缝制工艺

本章介绍标准男衬衫和传统女衬衫的纸样绘制方法、排料方法、工艺流程及制作方法。

第一节　女衬衫纸样设计与缝制工艺

本节以女短袖衬衫为例介绍女衬衫的纸样设计与缝制工艺。

一、女短袖衬衫的纸样绘制

女短袖衬衫（图6-1）的纸样绘制方法如图6-2所示。前、后身在文化式女装新原型的基础上放出衣长、搭门、折边等部位的尺寸，图中的BP表示胸高点，AH表示袖窿弧长。

图6-1

成品规格表（号型160/84A）　　　　　　　　　　单位：cm

部位	衣长	胸围	腰围	领围	后腰节	袖长	袖口围
尺寸	64	96	90	38	38	24	34

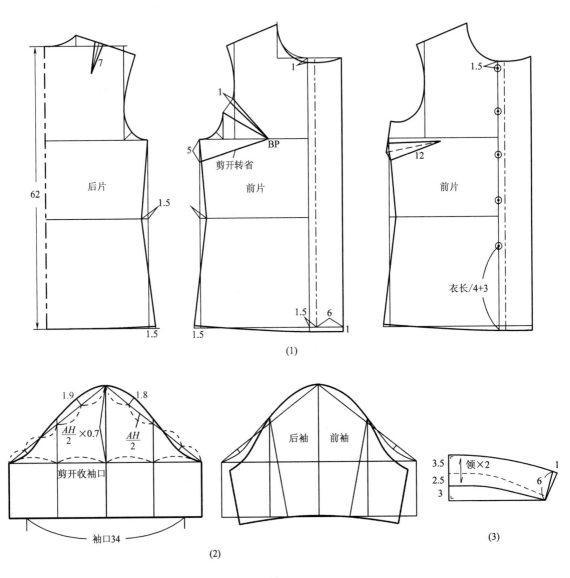

图6-2

二、女短袖衬衫的毛板与排料

1. **毛板**　在女短袖衬衫裁剪图的基础上，底边和袖口留出折边，其他部位留出制作时所需要的缝份，沿着图中的外轮廓线剪下（图6-3）。此时便形成了女衬衫的毛板。在每一块毛板上标注裁片名称、纱向及裁剪的片数，以此作为排料的依据。

2. **排料**　按照毛板上所标注的纱向及裁剪片数的要求，将其排列在90cm幅宽的面料上，如图6-4所示，图中的斜线表示剩余部分。在此需要说明的是：这件女衬衫的成品胸围

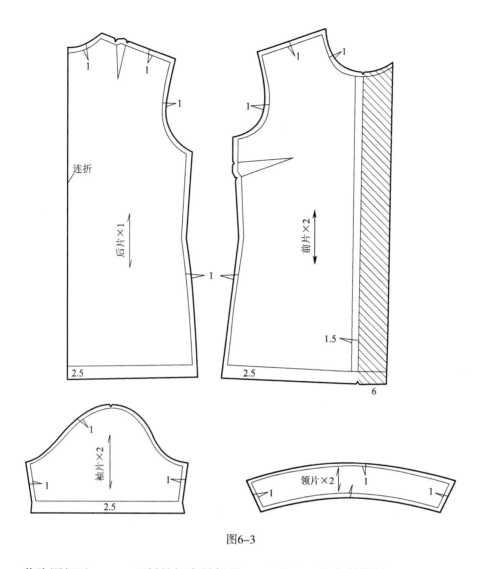

图6-3

是94cm，若胸围超过98cm，面料的幅宽最好是110cm以上，以方便排料。

三、女短袖衬衫的工艺流程

此工艺流程是将案台工艺与机台工艺分别集中起来，按顺序编排的，适用于有经验的人，表中的单线框表示案台工艺，双线框表示机台工艺。对于初学者来说，请参阅后面的缝制方法部分，它详细介绍了各个步骤的制作方法（图6-5）。

四、女短袖衬衫的缝制方法

1. 准备工作

（1）画省位、打线丁：前片腋下省和后背的肩省用划粉画出，或者打线丁。

（2）粘衬：前片的挂面和领里分别粘适宜做衬衫用的丝绸衬，分别见图6-3和图6-10中的斜线部分。

2. 省道的处理
缉腋下省［图6-6（1）］和后肩省［图6-6（2）］，腋下省向上烫倒

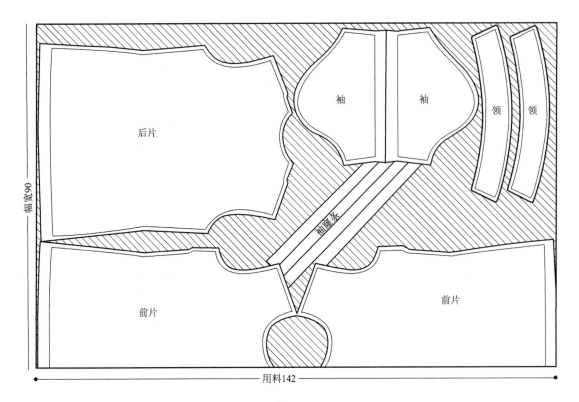

图6-4

女衬衫工艺流程图

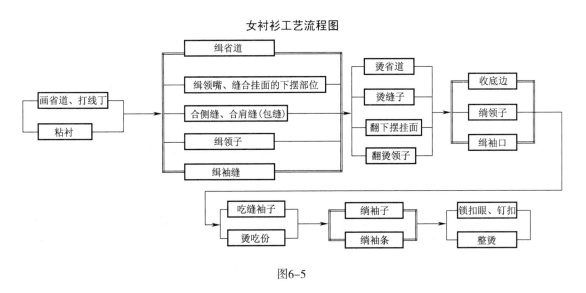

图6-5

［图6-6（3）］，后肩省向后中心烫倒［图6-6（4）］。

3. **合侧缝、合肩缝** 缝合侧缝和肩缝，然后将前片朝上用包缝机锁边（图6-7）。

4. **缉领嘴、缝合挂面的下摆部位** 如图6-8所示。

5. **收底边** 如图6-9所示。

6. **做领子** 如图6-10所示。

（1）在领里的反面画领子的净线，放在领面的上层，修剪领子，使领里小于领面

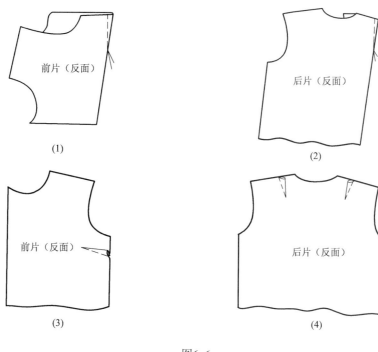

(1)

(2)

(3)

(4)

图6-6

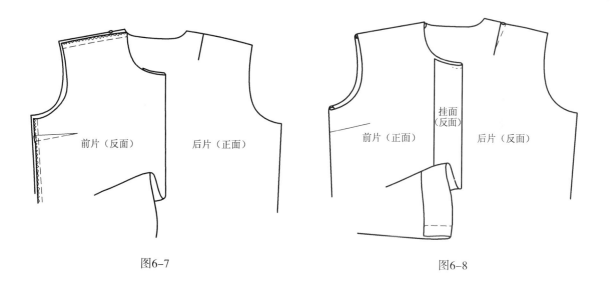

图6-7

图6-8

0.2cm。沿净线缉领子，同时将0.2cm吃进去。

（2）修剪缝份，剩余0.3～0.5cm，沿缉缝线迹扣烫缝份。

（3）将领子正面翻出，熨烫平整。

7.**缉领子**　从左前身开始，将领子夹在挂面与前身之间，留出领嘴，将挂面、领面、领里、前衣身四层缉在一起，起始时倒回针，缉至距挂面的边缘1cm时，打一个剪口，掀开领面，继续把领里和衣身缉在一起，至右前身止，右侧与左侧完全对称（图6-11）。

如图6-12所示，将领面的缝份折进去，沿领口缲好。

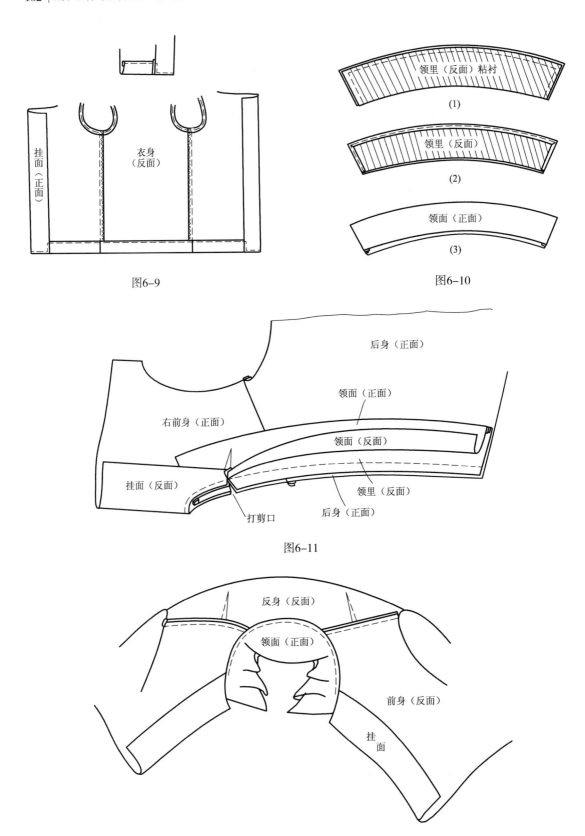

图6-9

图6-10

图6-11

图6-12

8. **做袖子**（图6-13）

（1）缝合袖缝，袖前侧在上用包缝机锁边，缝份向后烫倒。

（2）袖口折边向上扣折，缉明线。

（3）将缝纫机的针距调到最大一档，距离袖山边缘0.3cm缉线。起始和结尾都要留一段缝纫线，抽出袖山吃势量。

（4）将抽出的袖山吃势量在铁凳上熨烫均匀。

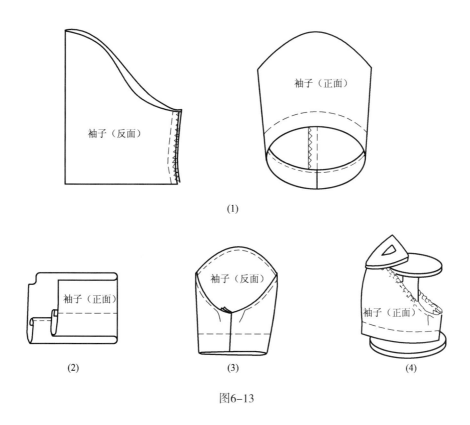

图6-13

9. **绱袖子**　袖山顶点对准肩缝，袖子与袖窿正面相对，缝合一周（图6-14）。

10. **绱袖窿条**　将袖窿条覆盖在袖窿线上，沿绱袖缉线绱袖窿条［图6-15（1）］。将袖窿条包向衣身，扣净，同做绲条的方法，缉好边缘［图6-15（2）］。

11. **锁扣眼、钉扣**　按照裁剪图中的扣眼位置，在右前身锁扣眼，在左前身钉扣子。

12. **整烫**　将制作完毕的女衬衫检查一遍，清剪线头，熨烫平整。

第二节　男衬衫纸样设计与缝制工艺

本节选取两款男衬衫，其一为男长袖衬衫，文中有纸样绘制方法及缝制工艺；其二为短袖休闲圆摆衬衫，属扩展的纸样内容，缝制方法从略。

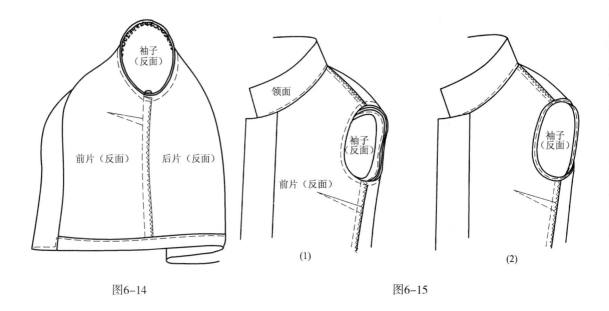

图6-14   图6-15

一、男衬衫的纸样绘制

1. **男衬衫款式一**   男衬衫款式一（男长袖衬衫，图6-16）纸样绘制方法如图6-17所示，图中领围、肩宽、胸围等尺寸均为成品尺寸（即包括放松量）。

图6-16

衬衫主要制图方法：

成品规格表（号型170/88A）　　　　　　　　　　单位：cm

部位	衣长	胸围	背长	总肩宽	袖长	袖口围	袖头宽	领围
尺寸	74	106	43	43.5	60	24	6	40

（1）前后衣片基础纸样制图方法，如图6-17（1）所示。

（2）将前后衣片肩上部按线剪开，肩缝合并形成过肩，前后衣片最终完成纸样，如图6-17（2）所示。

（3）领子制图方法，如图6-17（3）所示。

（4）袖山高计算方法为AH/2×0.5，通过剪切收袖口并设6cm褶，如图6-17（4）所示。

2. **男衬衫款式二**　男衬衫款式二（短袖休闲圆摆衬衫，图6-18）纸样绘制方法如图6-19所示。

衬衫主要制图方法：

（1）前后衣片制图方法，如图6-19（1）所示。

（2）领子制图方法，如图6-19（2）所示。

（3）袖子制图方法，如图6-19（3）所示。

二、男长袖衬衫的毛板与排料

1. **毛板**　在男衬衫裁剪图的基础上，底边留出折边，其他部位留出制作时所需要的缝份（图6-20），沿着图中的外轮廓线剪下，此时便形成了男衬衫的毛板。在每一块毛板上标注部位、纱向及裁剪片数，以此作为排料的依据。

2. **排料**　按照毛板上所标注的纱向及裁剪片数的要求，将其排列在90cm以上幅宽的单幅面料上（图6-21，图中的斜线表示剩余部分）。

三、男长袖衬衫的工艺流程

此工艺流程图是将案台工艺与机台工艺分别集中起来，按顺序编排的，适用于有经验的人。图中的单线框表示案台工艺，双线框表示机台工艺。对于初学者来说，请参阅后面的缝制方法部分，该部分详细介绍了各个步骤的制作方法（图6-22）。

四、男长袖衬衫的缝制方法

1. **扣烫袋布与右前片贴边**　如图6-23所示，并在贴边的边缘缉0.1cm明线。

2. **缝制前片**　在左侧门襟的反面按净样粘一层无纺衬，然后与左前片缉合［图6-24（1）］。把门襟翻向正面烫好，两边各缉0.1cm明线［图6-24（2）］。再将扣烫好的贴袋缉在相应的位置，袋口要封牢固。

3. **合过肩**　把后片夹在两层过肩之间，三层缝合在一起（图6-25）。然后将过肩的外

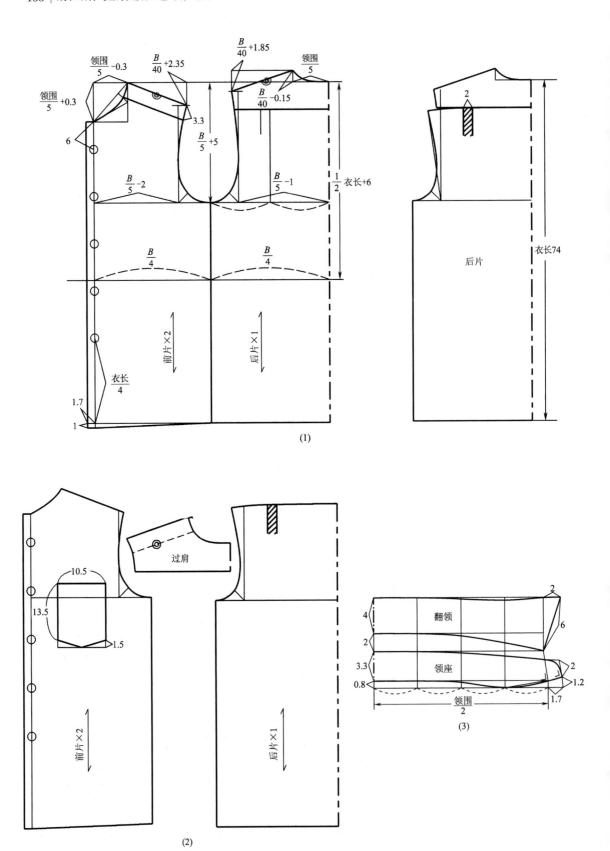

$\dfrac{领围}{5}-0.3$　$\dfrac{B}{40}+2.35$　$\dfrac{B}{40}+1.85$　$\dfrac{领围}{5}$

$\dfrac{领围}{5}+0.3$

$\dfrac{B}{40}-0.15$

6

3.3

$\dfrac{B}{5}+5$

$\dfrac{1}{2}$衣长+6

$\dfrac{B}{5}-2$　$\dfrac{B}{5}-1$

$\dfrac{B}{4}$　$\dfrac{B}{4}$

前片×2　后片×1

2

后片

衣长74

$\dfrac{衣长}{4}$

1.7

1

(1)

10.5

13.5

过肩

1.5

前片×2　后片×1

(2)

2

翻领

4

6

2

领座

3.3

2

0.8

1.2

$\dfrac{领围}{2}$

1.7

(3)

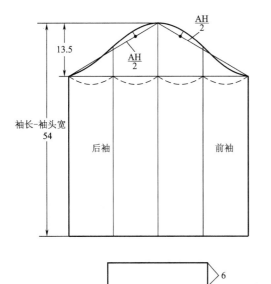

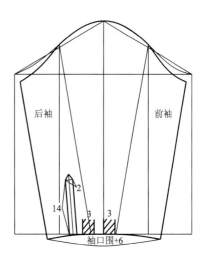

(4)

图6-17

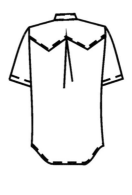

图6-18

成品规格表（号型170/88A） 单位：cm

部位	衣长	胸围	腰围	臀围	背长	总肩宽	袖长	袖口围	领围
尺寸	78	106	100	102	44	43.5	25	36	40

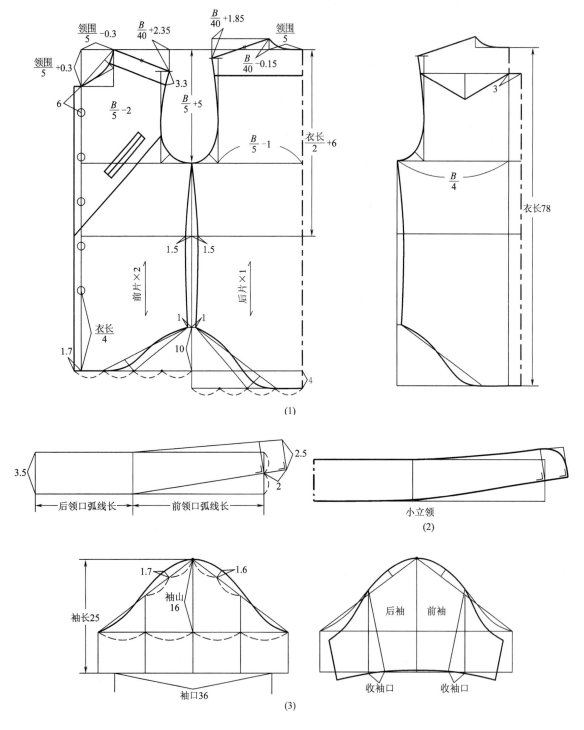

(1)

(2)

(3)

图6-19

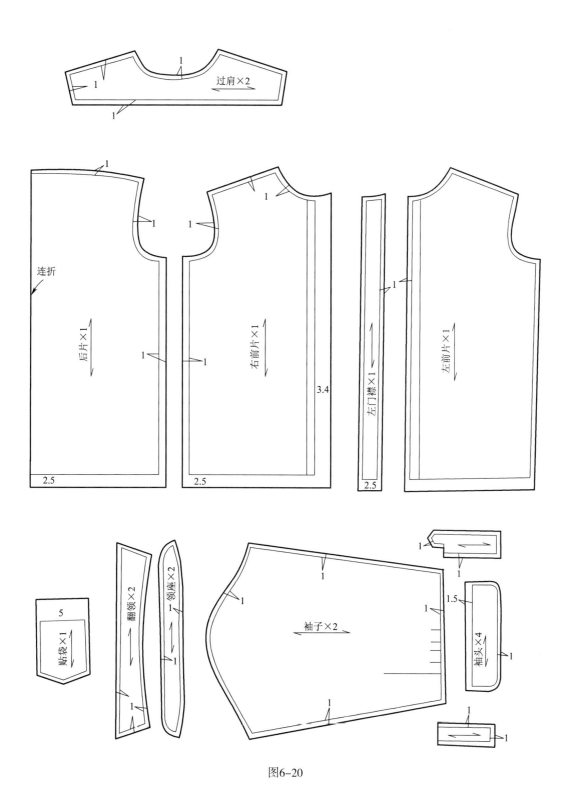

图6-20

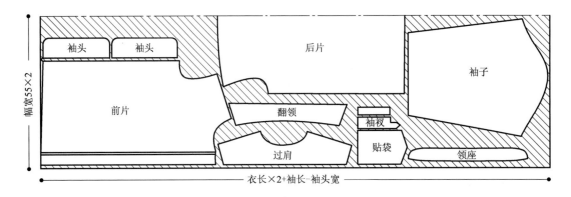

图6-21

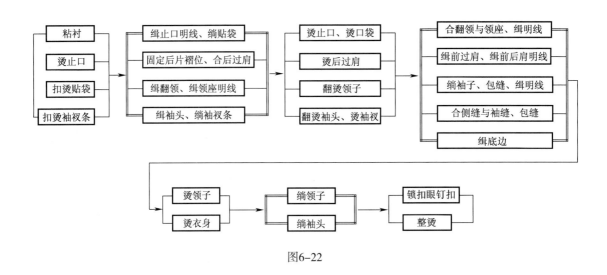

图6-22

层正面朝上，缉0.15cm明线（图6-26）。

4. **合肩缝** 把前片夹在两层过肩之间，三层缝合在一起。另一侧方法相同，但因为是掏着缝合，难度稍大。之后缉0.15cm明线（图6-26）。

5. **做领子**（图6-27）

（1）翻出领外层的反面，按领子净样粘树脂衬，两领头再粘一层加强衬。

（2）缉领子：翻领面的反面朝上，翻领里的反面朝下，里比面少0.1～0.2cm，两层缉在一起时，将面多出的量吃进，线迹距离衬边0.1cm。修剪缝份至0.3～0.5cm。领尖部位可更小一点。

（3）烫缝份。

（4）翻出领面，熨烫，不能倒吐。缉明线0.4cm。

（5）领座的反面按领子净样粘树脂衬。

（6）扣烫领座下口，缉明线0.6cm。

（7）缝合翻领与领座。把翻领夹在两层领座之间，三层缝合在一起。

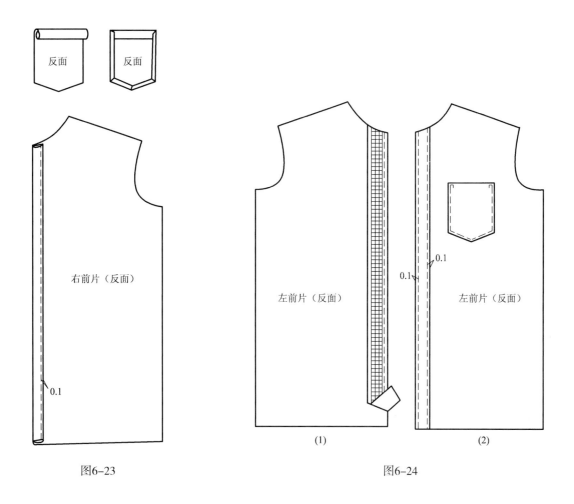

图6-23

图6-24

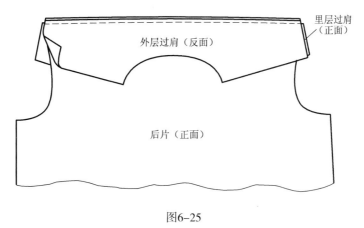

图6-25

（8）在翻领与领座的接缝处缉0.15cm的明线。

6．绱领子

（1）如图6-28所示，将粘有树脂衬的领座下口与领口缝合在一起。

（2）如图6-29所示，将未粘衬的领座下口的缝份折进，缉0.15cm的明线至领嘴。

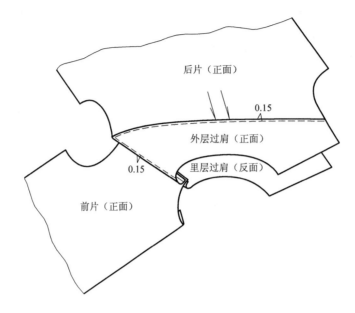

图6-26

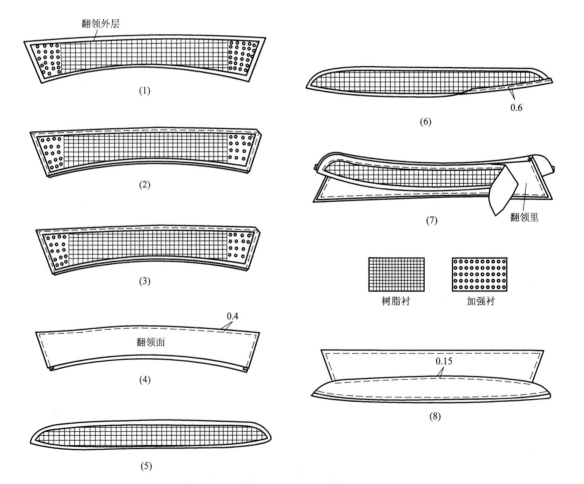

图6-27

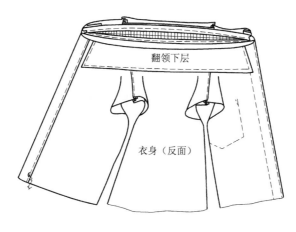

图6-28

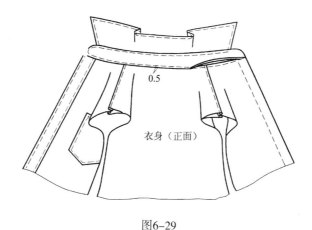

图6-29

7.　**做袖开衩**（图6-30）

（1）将位于袖子后侧的袖衩开口剪开。

（2）扣烫袖衩条。

（3）将袖衩直条缉在开口的一侧。

（4）将带有宝剑头的袖衩条缉在开口的另一侧。

（5）将整个袖衩部位摆平，缉宝剑头处的明线。

（6）、（7）是完成之后的形状。

8.　**缉袖褶**　袖口有两个活褶，正面效果如图6-30（6）所示。

9.　**绱袖子**　袖片放在上、衣片放在下，缝合袖窿，然后用包缝机锁边。锁边之后正面朝上缉0.5cm明线（图6-31）。

10.　**合侧缝及袖缝**　前片放在上、后片放在下，缝合侧缝及袖缝，然后用包缝机锁边（图6-32）。

11.　**收底边**　沿衣长净线扣折折边，缉明线（图6-33）。

12.　**做袖头**（图6-34）

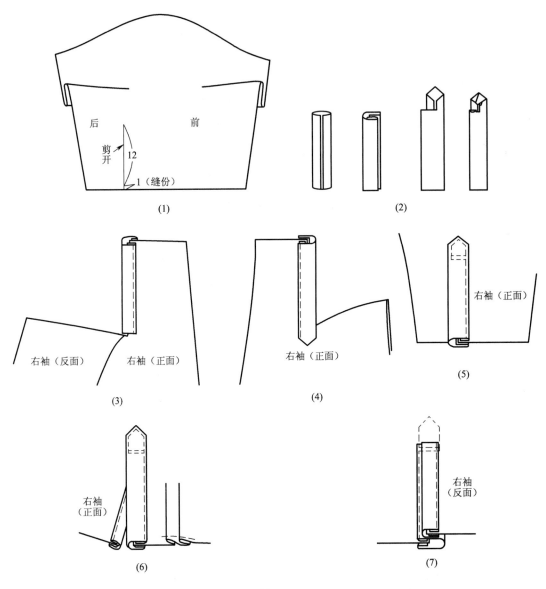

图6-30

（1）粘衬：在袖头面的反面沿净线粘树脂衬。

（2）缲袖头：沿净线扣烫袖头面。袖头里比袖头面小0.1～0.2cm，两层缲在一起时，将袖头面多出的量吃进，线迹距离衬边0.1cm。修剪缝份至0.3～0.5cm。

（3）翻出袖头的正面，熨烫。

13. **缲袖头**　将袖口夹在两层袖头之间，袖头面朝上，缲0.15cm明线，接着沿袖头一周缲0.4cm明线（图6-35）。做好之后的效果如图6-36所示。

14. **锁扣眼、钉纽扣**　按照裁剪图中的扣眼位置，在左前身领子上锁一个横向扣眼，门襟上锁五个竖向扣眼，右前身的相应位置钉扣子。

15. **整烫**　将制作完毕的男衬衫检查一遍，清剪线头，熨烫平整。

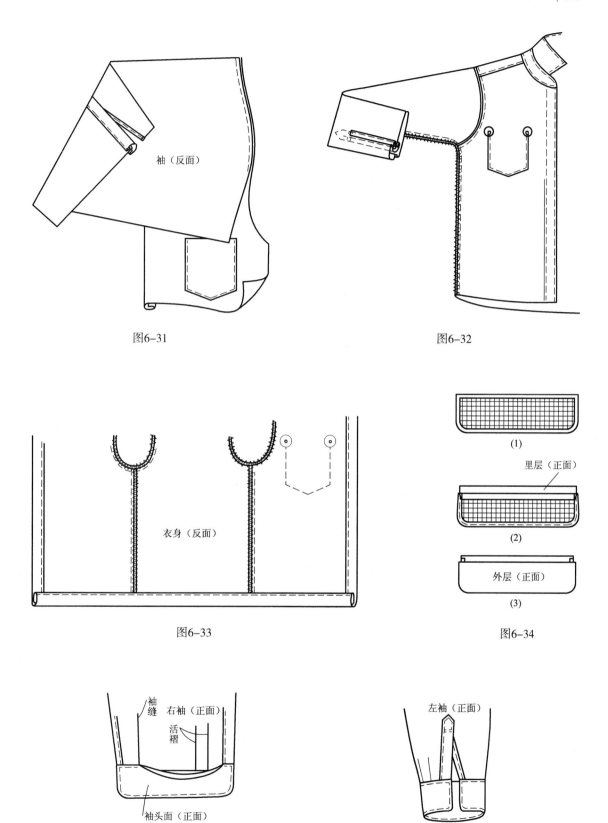

图6-31

图6-32

图6-33

图6-34

图6-35

图6-36

第七章　夹克衫纸样设计与缝制工艺

第一节　夹克衫基础知识

夹克衫亦称夹克，一种男女均可穿着的短上衣的总称。

夹克最初是工作服，它的款式造型及结构形式是为了满足特定的工作需要而设计的。据说最早是由第二次世界大战时美军陆战队战斗服逐渐演变而来的。

现代夹克作为一种时装而流行是与现代人的生活快节奏分不开的。人们逐渐热衷于把夹克作为日常服穿着，装扮自己。

夹克衫的设计必须是使其轻便、灵活、随便、自然，所以颜色、图案、面料可以是多种多样的。从整体形状上来看，大多属宽松型，上身蓬鼓，下摆紧束，外形轮廓为O形。这种轮廓多用于外衣，为男女共用的式样，局部设计灵活多变，归纳如下：

1. **衣长**　比一般外衣稍短，最短长度至腰节处，下摆采用松紧带适度收紧。前后身多采用分割设计线，分割线处缉双明线作为装饰。

2. **领子**　有立领、翻领、西服领、罗口领等。关门领式多用于春、秋、冬季，封闭防风、保暖性好。

3. **肩部**　比较夸张，平肩一般要加垫肩。由于胸围松量较大，故肩宽借袖部分很多。

4. **袖子**　有插肩袖、半插肩袖、连育克袖、衬衫袖、便衣袖、蝙蝠袖等。袖口收紧，袖子较肥。

5. **口袋**　多采用较大的插袋、贴袋及各种装饰袋，口袋的设计变化是夹克的最大特点。

6. **装饰物**　有各种金属或塑胶拉链、金属圆扣（四件扣），金属卡子和各式塑料配件的相互搭配运用较多。

面辅料根据季节、用途可以是：棉、毛、化纤、皮革等，另外，在衣服上搭配编织物、皮革等其他材料，也会产生很好的效果。

一、夹克衫的分类

综观夹克衫的特点，可从以下几个方面进行分类。

1. **从造型上分**　夹克有紧身型、适体型和宽松型。可以根据功能设计成拉链式、撳扣式和普通搭门式及短夹克和中长夹克等。

2. **季节划分**　春秋季单层或单夹各式面料的夹克，冬季皮革及夹棉层的各式面料的夹克。

3. **穿着场合划分** 根据不同场合穿着的休闲、旅游及日常运动装夹克等。

二、成品规格的制订

夹克衫因整体造型的不同，其松量变化范围较大，应依据款式特点在净体尺寸的基础上，设计各部位的舒适宽松量，其中主要以胸围的加放松量为基础。

本章所选取的款式属宽松型男式夹克衫，如图7-1所示，净体为男子中间标准体170/88A型，附有成品规格表。通过该表可以看出，由于胸部松量较大，其肩宽、领大，前、后胸都较宽松，与整体谐调统一。

翻领

图7-1

第二节 男夹克衫纸样设计与缝制工艺

本节选取两款男夹克衫，其一为装袖式夹克，文中绘有纸样及缝制工艺方法；其二为插肩袖式，属扩展纸样设计内容，缝制方法从略。

一、男夹克衫的纸样绘制

1. **男夹克衫款式一（装袖式）** 男夹克衫的裁剪图如图7-2所示。胸围在净体尺寸上加放42cm的松量，适合春、秋季节穿着，可满足内部穿着较厚些的毛衣，以保证活动功能及款式造型的需要。前身左右片上部装饰袋不同，领式可变化为立领或翻领（裁剪图包括立领、翻领两种形式）。

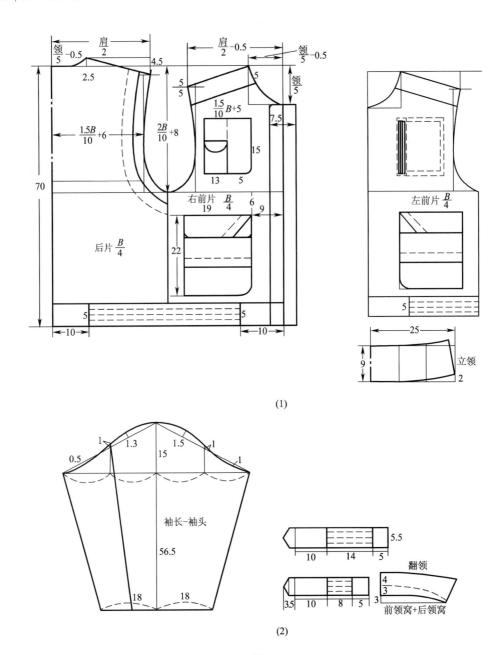

(1)

(2)

图7-2

2. **男夹克衫款式二（插肩袖，图7-3）** 男插肩袖夹克衫制图步骤：

（1）衣身结构如图7-4所示。

（2）翻领制图方法参见款式一。

二、男夹克衫的毛板与排料（装袖式）

毛板图（款式一）如图7-5所示，其中包括面料与里料两部分。分割的部位较多，注意缝份要放准确。

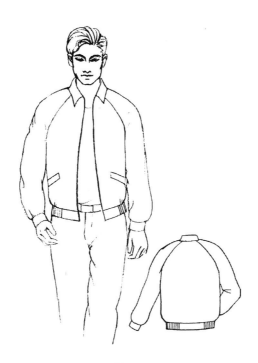

图7-3

成品规格表（号型170/88A）　　　　　　　　　　　单位：cm

部位	衣长	胸围	总肩宽	领围	袖长	袖口围	袖头宽	摆宽
尺寸	65	118	55	50	55	25	5	5

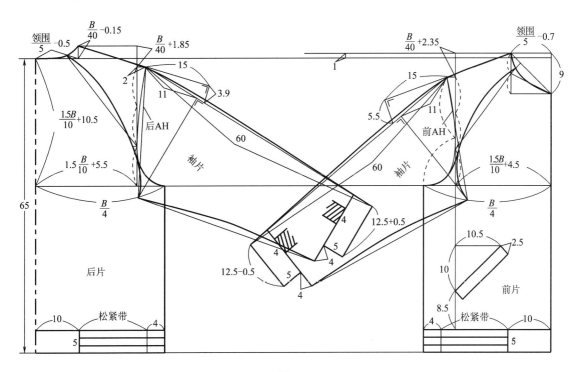

图7-4

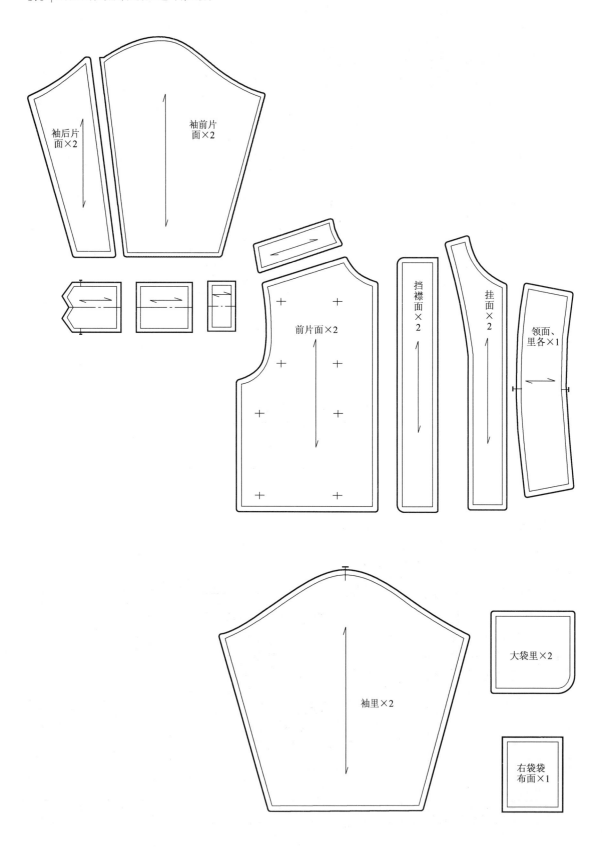

袖后片
面×2

袖前片
面×2

前片面×2

挡襟
面×2

挂面
×2

领面、
里各×1

袖里×2

大袋里×2

右袋袋
布面×1

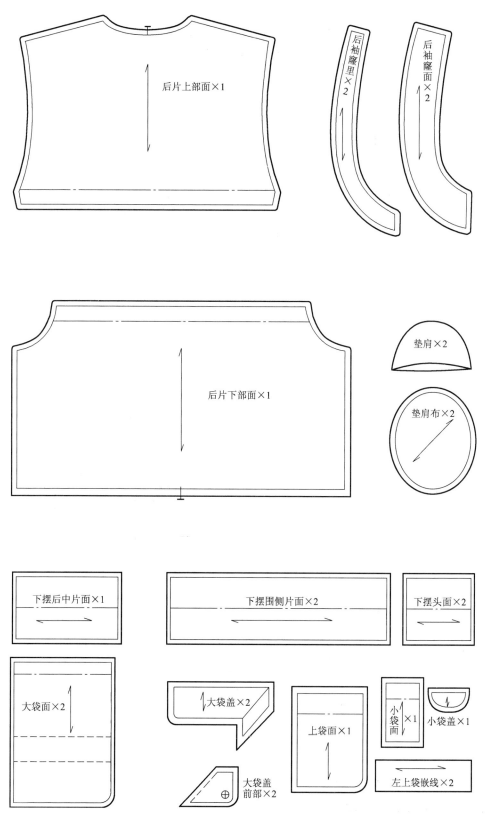

图7-5

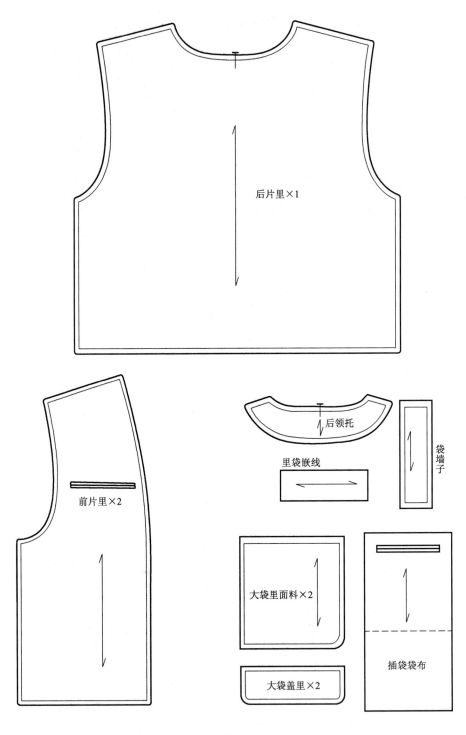

图7-5

图7-6为面料排料图，幅宽110cm。

图7-7为里料排料图，幅宽90cm。

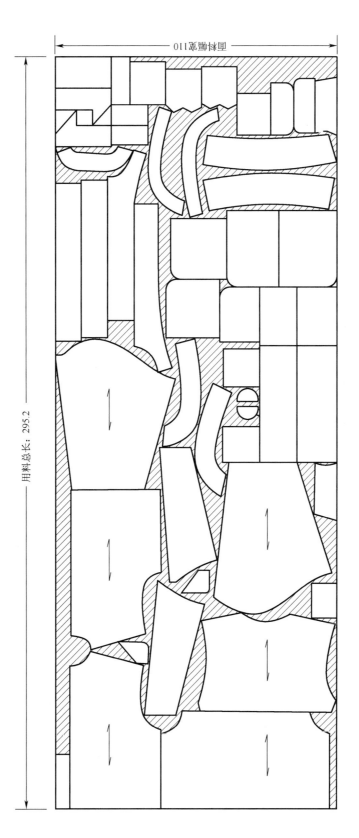

图7-6

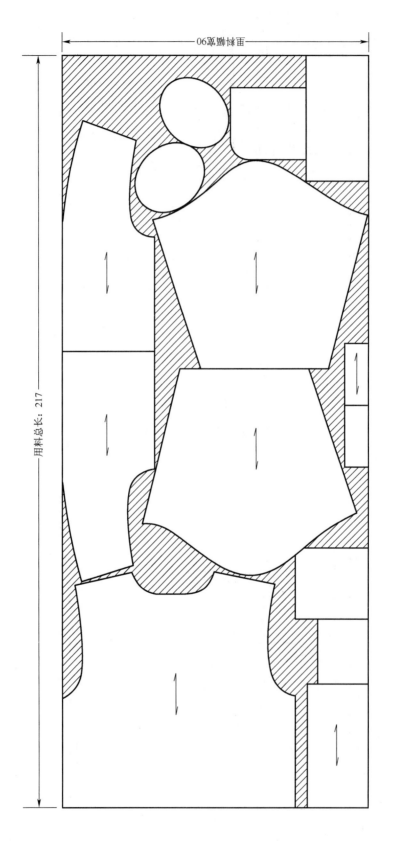

图7-7

三、男夹克衫的工艺流程（装袖式）

图7-8为男夹克衫缝制工艺流程图。

男夹克衫缝制工艺流程图

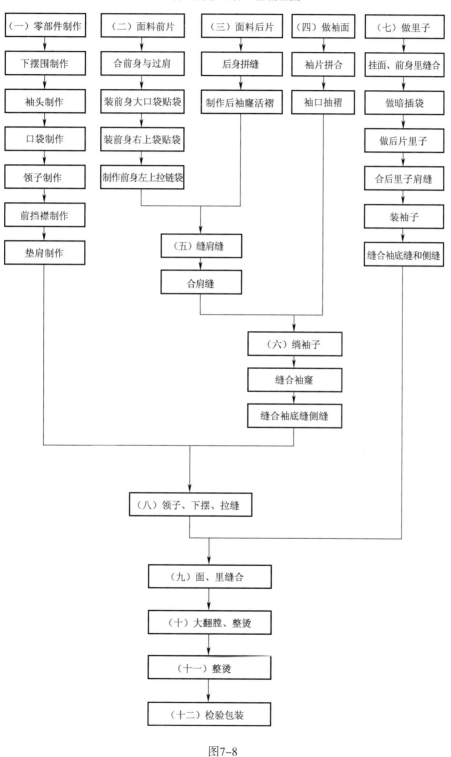

图7-8

四、男夹克衫的缝制方法（装袖式）

（一）粘衬部位

采用无纺黏合衬，压胶机黏合。棉、毛面料压胶温度应控制在120℃左右，压力为2.5~3N（图7–9）。

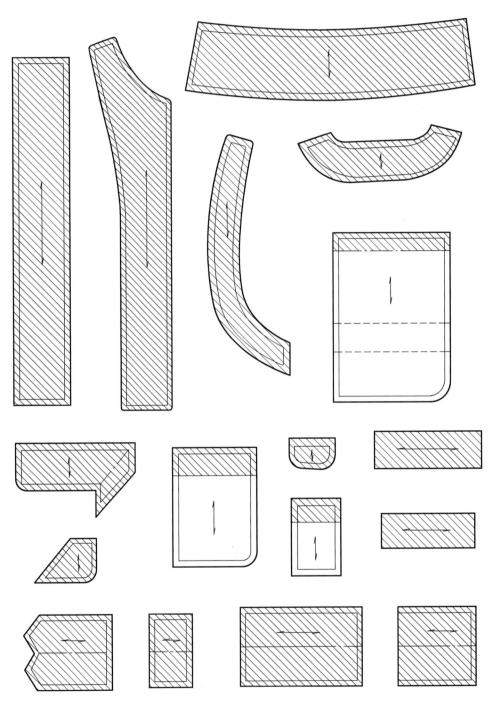

图7–9

（二）零部件制作

1. 下摆围制作（图7-10）

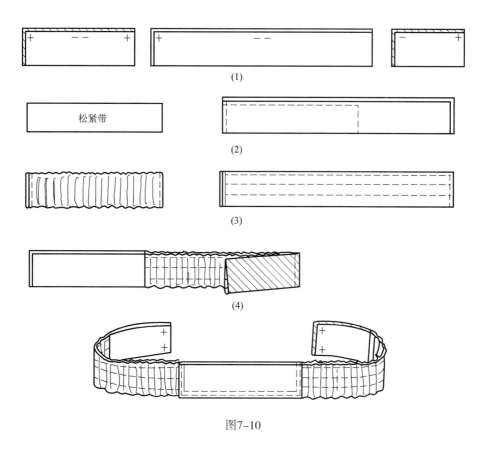

图7-10

（1）将下摆围前、后中片对折烫好。

（2）在侧下摆加入松紧带。

（3）先缝住松紧带两端，再拉直松紧带正面车缝明线，针距为大针距（可采用专用机）。

（4）将前、后、中摆片对接好，烫平。

2. 袖头制作（图7-11）

（1）袖头三部分，在中间部分加入松紧带。

（2）缝合好前端（宝剑头）和后端袖头。

（3）将袖头三部分拼合完整，缉缝明线。

3. 大口袋制作（图7-12）

（1）大袋面装饰褶扣烫好，缉缝明线。

（2）大袋面与袋里缝合，翻好烫平。

（3）将另一袋里（斜插袋）与袋面缝合，翻好烫平。

（4）车缝斜插袋明线（双明线）。

（5）袋盖扣烫，拼接、缉缝明线。

（6）勾缝里子，翻好烫平，缉缝明线。

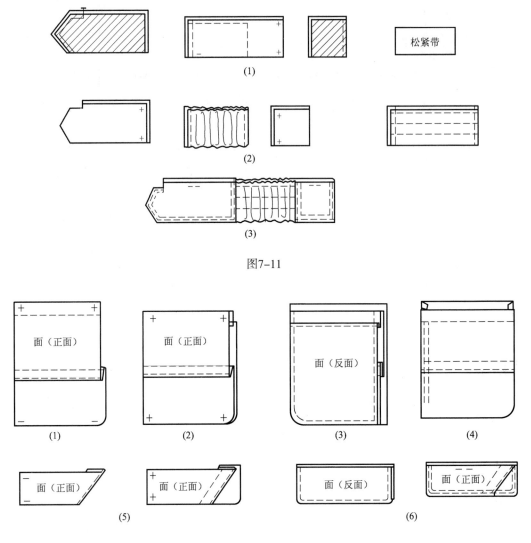

图7-11

图7-12

4. 右片上部口袋制作　口袋侧面有活褶，袋面上有一小装饰袋（图7-13）。

（1）袋侧面与活褶拼接、烫好。

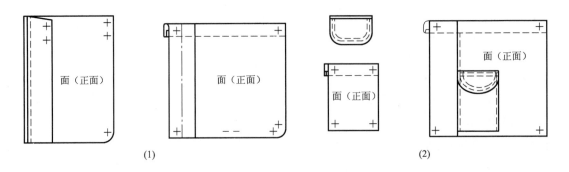

图7-13

（2）将小装饰袋做好，车缝在袋面上。

5. **领子制作**　立领与翻领两种，如图7-14所示。

（1）立领：领面、领里缝合，翻好烫平。

（2）翻领：领里、领面缝合，翻好烫平，沿领外口车缝双明线，注意止口不能倒吐。

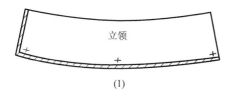 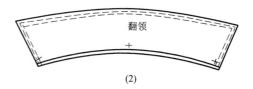

图7-14

6. **前挡襟制作**（图7-15）

（1）面与里缝合，翻好烫平。

（2）车缝明线，注意齐止口。

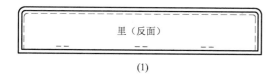 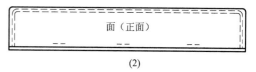

图7-15

7. **垫肩制作**（图7-16）　垫肩需用包缝好的成品。如使用未包缝的泡沫垫肩，要用大于垫肩一倍的圆布（45°正斜丝）包好后用平缝机沿半圆包缝。

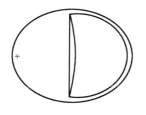 

图7-16

（三）面料前后片缝制

1. **前身片及大口袋制作**（图7-17）

（1）将前身片与上部过肩缝合后车缝明线。

（2）将制作好的前身大口袋上口沿缝份车缝好，翻转烫平。

（3）沿袋上口止口0.1cm处车缝明线，并将制作好的袋盖按位置车缝好。

（4）将口袋袋口留出，然后车缝好口袋，固定于前身。

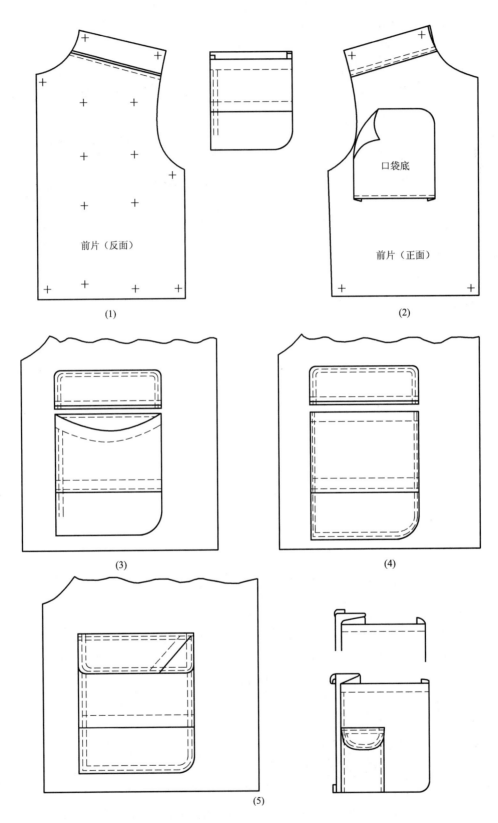

前片（反面）

(1)

口袋底

前片（正面）

(2)

(3)

(4)

(5)

图7-17

（5）将袋盖翻折，烫好后，车上沿车缝双明线。

2. 前身右上袋贴袋制作（图7-18）

（1）将前身右上袋活褶及袋外口边扣烫好，按袋口位置先将褶边缝好。

（2）沿袋口边车缝压明线0.1cm，注意封好袋口两角。

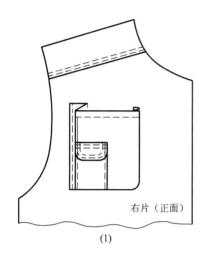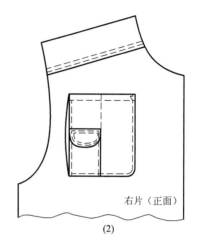

右片（正面）

（1）

右片（正面）

（2）

图7-18

3. 前身左上袋拉链袋制作（图7-19）

（1）在左上袋拉链袋口位置粘衬（左片反面）。

（2）嵌袋口垫布粘衬，将嵌袋片正面和前身正面相对，沿拉链袋口转圈缝一周，并剪开袋口，两端剪三角口。

（3）将嵌袋翻到背面，熨烫平整。

（4）拉链从背面附上，手针绷缝固定。

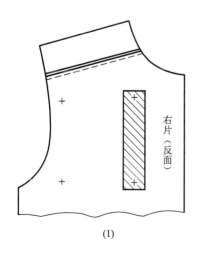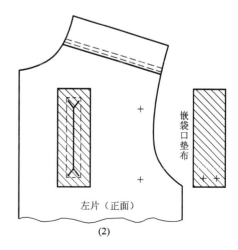

右片（反面）

（1）

左片（正面）

嵌袋口垫布

（2）

图7-19

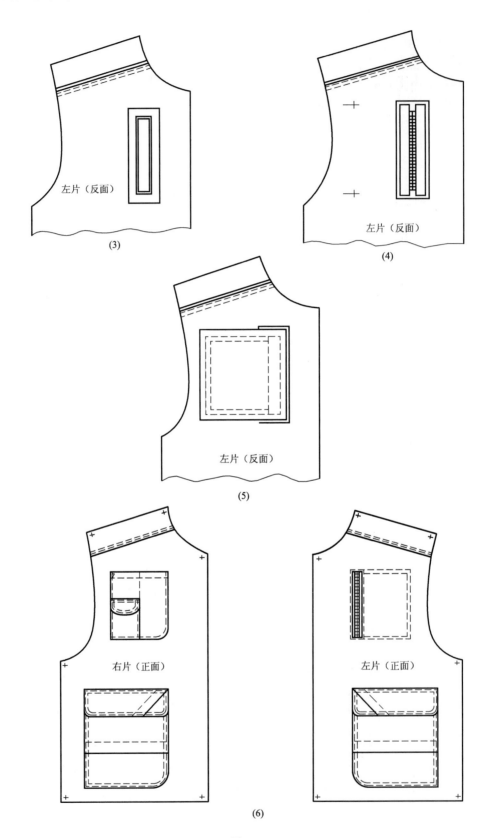

(3)

(4)

(5)

(6)

右片（正面）

左片（正面）

图7-19

（5）将袋布按位置对齐车缝固定，正面袋口处为明线，口袋四周为双明线。

（6）为前左右片缝制的口袋状态，熨烫平整，线迹清晰。

4. 面料后片缝制（图7-20）

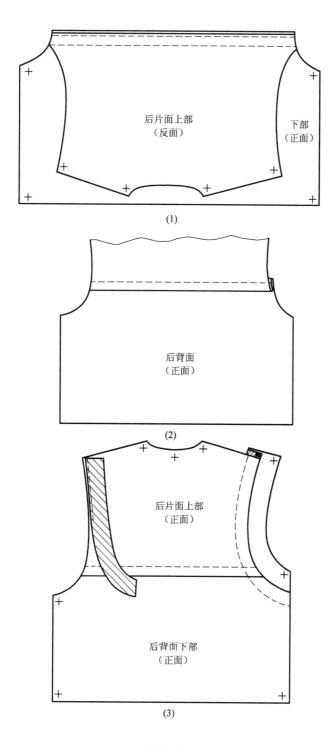

（1）

（2）

（3）

图7-20

（1）后身上下片拼缝。

（2）正面车缝一明线，有一活褶。

（3）袖窿垫布条，对齐缝好，翻折齐口烫平。袖窿片对齐，沿活褶位置车缝一明线。

5. **缝合肩缝**（图7-21）　缝合面料前后片肩缝，缝份向后倒，正面车缝双明线。

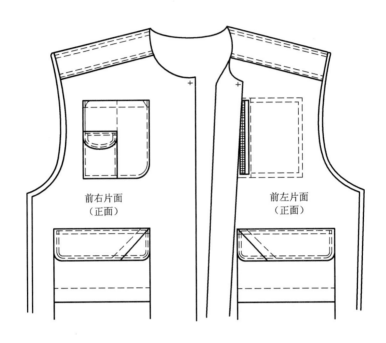

图7-21

（四）袖子的缝制

1. **制作袖面**（图7-22）　将袖子前后两个剖断片缝合，车缝双明线，袖口缝线抽拉碎褶，长度同袖头。

2. **缝袖子**（图7-23）

（1）将袖子与袖窿缝合，袖窿方向倒缝，正面车缝双明线，车缝在袖窿上。

（2）缝合袖底缝，前后身摆缝对合好，正面相对反面缝合，注意要留出开衩。

（3）装垫肩，沿肩缝线用手针擦缝住垫肩中部。

（4）用手针将垫肩前沿按袖窿大针码缲住。

（五）制作里子

1. **里子前片缝制**（图7-24）

（1）缝挂面，挂面与前身里子缝合。

（2）里子与挂面倒缝烫平，确定里袋位置，在袋口处粘衬。

（3）嵌线布两片粘衬，在里子正面沿开袋口车缝嵌线片于袋开口线上。

（4）剪开袋口，两端剪成三角，把双嵌线翻进，嵌线牙子固定烫平，在正面下嵌线缝缉一明线，距边0.2cm。

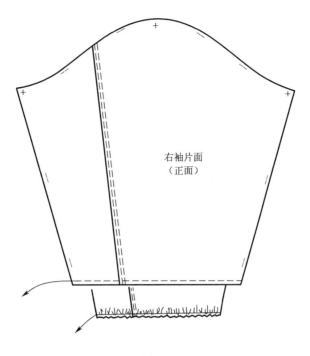

右袖片面
（正面）

图7-22

（5）反面缝口袋布于下嵌线上。

（6）袋布翻折好对齐上嵌线，手针固定从正面沿嵌线缝处，在正面车缝明线一条，距边0.2cm，固定上嵌线和上袋布。

（7）从正面将袋布两侧露出，缝封三角后，再车缝袋布两侧。

2. **里子后片缝合**（图7-25） 将后片里子与后领台缝合，倒缝烫平。

3. **缝合肩缝、袖子、侧缝**（图7-26） 先将前、后身肩缝缝合，再缝合袖山与袖窿，最后缝合侧缝与袖缝，在一侧袖缝上留20cm不缝，用于大翻膛开口。

（六）绱领子（两种）、下摆围、拉链、袖头

1. **翻领**

（1）绱领子。将翻领下口与前、后片领窝正面相对，衣片前留出1cm缝份，领下口正中剪口与后片领窝正中剪口对齐车缝好［图7-27（1）］。

（2）绱摆围。将做好的摆围与前、后身下摆正面相对车缝，车缝时要把两边摆头掀起，只缝合下层，不要缝上层［图7-27（1）］。

（3）装拉链。将拉链反面与前身正面前门相对，拉链反向折倒，顺前门襟缝份车缝至下摆头［图7-27（1）、（2）］。

2. **立领** 将做好的立领与前、后片领窝正面相对车缝，车缝时要把领两端掀起，只缝下层，不要缝上层［图7-27（3）、（5）］。

（1）绱立领。

（2）装立领。拉链将拉链从下摆头一直车缝至领端外止口［图7-27（4）］。

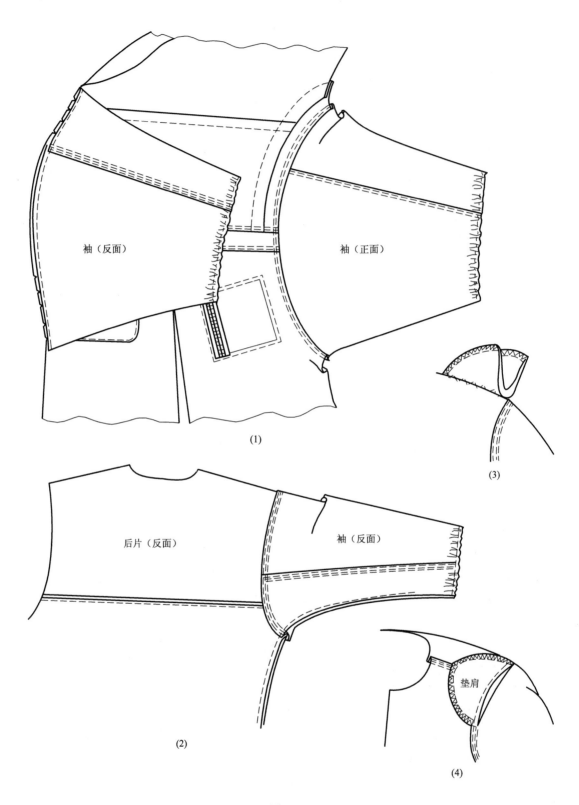

袖（反面）

袖（正面）

(1)

(3)

后片（反面）

袖（反面）

垫肩

(2)

(4)

图7-23

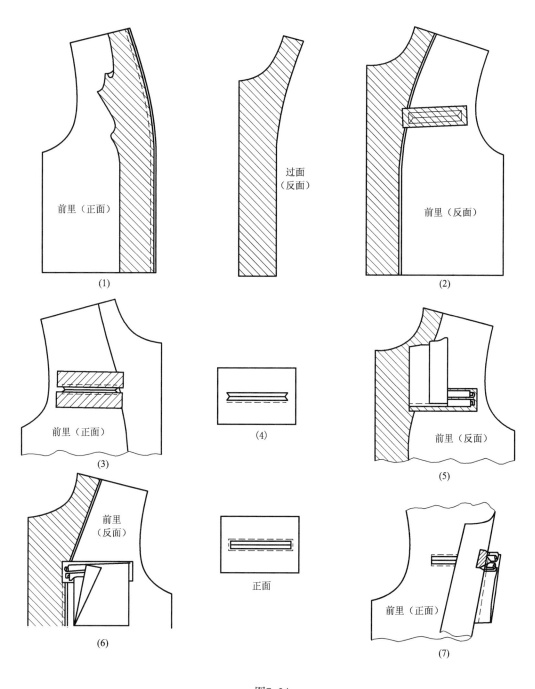

前里（正面）

(1)

过面
（反面）

前里（反面）

(2)

前里（正面）

(3)

(4)

前里（反面）

(5)

前里
（反面）

正面

(6)

前里（正面）

(7)

图7-24

（3）装袖头。将袖头与袖口缝份对齐车缝［图7-27（5）］。

（七）里子与面缝合

1. 翻领款式（图7-28）

（1）合里子下摆：将里子与面下摆对齐，两端摆头掀起，上层摆头与里子缝合，中间一部分里子与面夹着摆围车缝。

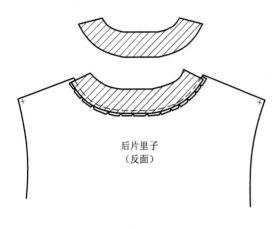

图7-25

（2）合前门襟止口：前门里子与前片中间夹着拉链从摆头下端开始车缝，摆头和身拉直，车缝至领端。

（3）合领子：里子领口与面领口中间夹领子，从领端车缝至另一端。

（4）合袖口：里子和面的袖开衩正面相对缝合，然后袖口里子和面正面相对，中间夹上袖头车缝一圈。

2. **立领款式**（图7-29）

（1）绱领子：将立领夹在里、面之间，领口部位对齐，两端掀起，上层与里子缝合中

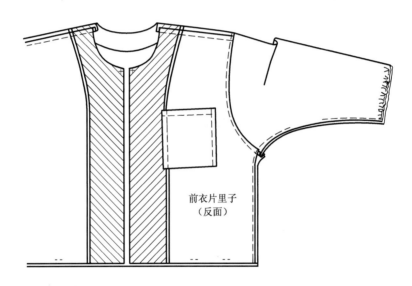

图7-26

间部分，里、面夹住领子车缝住。

（2）合前门：前门里子与前片中间夹着拉链从摆头下端开始车缝，至领外端要将领子与身拉直，一直车缝至领端，拉链要平伏。

（八）大翻膛、绱挡襟、整烫

1. **翻膛** 从里子袖底缝留的开口处，将衣片正面在此处掏翻过来，整理平整［图7-30（1）］。

2. **袖底缝封口** 翻膛后将袖里预留的开口正面车缝一条明线封死［图7-30（2）］。

3. **装挡襟、整烫** 将门襟、袖开衩、下摆头初步整烫一下，然后将做好的挡襟车缝在左襟前门正面，车缝双明线。熨烫平整，缝制完毕［图7-30（3）］。

（九）检验

1. **外观** 整件衣服与效果图、设计图是否相符。基本比例是否正确合理，如分割线、

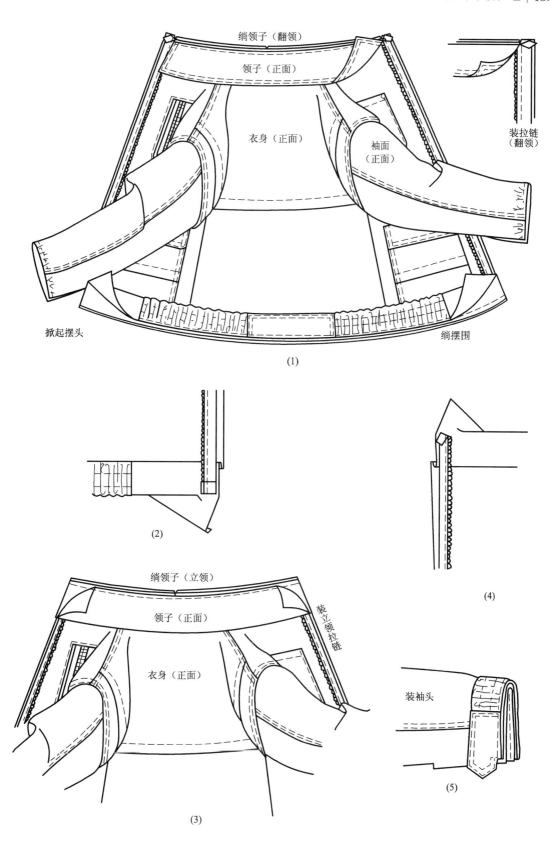

缂领子（翻领）

领子（正面）

衣身（正面）

袖面（正面）

装拉链（翻领）

掀起摆头

缂摆围

(1)

(2)

(4)

缂领子（立领）

领子（正面）

装立领拉链

衣身（正面）

装袖头

(5)

(3)

图7-27

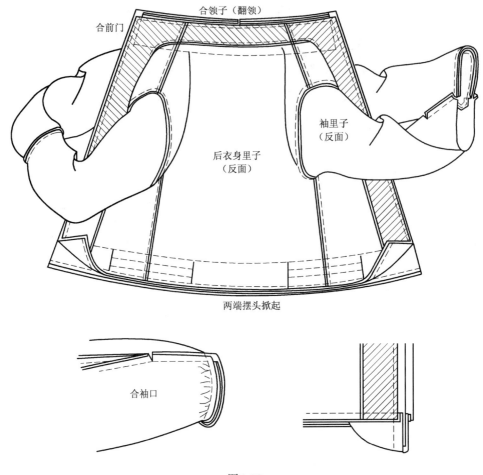

合领子（翻领）

合前门

袖里子
（反面）

后衣身里子
（反面）

两端摆头掀起

合袖口

图7-28

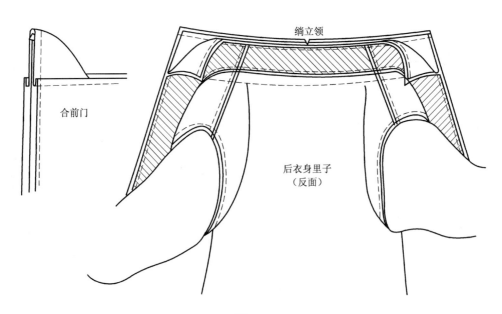

绱立领

合前门

后衣身里子
（反面）

图7-29

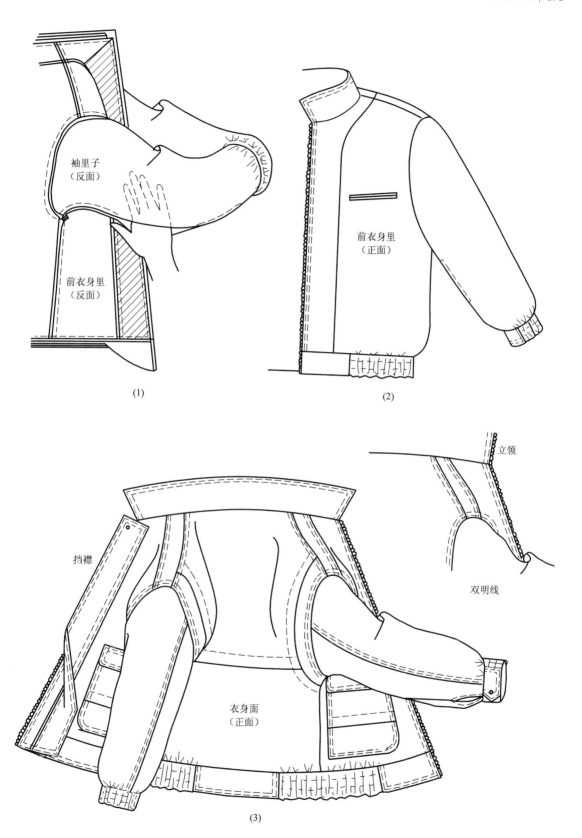

袖里子
（反面）

前衣身里
（反面）

(1)

前衣身里
（正面）

(2)

立领

挡襟

双明线

衣身面
（正面）

(3)

图7-30

口袋位置等。缝制线和明线针距、线迹是否平顺、平伏，有无毛漏现象。

2. **领子** 领翻折自然不起皱纹，领面扣领尖不向上翘，领围与颈部、肩膀自然帖服，领尖宽窄相等，领外口无倒吐现象。

3. **袖子** 袖窿与袖山装袖平衡，缩褶圆顺，袖子自然下垂，无前后倾现象，袖口合适。

4. **襟边、摆缝** 要自然垂直。摆围两侧松紧带松紧度合适，缩褶均匀不上翘，下摆围底边平衡。

第八章　女西服纸样设计与缝制工艺

本章主要以女西服为例，讲授夹衣翻膛式的缝制方法。所谓夹衣翻膛式的缝制方法，是指将服装的面、里分别制作后，再将整个里子与面勾合在一起，合里子过程一步完成。这种制作工艺相对比较简单，机缝较多。采用夹衣翻膛式方法制作的服装还有夹克、马甲、大衣等。

第一节　女西服基础知识

所谓女西服，除了三开身、平驳领、单排两粒扣的传统款式外，在领、袖、门襟、口袋、下摆以及宽松度、长度上可以有较丰富的款式变化，泛指女式正装上衣。这类服装适用面广，从日常生活到社交、外出、办公……只要选择适当的造型和材料，女式正装上衣是一年中任何季节都能穿着的理想服装。单排扣平驳领式女西服款式效果图（图8-1）。

女上装所采用材料也是多样的，并要注意将面料、里料、衬料及纽扣、垫肩等辅料有机地结合起来，以达到较好的制作效果。

女上装所采用的面料主要有：纯毛及毛混纺面料如法兰绒、华达呢、女式呢、花呢、驼丝锦、毛涤混纺、毛腈混纺等，丝绸、棉、麻、化纤及其混纺织物等。

里料：里料具有光滑的特性，所以加上里子后不仅穿着舒适、穿脱方便，还能保护面料，延长衣服的使用寿命，并有保暖、保型等作用。耐磨、耐洗、不掉色是里料应具备的条件，常用里料有美丽绸、醋酸酯纤维绸、尼龙绸、涤美绸等品种，叮根据面料的材质合理选配。

衬：使用衬的目的是辅助面料进行造型，增加面料的厚度和重量，使之挺括而易于造型。女装以黏合衬使用较多，有有纺衬和无纺衬之分。

图8-1

第二节　女西服纸样设计与缝制工艺

本节选取两款女西服，其一为单排扣平驳领式，文中有纸样与缝制工艺方法。其二为双排扣青果领式扩展的纸样内容，缝制方法从略。

一、女西服的纸样绘制

1. **女西服款式一（单排扣平驳领）**　女西服的制板方法有多种，这里仅以日本文化式新原型为例，介绍基础样板的绘制方法。需测量的尺寸有胸围、背长、袖长。先绘制原型，再根据款式要求在原型上进行纸样设计。具体绘图方法如图8-2所示。

女西服成品规格表（号型160/84A）　　　　　单位：cm

部位	衣长	胸围	腰围	臀围	腰节	总肩宽	袖长	袖口宽
尺寸	64	94	74	98	38	38	54	13

2. **女西服款式二（双排扣青果领女装）**　制图方法以文化式女子新原型为基础制图，如图8-3所示。

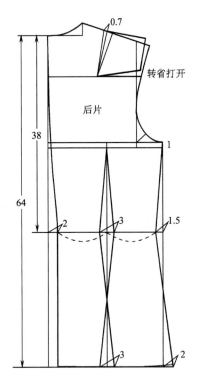
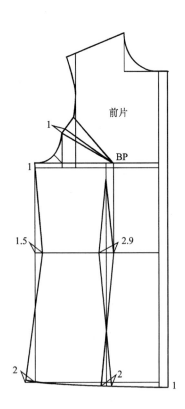

(1)

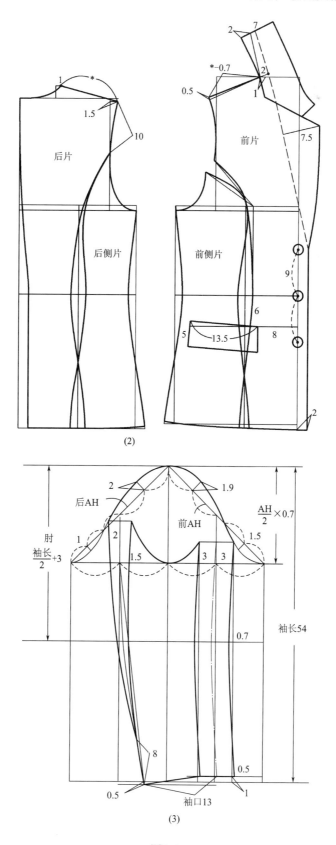

(2)

(3)

图8-2

成品规格表（号型160/84A） 单位：cm

部位	衣长	胸围	腰围	臀围	腰节	总肩宽	袖长	袖口宽
尺寸	64	94	74	98	38	38	54	13

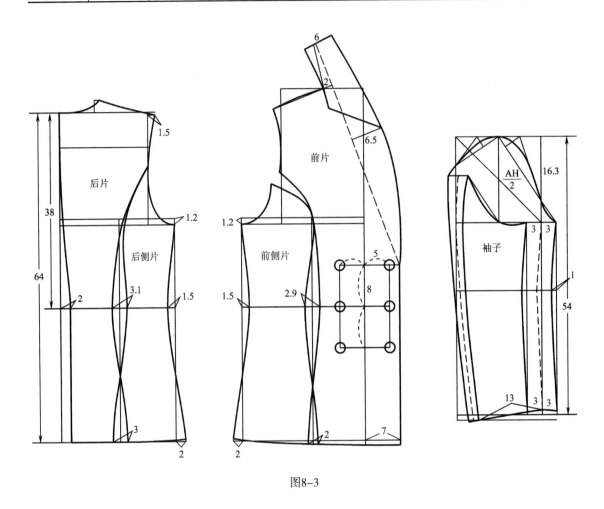

图8-3

二、女西服的毛板与排料（单排扣平驳领）

1. **毛板纸样**　工业生产所用的样板包括面料样板、里料样板、衬料样板等。女西服（款式一）面料毛样板的制作方法如图8-4所示。

里料样板的绘制如图8-5。

图8-6是需要粘衬的部位，注意衬料的样板应比面料毛板周边缩进0.5cm，以避免粘衬时，衬上的热融胶污染粘合机的传送带或烫台。

2. **排料与裁剪**　女西服工艺要求较高，因此，排料和裁剪时应注意下列问题。

（1）面料有方向性的（如毛向、阴阳格等），一套服装要保证方向一致。

（2）纱向要顺直，在面料长度允许的情况下，大衣片一般不得倾斜。

（3）条格面料要注意对条格：

①对称部位要左、右一致。

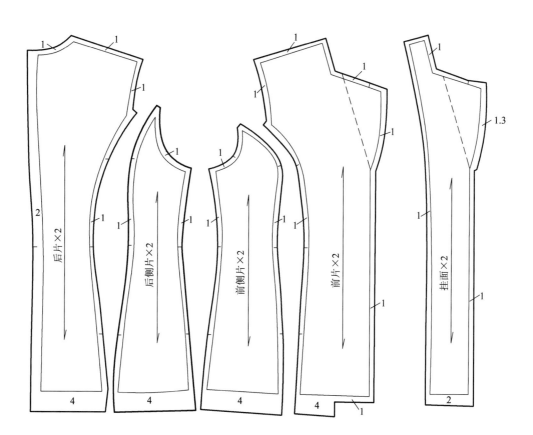

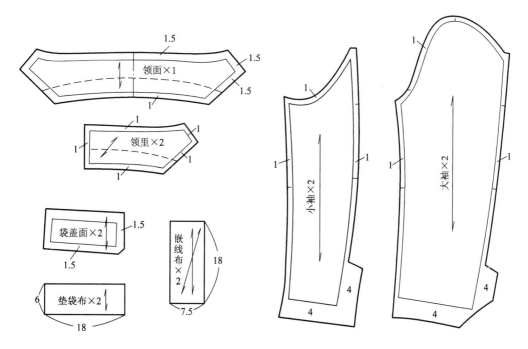

图8-4

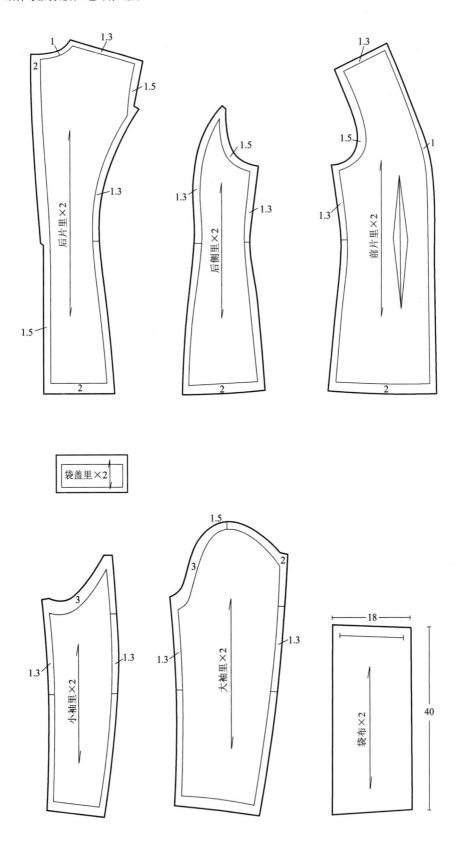

图8-5

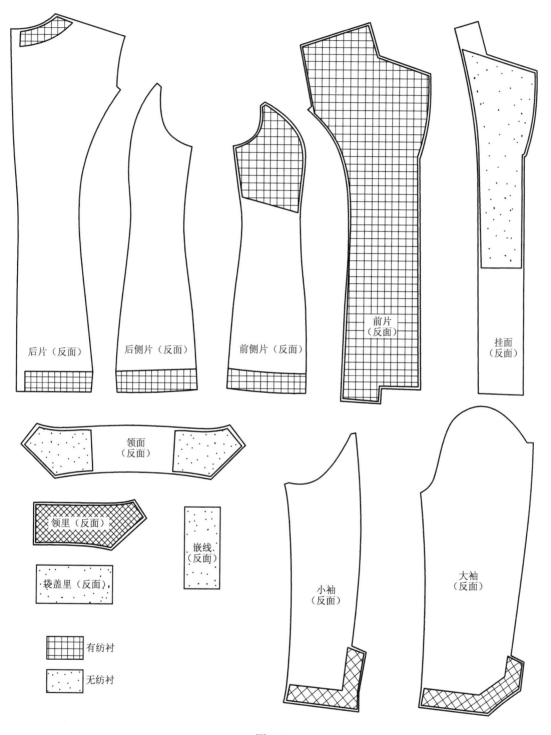

图8-6

②后身后领中部位要保证一个完整花型，以便与领面对条格。
③袋盖、袋板要与大身对条格。
④大身摆缝要对格。

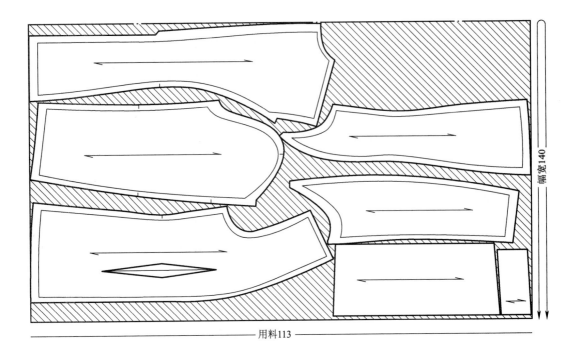

用料113

图8-7

⑤大、小袖缝要对格。

⑥前袖窿上三分之二部位与大身对格。

图8-7为里料排料，幅宽140cm。

图8-8为面料排料图，幅宽144cm。

三、女西服的工艺流程

女西服（单排扣平驳领）的缝制工艺流程如图8-9所示。

四、女西服的缝制方法

（一）粘衬

单排扣平驳领女西服，按前述粘衬部位进行粘合。

（二）归拔衣片

单排扣平驳领女西服，主要归拔部位如图8-10所示。现在的工业生产中，此工序一般多省略。

（三）前片缝制

1. **车缝前刀背缝**（图8-11）

（1）前片与前侧片正面相对，对准对位点进行车缝。

（2）将车好的前衣身放在烫枕上分缝、烫平，在胸部弧线弯处（尤其在前片）和腰部打剪口。

2. **做口袋**（图8-12）

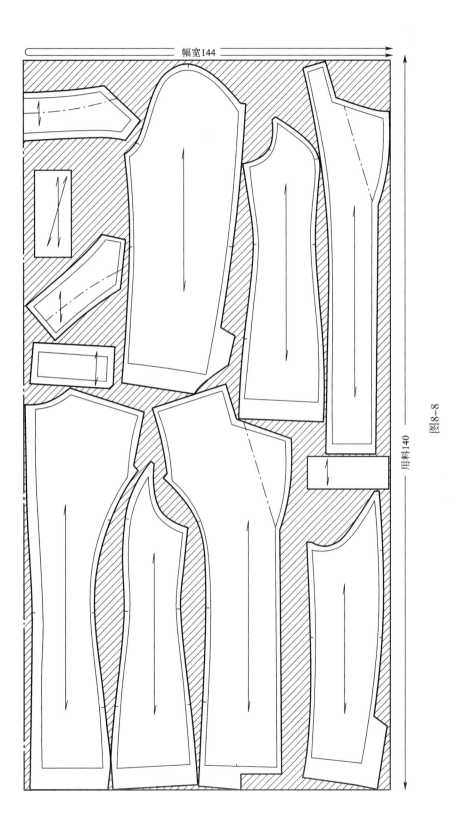

图8-8

女西服（单排扣平驳领）缝制工艺流程图

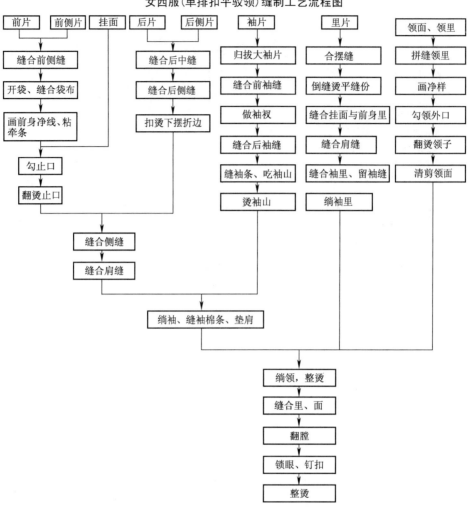

图8-9

（1）做袋盖：袋盖里、面正面相对，袋盖面在下，袋盖里上画净线，放在上面，按净线车缝，拐角处吃缝袋盖面；翻烫袋盖，袋盖面吐出0.2cm，注意不要倒吐。在翻烫好的袋盖里上，按袋盖宽画粉线标记。

（2）扣烫嵌线：扣烫第一条线，距边窄些，约1.5cm即可；第二条扣烫线距第一条扣烫线四个嵌线宽，即0.5cm×4=2cm。将袋盖放在嵌线布窄边的一侧，对准粉线位置，距粉线0.5cm车缝固定袋盖和嵌线布。

（3）开袋：在前身上准确画出开袋位置，将烫好的嵌线布对准前身上的开袋位，车缝上下线，两线间距为1cm，缝线要顺直，两端倒回针。沿两道缝线中间将嵌线布剪开；沿两道缝线中间将衣片剪开，距两端0.8~1cm处剪三角，注意要剪到缝线根处，但不要剪断缝线；翻烫。

（4）缝袋布：将垫袋布一边扣净，与袋布车0.1cm明线固定，袋布另一侧与下嵌线正面相对车缝。袋布上折，盖过上嵌线，沿上嵌线缝线位置重合绗线固定袋布。缝合袋布两侧，

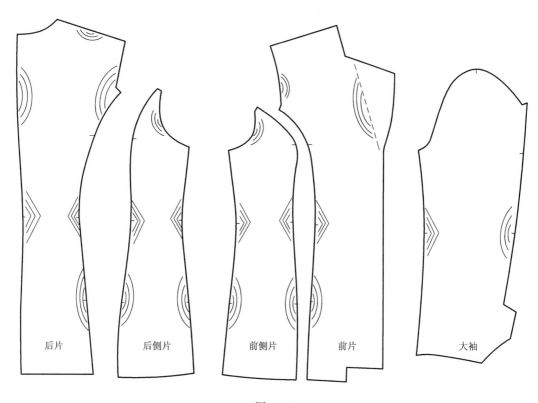

图8-10

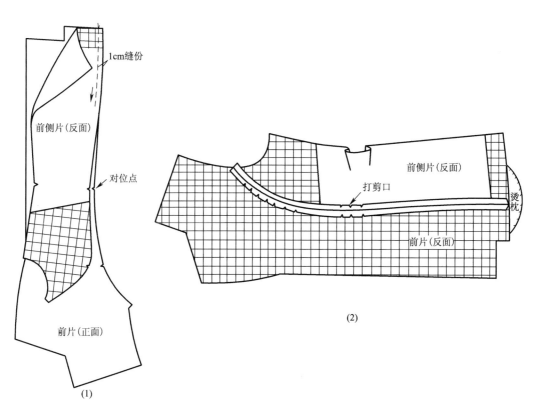

1cm缝份

前侧片（反面）

对位点

前片（正面）

（1）

前侧片（反面）

打剪口

前片（反面）

烫枕

（2）

图8-11

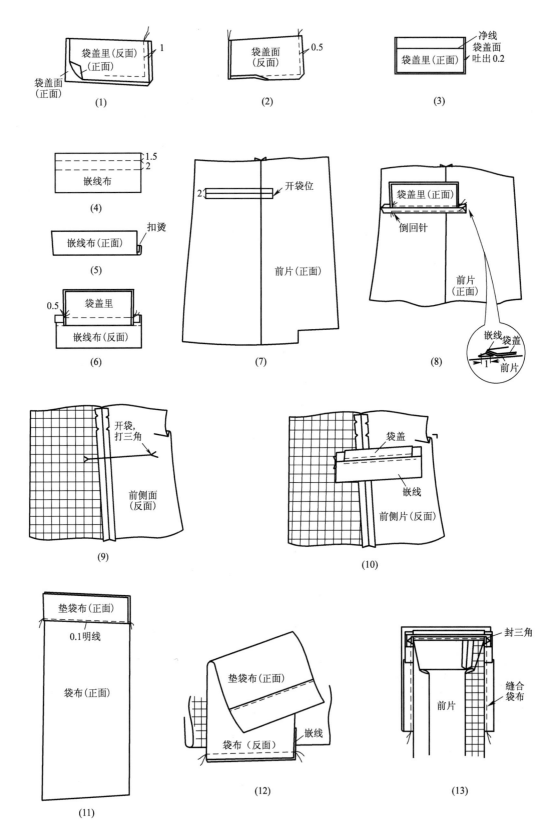

图8-12

注意封三角。

（5）整烫。

3．**勾止口**（图8-13）

（1）用净板画前身止口净线、翻折线。沿止口净线里侧粘直牵条；距翻折线外0.5cm粘直牵条，牵条要拉紧，根据面料和翻折线长度吃进0.4～0.7cm。

（2）将挂面与前身正面相对，从驳领处开始勾止口，注意领角处挂面略吃，止口至下摆拐角处大身略吃。

（3）净剪止口：驳领处挂面留0.6～0.7cm，大身留0.3～0.4cm缝份，止口处相反进行清剪。

（4）翻烫止口：驳领大身一侧和止口挂面一侧倒缝车0.1cm明线固定止口，熨烫平整。

（5）扣烫下摆4cm折边。

（四）后片缝制（图8-14）

（1）缝合后中缝和后刀背缝，并分缝烫平。

（2）后领窝、袖窿粘直牵条，袖窿上的牵条要略拉紧。

（3）扣烫下摆4cm折边。

（五）缝合侧缝

（1）将前后身正面相对，缝合侧缝，分缝烫平。

（2）扣烫下摆4cm折边。

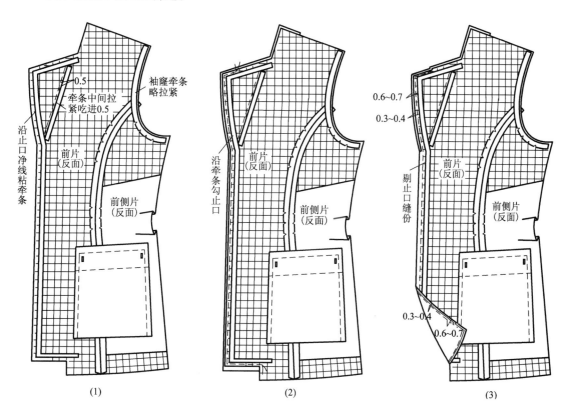

图8-13

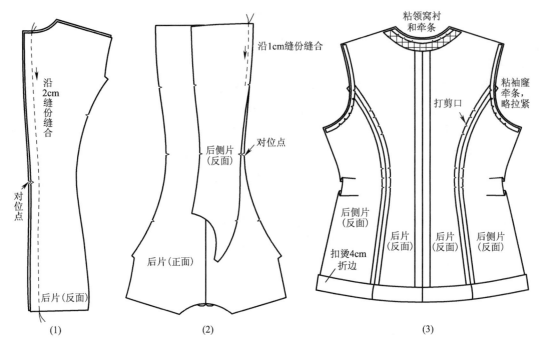

图8-14

（六）缝合肩缝

前、后肩正面相对缝合，后肩斜略吃进约0.5cm左右（吃势根据面料质地而定），分缝烫平。

（七）袖子缝制（图8-15）

这里介绍活袖衩的做法，按照这种方法制作的袖衩较薄且美观，但做好后的袖子不能修改袖长。

（1）拔开大袖片前袖缝，拔开后，大袖前袖缝处可以自然翻折过来。

（2）缝合前袖缝，分缝烫平，熨烫时注意将小袖片摆放平整。

（3）车缝大袖衩，分缝烫平。

（4）车缝小袖衩，翻烫平整。

（5）扣烫袖口折边。

（6）缝合后袖缝，缝至距袖口2.5cm左右止，分缝烫平。

（7）缩缝袖山：裁两条45°正斜的里料，长30cm左右，宽3cm，沿袖山净线外侧0.2cm处车缝，开始时不吃，然后逐渐拉紧斜条，过袖山顶点后再逐渐减少拉力至平缝，缩缝量3cm左右，视面料薄厚、松紧调整缩缝量。

（8）把缩缝后的袖山头放在铁凳上熨烫均匀、平滑，使袖山圆顺饱满。

（八）绱袖（图8-16）

（1）将袖山和袖窿的对位点对好，车缝袖窿一周，注意机器吃赶（如果对位点不准确，可先用手针绷缝绱袖，确认绱袖位置准确后再车缝）。

（2）装垫肩：将垫肩外口探出袖窿毛缝0.2cm，用倒勾针将垫肩与袖窿缝份绷牢固，绷线不宜过紧；再将肩缝与垫肩圆口缲几针固定。

（九）里子缝制（图8-17）

（1）缝合里子后中缝、各条摆缝，均向后倒缝、烫平，留0.3cm眼皮。

（2）缝合前身里与挂面，向侧缝方向倒缝、烫平。缝合肩缝，向后倒缝、烫平。

（3）缝合袖里，左袖里前袖缝中间部分不缝合，留口长约12～15cm；缝份向小袖片烫倒，留0.3cm眼皮。

（4）过面止口正面及下摆止口边手针缝0.1cm固定。成品后拆掉。

（5）缲袖里，注意袖窿对位点。

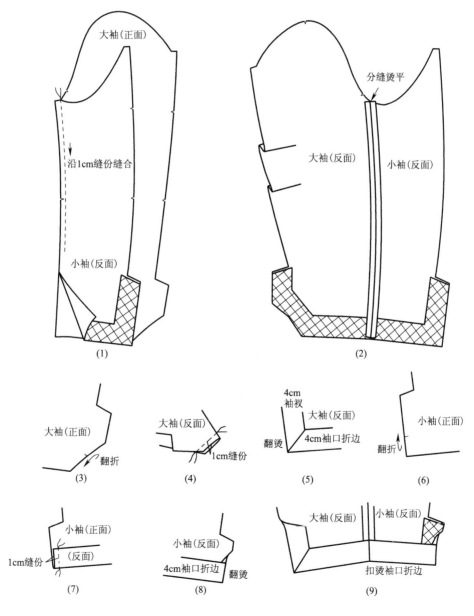

图8-15

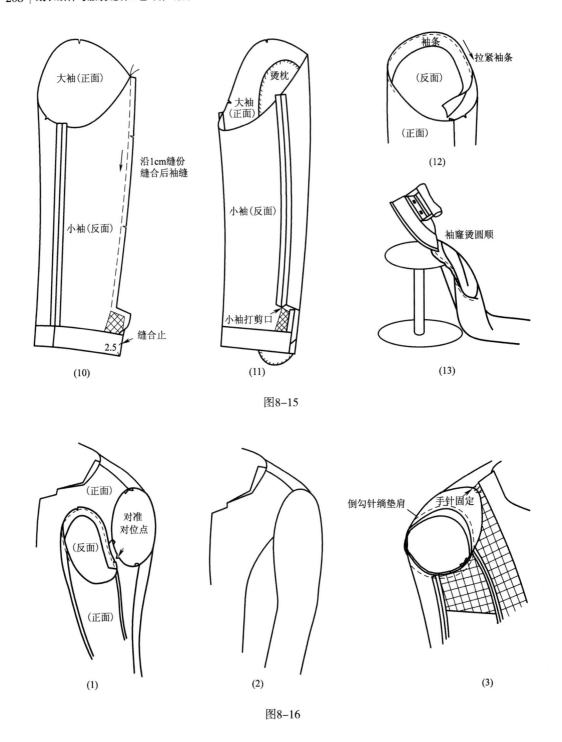

图8-15

图8-16

（十）领子缝制（图8-18）

（1）接领里：将两片领里对齐，沿后中心线缝合，分缝烫平。

（2）画领净线：按领子净样板在领里上画净线，同时将翻折线和各对位点也标记清楚。

（3）将领里、领面正面相对，沿净线车缝领外口一周。

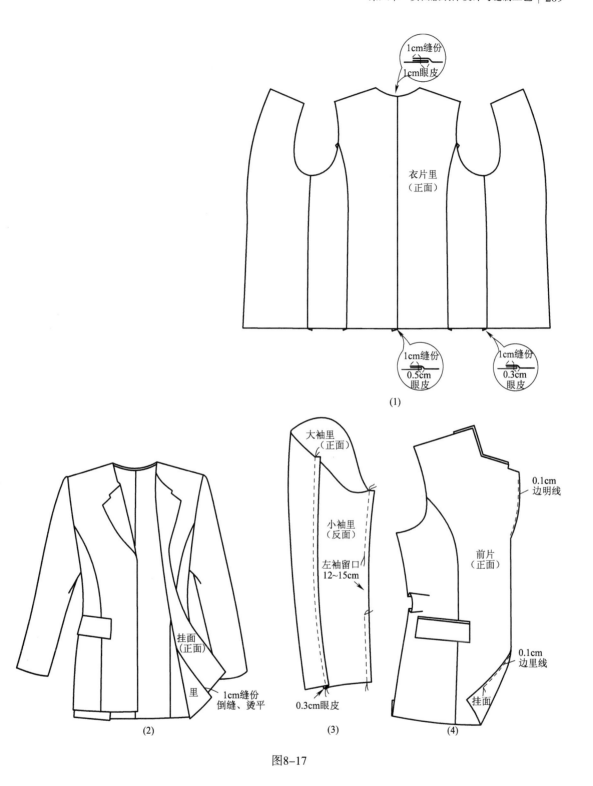

图8-17

（4）剔领外口缝份，领面留0.6～0.7cm，领里留0.3～0.4cm，翻烫平整。

（5）领外口在领里一侧倒缝缉0.1cm明线固定。

（6）烫领子翻折线，按领里修剪领面下口缝份。

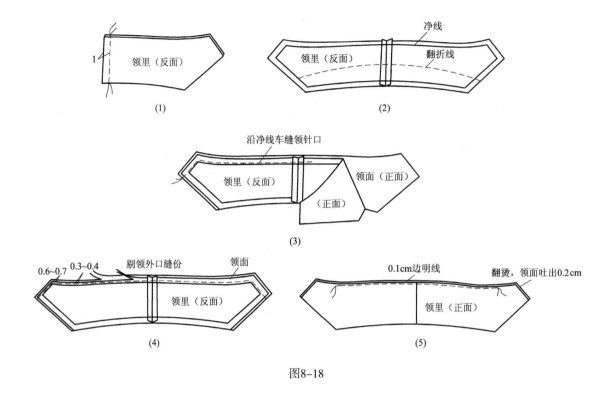

图8-18

（十一）绱领子（图8-19）

（1）对准对位点，分别将领面与挂面、里子，领里与大身衣片在领窝处进行缝合。

（2）两层领窝线分别分缝，大身里子处倒缝、烫平，必要处打剪口。

（3）用手针或机器将两层领窝处的缝份缝合固定。

（4）熨烫平整。

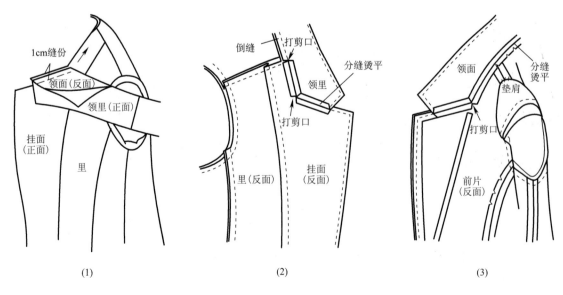

图8-19

（十二）缝合、固定面、里（图8-20）

（1）将面、里袖口对齐，对准前、后袖缝，车缝袖口一周。

（2）用手针或双面胶固定袖口折边。

（3）将面、里的前后、袖缝的缝份用手针撬住固定，缝线不要过紧。

（4）用手针将袖窿里的缝份固定在垫肩上。

（5）将面、里正面相对，下摆对齐，车缝下摆一周。

（6）用手针或双面胶固定下摆折边。

（7）从左袖前袖缝预留翻口，将整件服装翻出。

（8）用手针将面、里摆缝处的缝份撬住固定，缝线不要过紧。

（9）熨烫下摆，里子比面短1.5cm左右，留烫眼皮。

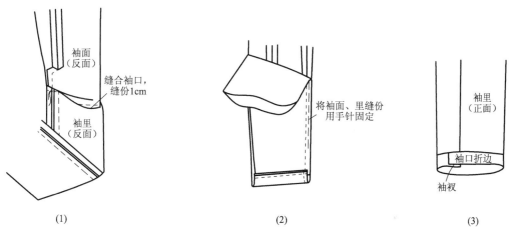

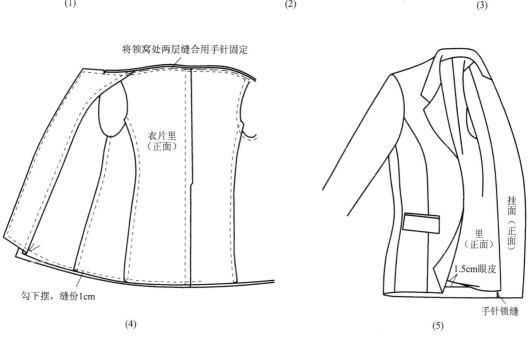

图8-20

（10）将袖里子上预留翻口处用0.1cm明线缝合封口。

（十三）锁眼、钉扣

按样板上的位置进行锁眼、钉扣，要求位置准确，锁钉牢固。

（十四）整烫

各条缝线、折边处要熨烫平整、压死、驳口翻折线第一扣位向上三分之一不能烫死。从正面熨烫时要垫上烫布，以免损伤面料或烫出极光。整烫后，要将服装挂在衣架上充分晾干后再进行包装。

第九章 男西服、马甲及男礼服大衣 纸样设计与缝制工艺

第一节 男西服基础知识

西服亦称西装、洋装，通常指具有规范形式的男西式套装。西服产生于西欧，清末民初传入中国。现代男西服已由西欧辐射到世界各地，流行于全世界，已成为男士的国际性服装。

男西服经过历史的演绎，现已形成了比较固定的样式与穿着习惯。

西服有两件套（上、下装）、三件套（上、下装和马甲）、单上装（上、下装异料或异色）等多种组合，有单排扣圆下摆，一粒扣至四粒扣，平驳领、戗驳领、青果领等形式，还有双排扣直下摆，四粒、六粒扣等款型。

西服的结构和缝制工艺设计是非常严谨的，它是以男体外形结构、人的生理感知为基础，建立的一套较科学、规范的立体造型方法，即根据款式特点，较理想地强调出男体形体的最佳状态，表现出造型设计的完美、成熟及艺术性的要求。这无不与结构、工艺设计的完备、精致及严谨性紧密相关，从而体现出现代男装审美意识的主要特征。图9-1是男西服效果图。

一、男西服基本用料

1. **常用面料**

（1）纯毛面料：如花呢、牙签呢、华达呢、啥味呢、羊绒等。

（2）化纤及混纺面料：如毛涤花呢、涤纶等。

（3）棉、麻织物：如平绒、灯芯绒、亚麻、棉麻等。

2. **常用里料** 美丽绸、尼龙绸、涤/棉布等。

3. **常用辅料** 有纺黏合衬、无纺黏合衬、毛衬（黑炭衬）、胸绒、垫肩、丝线或涤纶线、白棉线、纽扣等。

二、男西服的分类

西服发展至今，形成了正装礼服和日常装两大品类。

1. **正装礼服类西服** 按穿着场合、时间、目的性要求，分为正式礼服西装、半正式礼服西装。正式礼服西装要求在正式场合穿着。正式场合指宴会、招待会、酒会、正式会见、婚丧活动等，特指晚间的社交活动。按惯例，正式场合的礼服西装应为燕尾服，但现在礼仪

图9-1

上如果没有特别指定，可以用黑色套装（单排一粒扣戗驳领或双排六粒扣戗驳领）来替代。

半正式礼服西装要求在半正式场合穿着。半正式场合指午宴、一般性会见、访问、高级会议和白天举行的较隆重的活动。白天的礼服西装应为晨礼服，现也可以穿黑色、深蓝色或深灰色的单排扣和双排扣的西服套装。半正式礼服西装还有一种晚会便礼服，相当于女性的晚礼服，色彩基本是黑色与深蓝色或闪光华贵的基调。但在夏天可使用白色、单排扣或双排扣、戗驳领或青果领套装。

2. **日常装**　按穿着场合、时间、目的性要求分为外出西服、办公室西服、运动西服、普通标准西服、休闲装西服等多种形式，其款式、颜色、面料、工艺乃至穿着方法也都要依不同需要按规定性要求来确定。

三、成品规格的制订

由于西服根据不同的穿着要求，规范性较强，因此款式、造型也有很多不同之处。但西服的整体造型、结构形式都是根据男体外形结构，按款式要求及既定标准塑造出一个更加完美的外化形体，所以西服上衣成品规格的制订，应视具体人体的特征而确定其各部位的松量。人体各部位与服装之间空隙量的设计是决定西服最根本形的关键，成品规格是由款型和体型制约的。

下例规格表是按照国家男子中间标准体即号型170／88A设计的较适体的普通标准西服上衣的两种成品规格，仅供参考。

1. **标准男西服（单排扣平驳领）成品规格表（表9-1）**

表9-1　　　　　　　　　　　　　　　单位：cm

部位	衣长	胸围	总肩宽	腰围	臀围	腰节	前胸宽	后背宽	后领宽	袖长	袖口宽
尺寸	76	106	44	92	104	44	18.4	20.9	8.5	58.5	15

2. **标准男西服（双排扣戗驳领）成品规格表（表9-2）**

表9-2　　　　　　　　　　　　　　　单位：cm

部位	衣长	胸围	总肩宽	腰围	臀围	腰节	前胸宽	后背宽	后领宽	袖长	袖口宽
尺寸	76	110	45	94	108	44	20	21.5	8.5	58.5	15.5

第二节　男西服纸样设计与缝制工艺

本节选取三款男西服，其一为单排扣圆摆平驳头标准男西服，文中有详尽的纸样绘制方法及缝制方法。其二为双排扣戗驳领式，其三为休闲式男西服，文中有纸样绘制方法，属扩展的纸样内容，缝制方法从略。

一、男西服的纸样绘制

男西服成衣裁剪方法一般可采用成衣原型法、成衣基型法或比例制图法，这几种方法都是以平面比例分配的形式出现的。男西服款式、结构比较稳定，这几种方法是经过反复实践而得到的较简便、准确的计算方法，实用性较强，这只是对标准成衣而言的，而特殊人体的结构制图是在此基础上经过修正而确定的。

以下第一款西服制图采用的是比例原型法，后两款是归纳后的比例法直接制图。

1. **普通标准男西服（款式：单排扣圆摆平驳头两粒扣）制图**　如图9-2所示，成品规格及号型参照上节规格表。

（1）基础衣片制图［图9-2（1）］：

①将男子比例原型后片画于样板纸上。

②后片胸围处加放出1.6cm，即制图中胸围线处要收的省量。

③后腰节向下加放33.5cm，取得后衣长。

④画下平线。

⑤画前中线。

⑥背长加长1.5cm。

（2）后衣片制图［图9-2（2）］：

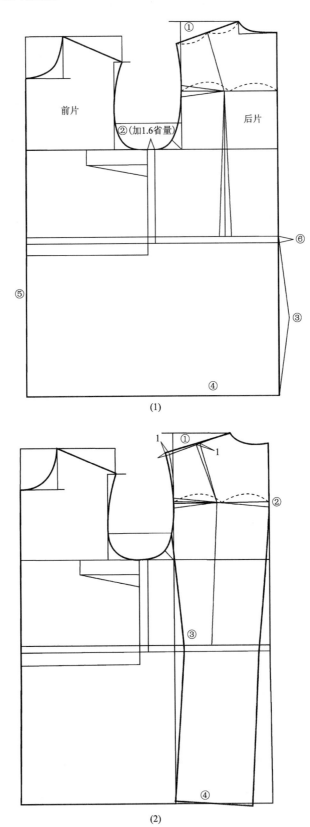

(1)

(2)

图9-2

①后肩胛省的处理，在后小肩斜线的1/2处对准肩胛凸点画线并剪开，将袖窿肩胛省以肩胛凸点为圆心，转动0.7cm，袖窿肩胛省仍保留有1cm省量。在后肩端上提1cm修正后小肩斜线和后袖窿弧线，使后袖窿弧线产生2cm松余量，用于缝制时采用归进和垫肩时所需的量。

②后背横宽线至肩胛凸点剪开，将后背胸下省转至后中线，使后中线倾斜。后中线胸围处收进1cm，腰围处收进2.5cm省量，后下摆收4cm省量。

③画后侧缝线，中腰收省2cm。

④画后下摆线侧缝上翘0.5cm，后中下落0.5cm。

（3）前衣片制图［图9-2（3）、图9-2（4）］：

①原型前衣片上提1.5cm，将侧缝2.5cm胸凸省分为两部分，1.5cm在胸围线上，1cm在胸围线下。

②将侧缝1.5cm胸凸省，经胸凸点用转省方法转至前袖窿0.5cm省量。

③将侧缝所剩1cm胸凸省，通过转省方法转至前中线1cm省量（即所谓撇胸）。

④为保证前后垫肩量相同，前肩端点上提1cm，并修正前小肩斜线。

⑤画前止口线，搭门宽2cm。

⑥画前下摆止口辅助线，下摆下移2cm。

⑦画前圆摆弧止口辅助线，从腰围线下两扣间距10cm的1/2位置点至下端中线进2cm点相连线。

⑧画前圆下摆弧辅助线，侧缝起翘0.5cm。

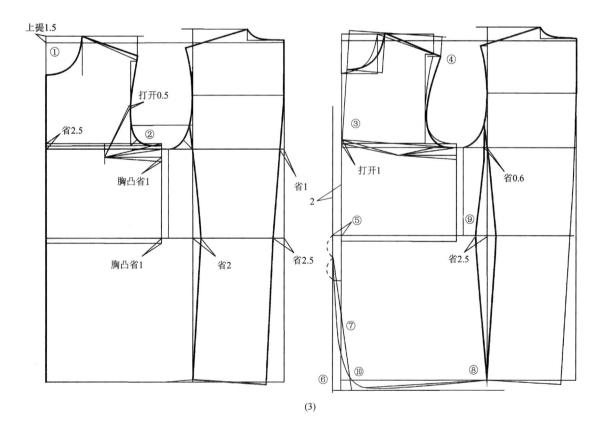

(3)

图9-2

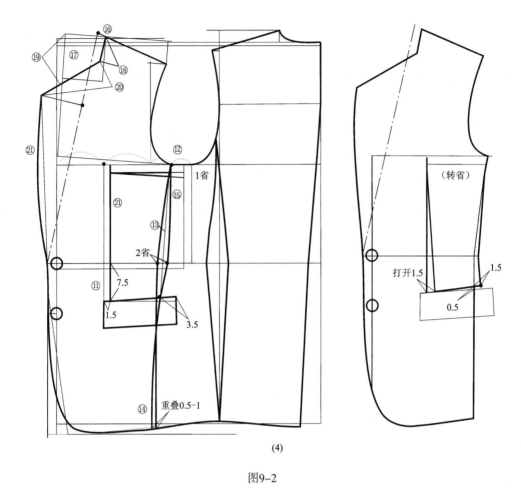

(4)

图9-2

⑨画侧缝线胸围处收省0.6cm，腰围处收2.5cm。

⑩参照下摆弧辅助线画前圆摆弧线。

以上步骤如图9-2（3）所示。

⑪确定前大口袋位置，为前胸宽的1/2 腰节向下7.5cm。口袋长15cm，后端起翘1cm做垂线，画袋盖高度5.5cm。

⑫确定腋下省中线位置，上端点为袖窿谷点到前胸宽线的1/2。

⑬下端点为袋盖后端点进3.5cm，两端点连线。

⑭画腋下省前片分割线，在腰部收省量1.5cm均分后的位置点，从上端点开始自然圆顺画线至腰部后再垂直于下摆平行线。

⑮画腋下片分割线，从上端点开始自然圆顺画线至腰省位后，再向前倾斜与前片分割线相交叉后，外弧线画线交于下摆线，重叠0.5～1cm。

⑯确定上驳口位，前颈侧点顺延2cm为上驳口位。

⑰画驳口线，连接上驳口位至下驳口位（即上扣位）。

⑱画前领口线，长5cm，平行于驳口线。

⑲前领深10cm，确定串线位置。

⑳画串口线，为前领口与前领深连线，与驳口线夹角为45°左右，驳口宽8.5cm。

㉑画前驳领止口线。

图9-2（4）右图处理胸下的1cm胸凸省量，画前中腰省线，其位置距袋前端1.5cm，垂直于腰部至胸围线，将1cm胸凸省尖延长与前中腰省相交确定胸凸点，按所画省线与袋口线剪开，以胸凸点为基点转省，将胸下的1cm胸凸省量，转至前中腰省。腰围处打开1cm，袋口处打开1.5cm。以上步骤如图9-2（4）所示。

（4）修正衣片、袖窿及领子制图［图9-2（5）］：

①腰省量。根据成品规格所制订的1/2胸腰差为8cm，再加制图中所增加的1.6cm，应收9.6cm腰省量，在腰部从后中线开始依次为2.5cm、4.5cm、2cm、0.6cm。前中线腰省转为胸凸省已打开1cm，重新调整修正此省时需要将0.6cm胸腰差省加于此处共计为1.6cm。

②为保证袖窿的最佳状态需要调整修正袖窿底宽与前、后袖窿平均深的比例关系，其最佳比例为袖窿底宽占前、后袖窿平均深的65%，通过平均深值重新修正胸围线的位置。

③在前颈侧点延长领口线与驳口线平行，其长度为后领口弧线长，为保证领外口的松量需要此线倒伏角度为12°～15°，此角度为后续工艺处理留有一定余地。确定后领中线和领外口造型线和领尖造型。

④驳嘴4.5cm、领嘴3.5cm，领尖造型画好。

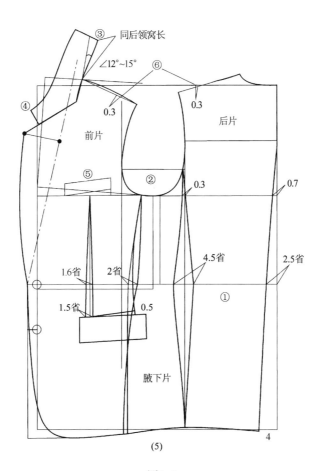

(5)

图9-2

⑤手巾袋位置距前袖窿宽垂线2.5cm，袋长10cm、袋高2.5cm、起翘1.5cm。

⑥修正前后小肩斜线，后小肩凸起0.3cm，前小肩下凹0.3cm。

（5）袖子制图［图9-2（6）］：

①首先根据男西服最佳袖型要求，求证袖山高，其方法为：AH/2（袖窿弧线长）×0.707（sin正弦值），即袖山高所对应的角为45°。在袖窿上制图画袖子，参照胸围线上提1cm平行画基础袖肥。

②在基础袖肥线上，顺前宽垂线量取袖山高后画袖山上平行线。

③从基础袖肥和前宽垂线的交点用AH/2计算的长度线交于袖山上平行线，此线与袖肥线形成的夹角约45°。取得袖肥尺寸。

④画袖长尺寸及袖口下平线。

⑤袖肘位置为袖长/2+5cm，画袖肘线。

⑥画大袖前缝线（辅助线），将前袖肥前移3cm。

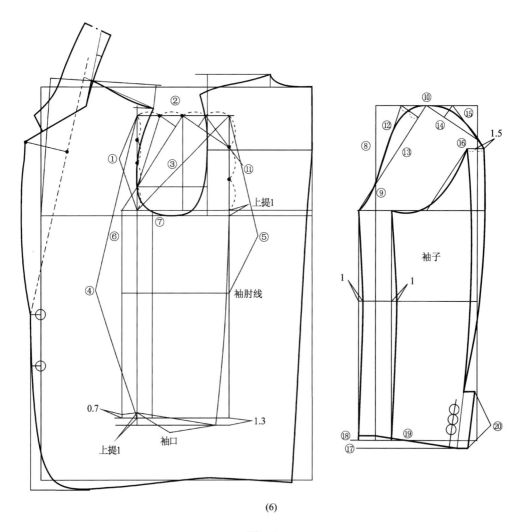

（6）

图9-2

⑦画小袖前缝线，将前袖肥后移3cm。

⑧将前袖山高分4等份作辅助点。

⑨前袖山高1/4点为对位点。

⑩在上平线上将袖肥分4等份作辅助点。

⑪将后袖山高分3等份作辅助点。

⑫～⑮为袖山弧线的辅助线。

⑯在后袖山高2/3处点平行向里进0.3cm，与袖肥1/2处连缝。

⑰从袖口下平线下移1.3cm处画平行线。

⑱在大袖前缝线上提0.7cm，前袖肥中线上提1cm，两点相连，再从中线点画袖口长线交于下平行线。

⑲连接后袖肥点与袖口后端点。

⑳袖开衩10cm。

2．**普通标准男西服（款式：双排扣直摆戗驳领六粒扣）制图**　基础制图方法同单排扣，具体完成图如图9-3所示，成品规格及号型参照上节规格表。图中的B为成品胸围尺寸。

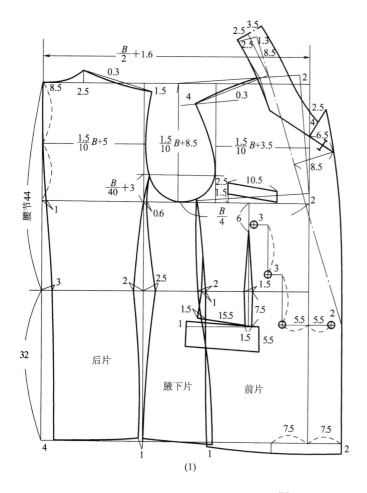

(1)

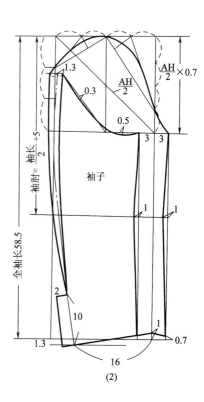

(2)

图9-3

3. **休闲男西服（款式：单排三粒扣平驳领贴袋）制图**　图9-4为款式图。

休闲西装板型多样，主要视款式设计造型与特点来定，其基本男西服的三开身结构形式变化不大。重要的是结合西服的塑形方法巧妙地将休闲西装的独特风格表现出来。

主要制图公式及款式图9-5所示。

①后衣长74cm。

②胸围$B/2+3.1$cm（省），其中袖窿底加1.5cm为腰围扩展的松量。

③袖窿深，其尺寸计算公式为$1.5B/10+8.5$cm。

④后腰节长，从上平线向下的长度。也可用计算公式衣长$/2+6$cm求得。

⑤后背宽，计算公式为$1.5B/10+5$cm。

⑥前胸宽，计算公式为$1.5B/10+3.5$cm。

⑦前中线做撇胸处理，以袖窿谷底点（$B/4$）为基准，将前胸围及中线向上倾倒。

⑧在前胸围中线抬起2cm呈垂线，上平线同时抬起2cm并作垂线。

⑨后领宽线，计算公式为领围$/5+0.5$cm。

图9-4

成品规格表（170/88A）　　　　　　　　　　　　　　单位：cm

部位	衣长	胸围	腰围	臀围	背长	总肩宽	袖长	袖口宽	领围
尺寸	74	106	90.2	98.5	43	44	60	15	40

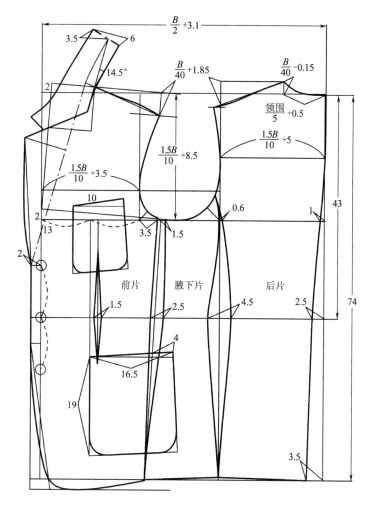

图9-5

⑩后领深线，计算公式为$B/40-0.15$cm。

⑪后落肩线，计算公式为$B/40+1.85$cm（包括垫肩量1.5cm左右）。

⑫前落肩线，计算公式为$B/40+1.85$cm（包括垫肩量1.5cm左右）。

⑬画后袖窿与前袖窿弧的辅线，计算公式为$B/40+3$cm。

⑭袖子采用高袖山的计算方法$AH/2\times0.7$。具体方法同标准男西服。

二、男西服的毛板与排料

1. **面料净板放毛板及主要零料毛板制图（图9-6）**　包括有：前片、后片、腋下片、大小袖片、挂面、领面、领底呢、大袋盖、大袋嵌线布片、手巾袋、手巾袋上嵌线布片等。

2. **里料净板放毛板及主要零料毛板制图（图9-7）**　包括有：前片、后片、腋下片、大小袖片、手巾袋、大口袋和里袋、笔袋、烟袋袋布及嵌线布、袋盖里、里袋三角盖布、垫袋布等。

3. **有纺黏合衬及无纺黏合衬毛板制图（图9-8）**

（1）有纺黏合衬包括：前片、挂面、腋下片上部分、领子、袖开衩及袖口边、大口袋

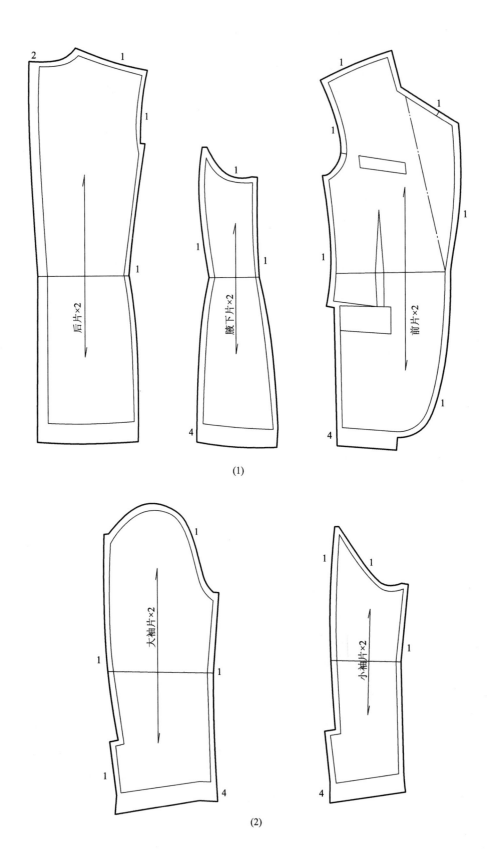

后片×2

腋下片×2

前片×2

(1)

大袖片×2

小袖片×2

(2)

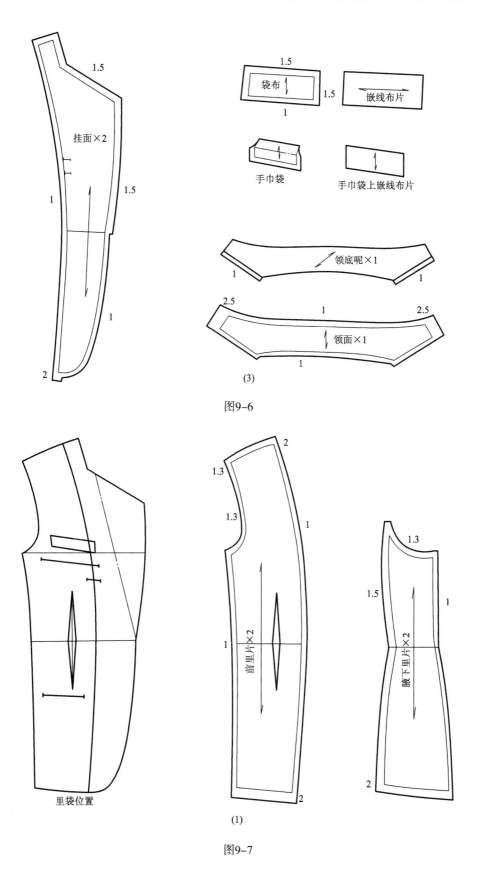

图9-6

(3)

里袋位置

前里片×2

腋下里片×2

(1)

图9-7

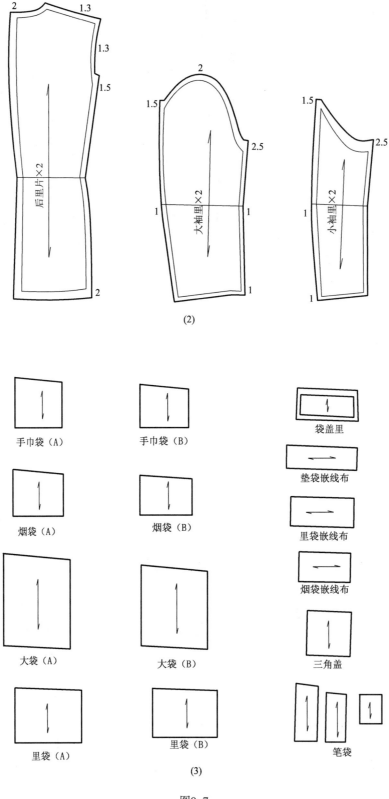

(2)

(3)

图9-7

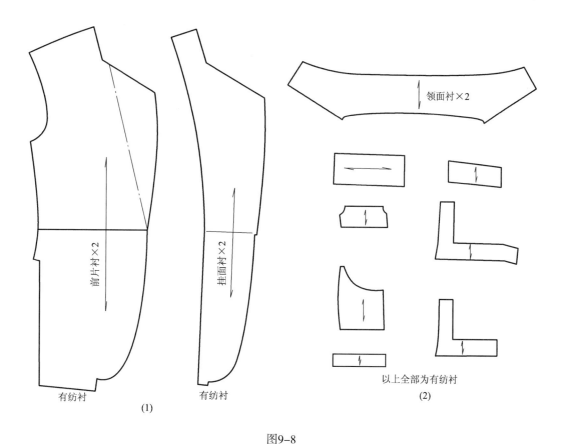

图9-8

嵌线片、手巾袋及嵌线片等。

（2）无纺黏合衬包括：大袋盖里、里袋嵌线片及嵌线位置处、笔袋、烟袋嵌线片及嵌线处（图参照图9-7）。

4. **毛衬（黑炭衬）、胸绒毛板制图（图9-9）**　包括有：前胸上部分、肩部加强衬、胸绒。

5. **面料排料图（图9-10）**　幅宽72cm×2（双幅料），用料长度约158cm。

6. **里料排料图（图9-11）**　幅宽90cm，单幅对折排料，用料长度约193cm。

7. **口袋布排料（图9-12）**　幅宽90cm，单幅对折排料，用料长度约55cm。

8. **有纺黏合衬排料图（图9-13）**　幅宽90cm，单幅对折排料，用料长度约113cm。

9. **黑炭衬（毛衬）排料图（图9-14）**　幅宽70cm，单幅排料，用料长度约46cm。

三、男西服的工艺流程

男西服工艺流程示意图如图9-15所示。

四、男西服的缝制方法

1. **粘合机压有纺黏合衬**　包括有：前片全部、挂面全部或2/3上部分、腋下片上部分、领子全部或两领尖主要部分、袖开衩及袖口边部位、大袋嵌线片、手巾袋中间部位等。压衬机温度（毛料）120℃（图9-16）。

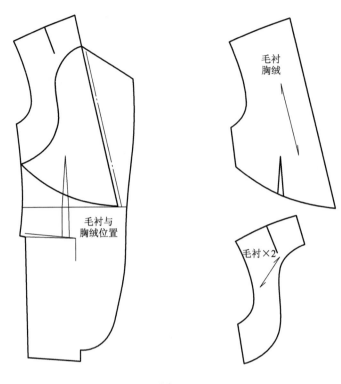

图9-9

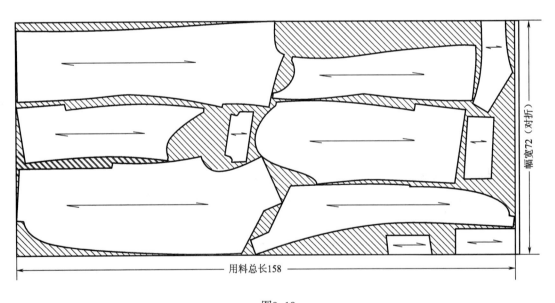

图9-10

2. 缝制前片

（1）前片主要部位打线丁，缉省道后剪开省烫平，或在省尖部位垫布条，缉省后剪开烫平［图9-17（1）］。

（2）接腋下片：腋下片劈缝烫平，可在袖窿处粘一斜牵条［图9-17（2）、图9-17（3）］。

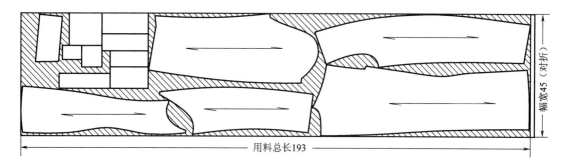

图9-11

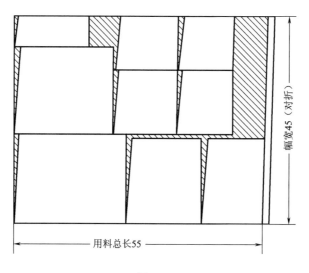

图9-12

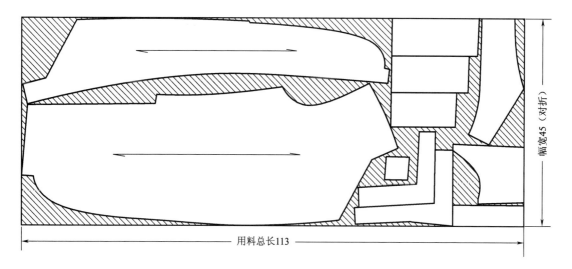

图9-13

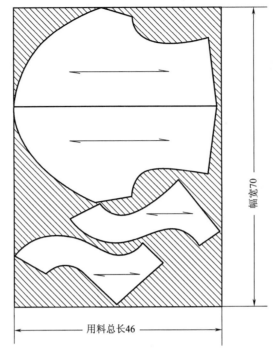

图9-14

（3）推归拔烫前身：又称推门：是利用熨斗热塑定型手段塑造胸部、腰、腹、胯等部位造型的手段，要求胸部隆起，腰部拔开吸进，并对驳头和袖窿处进行归拔等［图9-17（4）］。

（4）手巾袋制作：做手巾袋袋板时先扣烫袋板，然后接袋布，同时上嵌线接好袋布，在袋位处缉缝。注意挖手巾袋时开口剪开宽度在1.5cm左右，剪开三角时不要超过手巾袋边线［图9-18（1）～图9-18（3）］。

袋板缝份及嵌线缝份劈缝烫平，上嵌线缝缉压明线0.1cm，三角插入袋板缝内，袋布烫平后封袋布，袋板正面两侧缉缝明线或暗缲［图9-18（4）～图9-18（6）］。

（5）大口袋制作：缉缝大袋盖，在车缝袋盖时要求里子紧些，面要松些，熨烫袋盖不能有倒吐现象，熨烫嵌线［图9-19（1）］。

在袋位反面位置先固定敷好大袋布，衣片正面画好大袋嵌线位置［图9-19（2）］。

在衣片正面袋位处缉缝嵌线片，可采用两种方法：一种方法是将折烫好的嵌线在袋口处分上下片缉缝，嵌线牙子宽0.3～0.5cm［图9-19（3）］；另一种方法是嵌线片折烫，直接在袋口处分上下片平缉缝，嵌线牙子宽0.3～0.5cm［图9-19（4）］。

在袋位处剪开并打三角口折进嵌线片，固定好嵌线袋口牙子，熨烫平整［图9-19（5）］。

固定袋布，将制作好的袋盖插进袋口位置，垫袋布与袋布缝好后与上嵌线、袋盖共同缉缝在一起［图9-19（6）～图9-19（8）］。

缉缝固定三角，缝合袋布后烫平［图9-19（9）］。

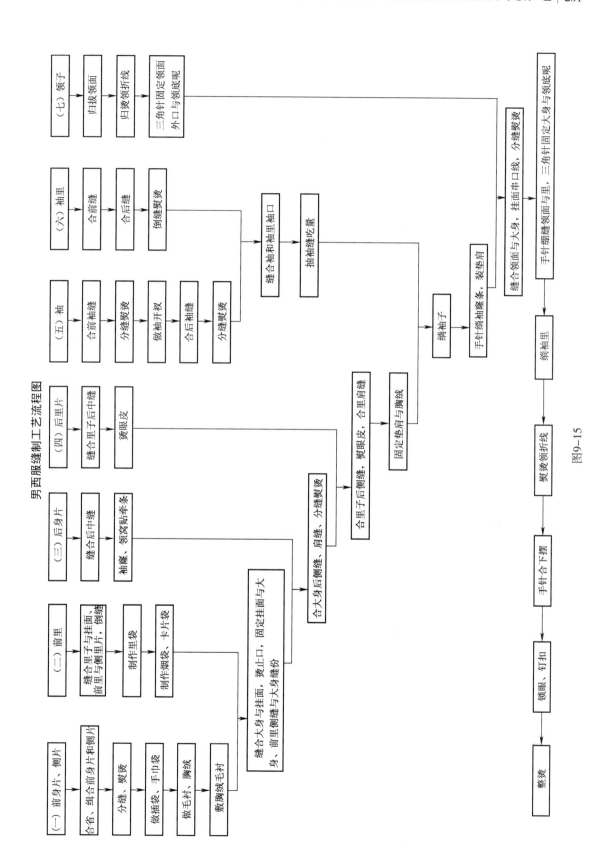

男西服缝制工艺流程图

图9-15

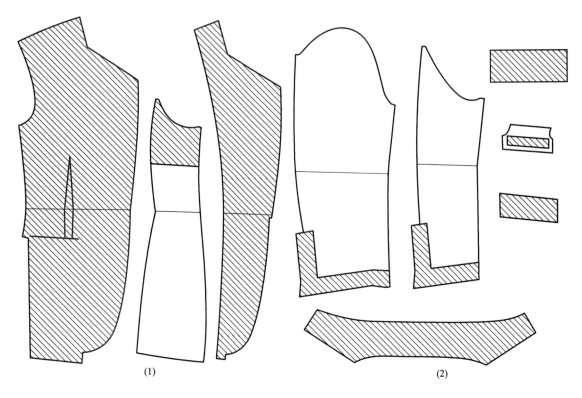

(1)　　　　　　　　　　　　　　(2)

图9-16

另一种口袋制作方法如图9-19（10）~图9-19（12）所示。

（6）制作胸衬：将胸部毛衬上的胸省与胸绒省剔掉，缉毛衬省道，将肩部加强衬缉压在胸部毛衬上。剪开肩省，劈开缉缝好后，将胸绒粘合在胸部毛衬上，用熨斗归烫好胸凸量，并将肩省转至袖窿处使胸部隆起［图9-20（1）、图9-20（2）］。

（7）敷衬：将制作好的胸衬与前衣片胸部反面对齐，距驳口线1cm左右。衣片胸部凸势与胸衬凸势应完全贴合一致，然后在前衣片正面用手针攉缝敷衬。攉缝时注意衣片与胸衬要尽量吻合，针距一致平顺［图9-20（3）］。

敷衬做好后需要整烫，使衬与衣片平服帖合，在胸衬与驳口处粘一直丝牵条（1/2）粘压在胸衬上，粘牵条时中间部位要拉紧再粘合，黏合后在牵条上缝三角针固定。然后围绕前领口、前止口及底摆处贴牵条［图9-20（4）］。

（8）制作前衣片里子：缉缝前片里子中腰省，缉缝前片里子与挂面，缝到下端要预留7cm左右，不要缝到底。缝腋下片，倒缝烫平［图9-21（1）］。

制作里袋，包括大横开袋、笔袋、烟袋。在口袋开口位置各粘一片无纺黏合衬，然后敷上口袋布，全部采用双嵌线方法制作这三种口袋。上部右横开袋要制作一个三角形袋盖［图9-21（2）、图9-21（3）］。

（9）敷缝挂面：将缝制好的前身面衣片与前身里衣片正面对合整齐，前身里子、领口、驳领止口处吐出预留的翻折松量0.5cm［图9-22（1）］。然后将驳领自然翻折止口对齐，用手针沿驳嘴至驳领止口直到下摆弧线过面处缝合好，再用机缝顺缝迹线缉缝一遍

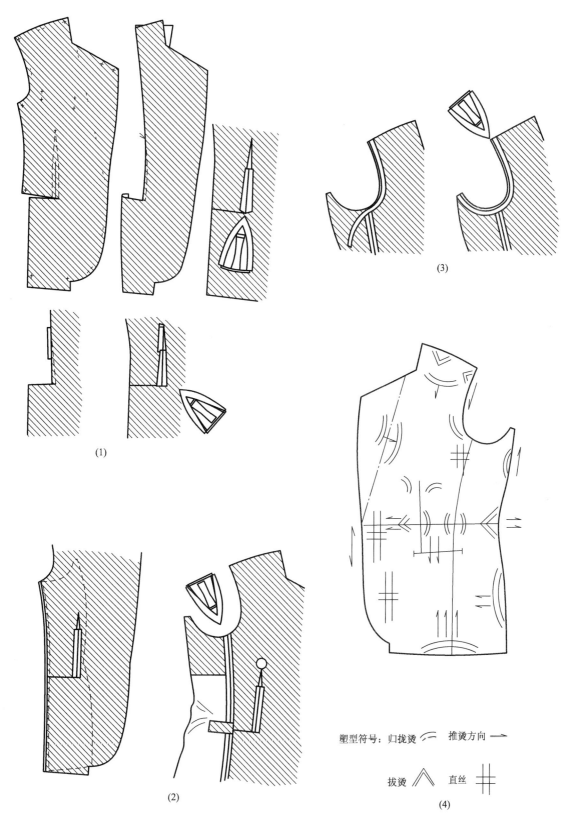

(3)

(1)

(2)

(4)

塑型符号：归拢烫　⌒　　推烫方向　→

拔烫　∧　　直丝　╫

图9-17

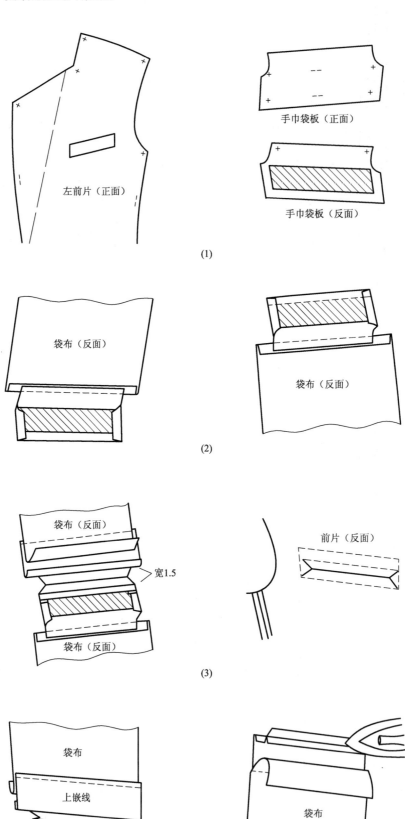

手巾袋板（正面）

手巾袋板（反面）

左前片（正面）

(1)

袋布（反面）

袋布（反面）

(2)

袋布（反面）

宽1.5

袋布（反面）

前片（反面）

(3)

袋布

上嵌线

袋布

(4)

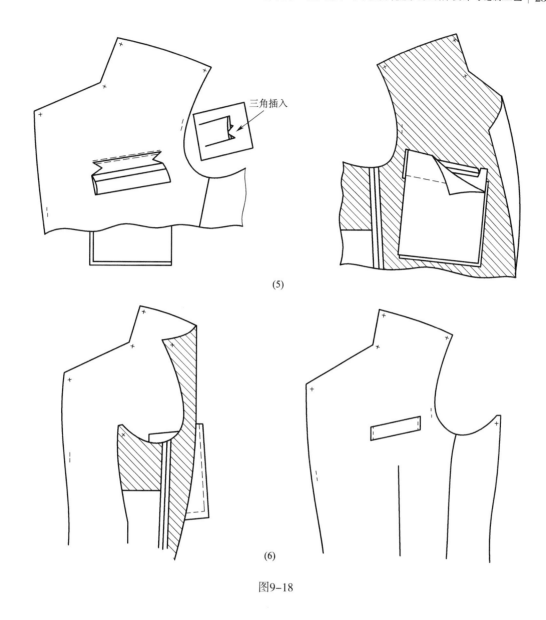

三角插入

(5)

(6)

图9–18

［图9–22（2）］。

将衣片放平在驳嘴处打一剪口，用熨斗顺此开始，沿前身面缝份分缝折扣烫至下摆［图9–22（3）］。

用剪刀从驳嘴开始顺止口处剔掉缝份0.7cm，翻折驳口线以下剔过面的止口部分。熨烫平整［图9–22（4）］。

翻挂面经整烫后，在驳领止口处用手针搛缝暂固定止口，使之不要倒吐；折倒驳口线，手针搛圈缝驳口线，使之固定；在止口底摆处从正面用手针搛缝固定［图9–22（5）、图9–22（6）］。

（10）缝里子、装垫肩：将前衣身里子掀起，用手针搛缝固定里子与面，包括挂面的缝份及里袋、胸衬等部位，使之固定在合适的位置［图9–23（1）］。

将垫肩中线放置肩缝处，用手针将垫肩的一半与胸衬肩头部分缝合固定。注意垫肩也可最后装［图9-23（2）］。

3．缝制后片

（1）合后背缝及归拔：将两后片背缝对齐，缝合背缝，用熨斗归烫后背上部外弧量，拔出腰节部位内弧量，袖窿稍归，侧缝胯部稍归拢，腰部拔开，使之塑出人体后背立体曲面造型。

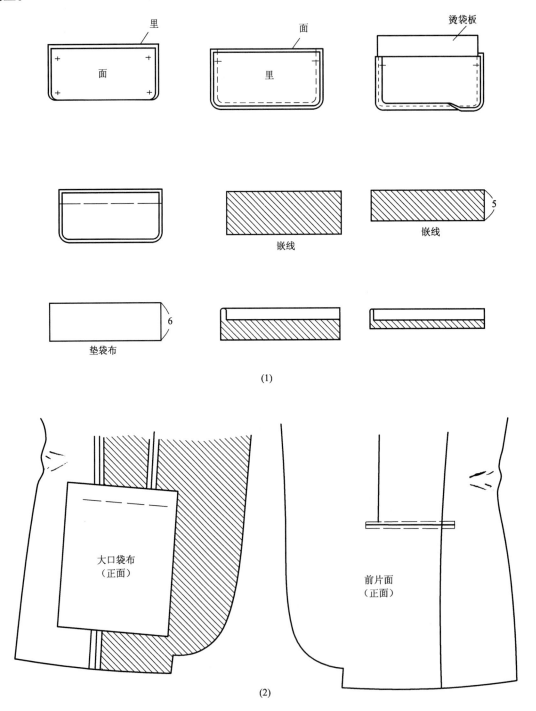

（1）

（2）

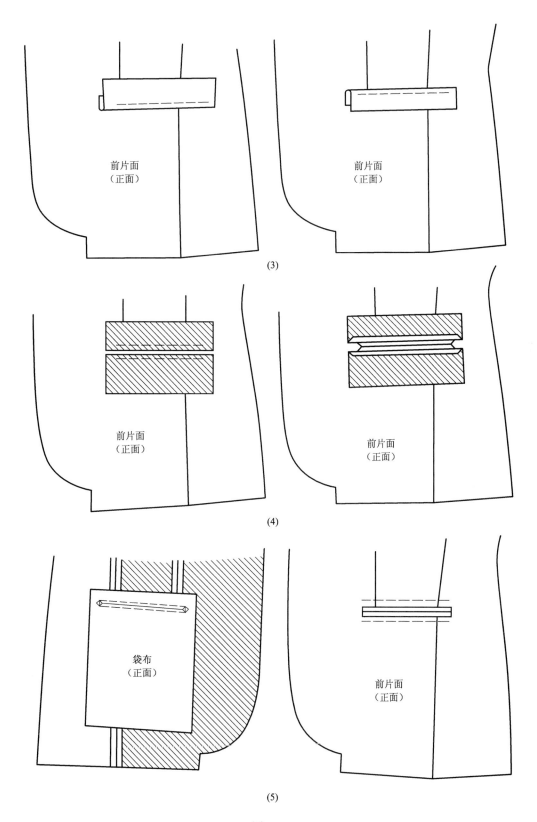

(3)

(4)

(5)

图9-19

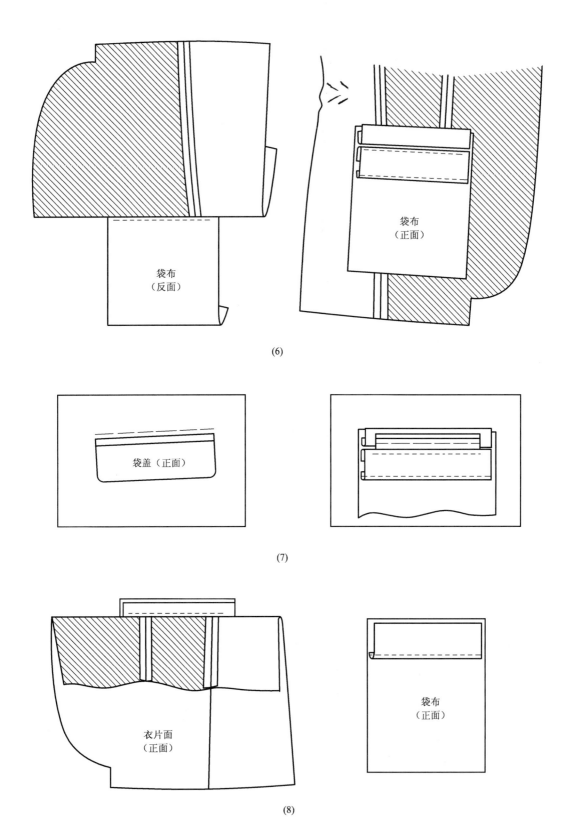

袋布
（反面）

袋布
（正面）

(6)

袋盖（正面）

(7)

衣片面
（正面）

袋布
（正面）

(8)

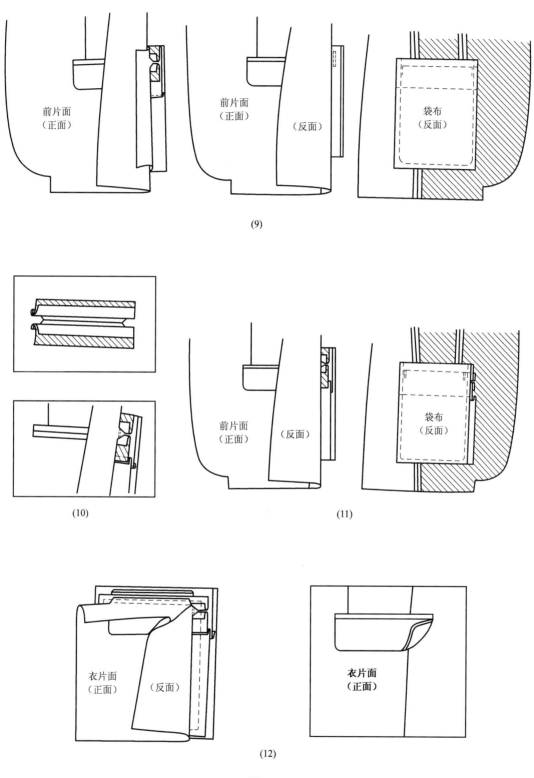

(9)

(10)

(11)

(12)

图9-19

后背缝劈开烫平，在袖窿及领口处粘斜丝牵条［图9-24（1）］。

（2）合里背缝：将两后片里子背缝对齐按1cm缝份缉缝，注意缝时上下片松紧一致，缉平服，倒缝，用熨斗烫出后背缝眼皮松量［图9-24（2）］。

4. 合摆缝、肩缝

（1）将前后片面布侧摆缝对齐，按缝迹线车缝，劈缝烫平［图9-25（1）］。

（2）将里子前后片侧摆缝对齐，按缝迹线车缝，向后倒缝，熨烫出侧缝眼皮0.5cm［图9-25（2）］。

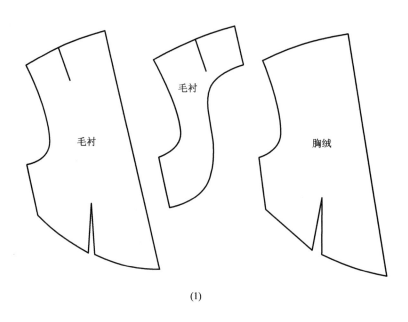

(1)

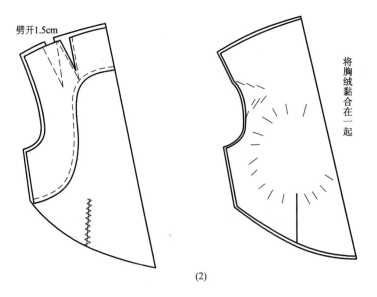

(2)

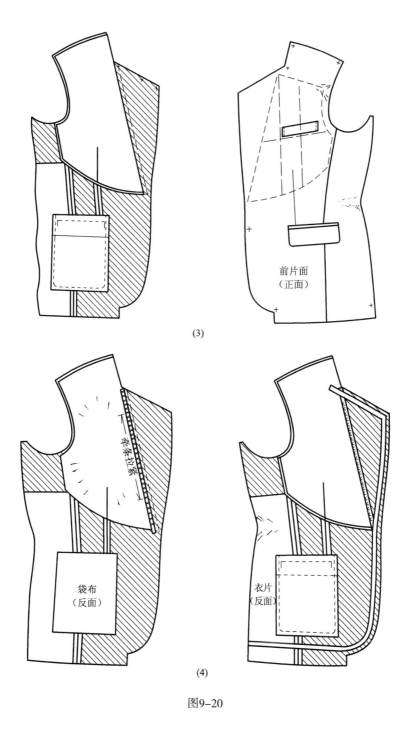

(3)

(4)

图9-20

（3）将前后衣片放平，下摆里、面折边烫平，手针固定好里子下摆折边量，手针暗缲里子摆边 [图9-25（3）]。

衣片放平，手针攃缝前后衣片使之里、面片平顺，里、面片松紧合适 [图9-25（4）]。

（4）缉缝肩缝，后片小肩自然吃进0.7cm，劈开烫平，胸衬肩缝手针固定于衣片肩缝上烫平 [图9-25（5）]。

5. 制作领子、绱领子

（1）做领子：领面按折线烫弯，顺势将领外口拔开一些，使翻折松量更为合适。领底呢上口与领面外口用三角针缝合，并熨烫整好［图9-26（1）］。

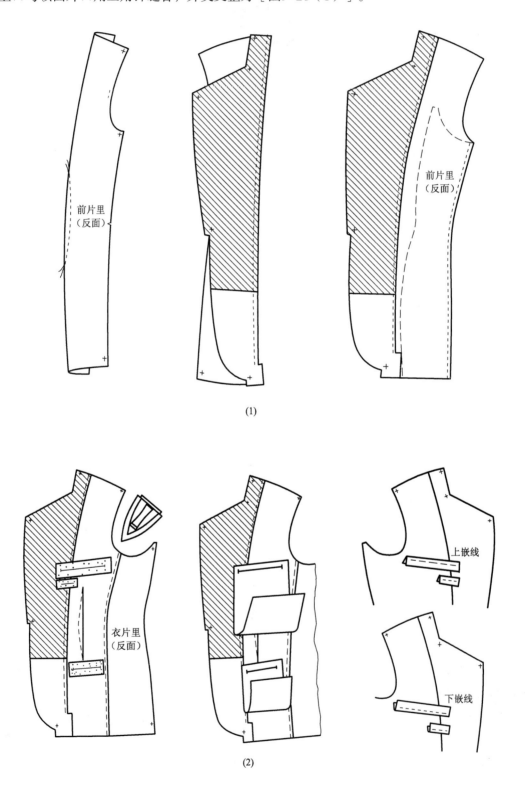

(1)

(2)

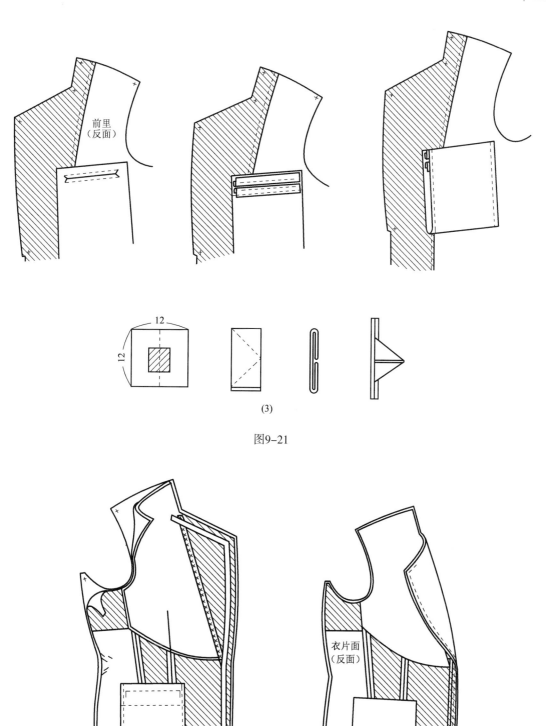

前里
（反面）

(3)

图9-21

衣片面
（反面）

(1)

(2)

图9-22

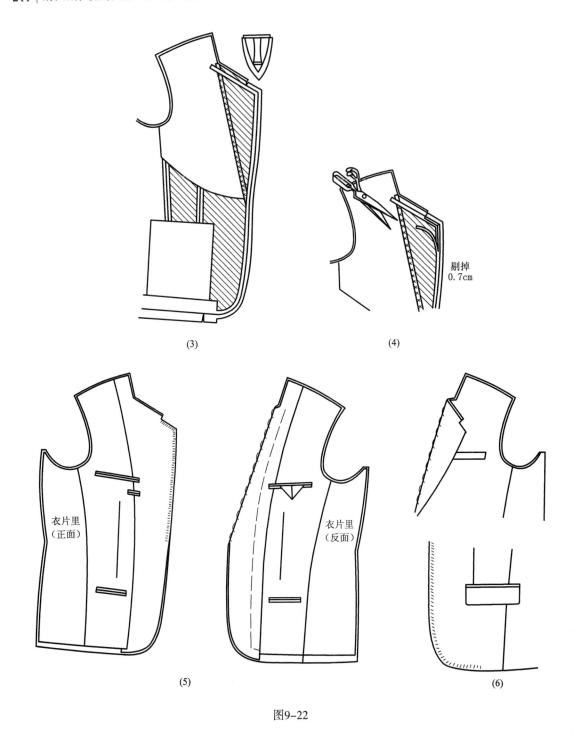

（3）　　　　　　　　　　　　　　　　　（4）

剔掉
0.7cm

衣片里
（正面）

衣片里
（反面）

（5）　　　　　　　　　　　　　　　　　（6）

图9-22

（2）绱领子：将领面下口与串口线及后领口缝合［图9-26（2）、图9-26（3）］。在串口处打一剪口，劈缝烫平［图9-26（4）］。领底呢盖住串口、领口缝份，三角针缝固在衣身上，注意要平服、松紧合适［图9-26（5）、图9-26（6）］。

（3）熨烫定型：将驳领与领子按驳口线、领折线自然翻折后用熨斗整烫，使之自然服帖于前身与肩部，注意驳头下部不要烫死，要有自然弯折曲度［图9-26（7）］。

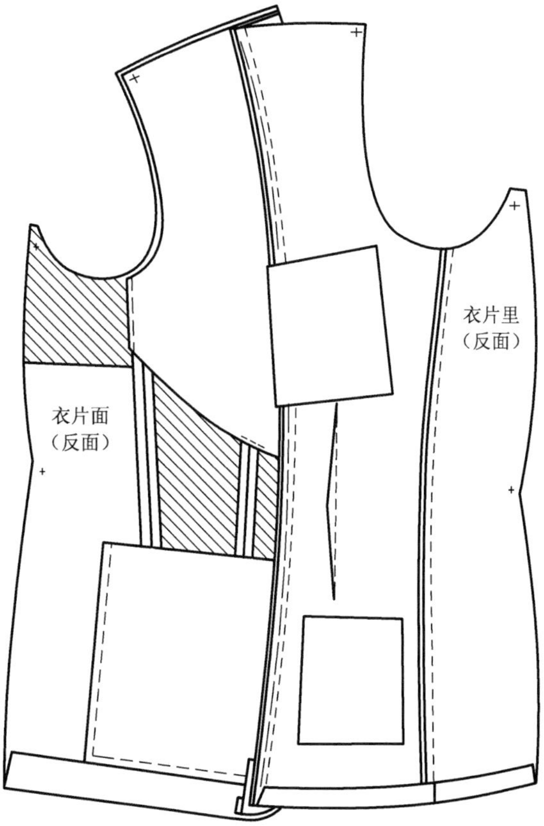

(1)

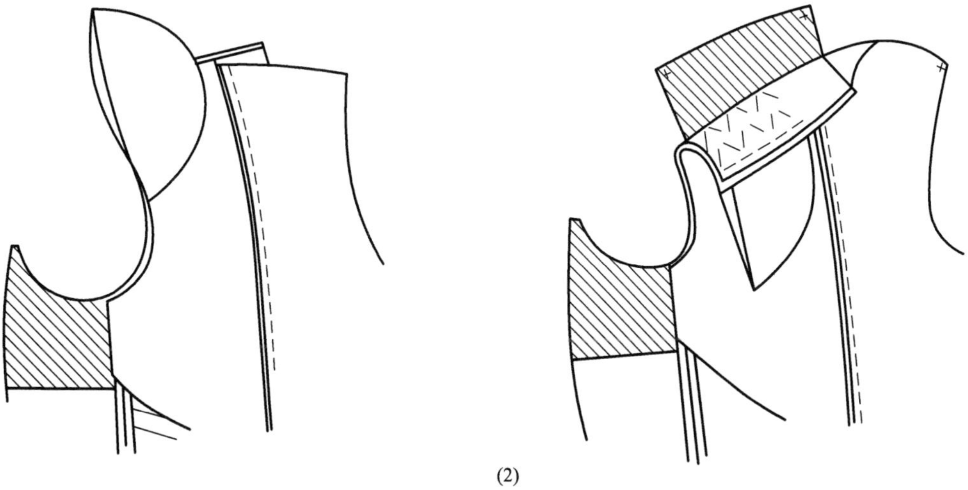

(2)

图9–23

6. **制作袖子、绱袖子**

（1）做袖子：首先用熨斗将大袖片前袖缝内弧线充分拔开，使大袖借偏袖部分翻折后自然产生弯曲度。

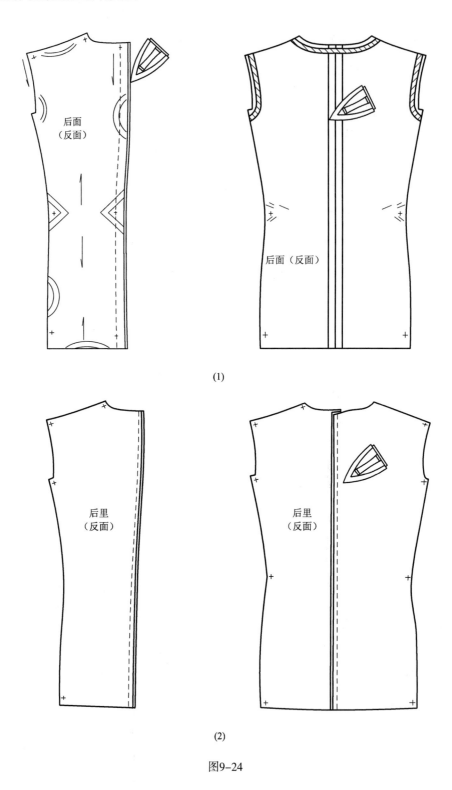

后面
（反面）

后面（反面）

(1)

后里
（反面）

后里
（反面）

(2)

图9-24

（2）将大、小袖片的前袖缝对齐，按缝迹线缉缝，然后劈缝烫平［图9-27（1）］。

（3）缉缝后袖缝及袖开衩，袖缝劈开，袖开衩倒向大袖，袖口折边翻折后熨烫平服［图9-27（2）］。

（4）用手拱针收袖山弧线吃量或用斜丝布条收拢，拱针针码要小、紧密、均匀，并在袖山缝迹线以外0.3cm左右，然后在专用圆形烫凳上用蒸汽熨斗将袖山头烫圆顺定型［图9-27（3）］。

（5）做袖里子：缉缝合大小袖里子，前后袖缝，倒向大袖，烫平［图9-27（4）］。

（6）将袖里子与袖面套合在一起，缝合袖口一圈［图9-27（5）］。

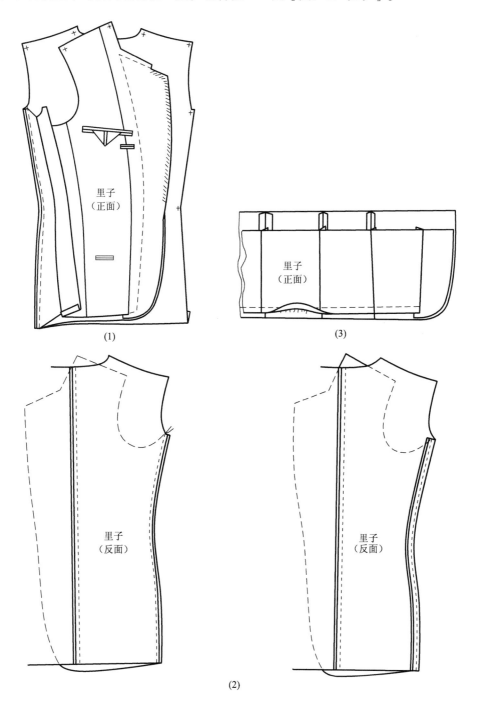

图9-25

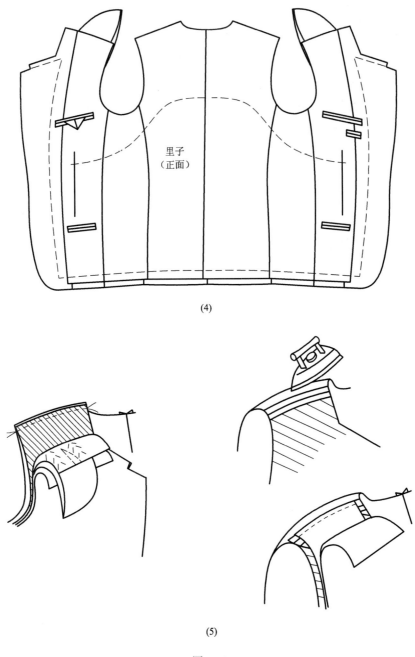

(4)

(5)

图9-25

（7）将袖折边翻折好，用三角针固定。袖里与袖面两侧缝手针撩好，上、下各预留10cm不缝［图9-27（6）］。

（8）将袖里子的袖山弧线按1cm缝份翻折，打剪口，使之均匀并用熨斗烫好［图9-27（7）］。

（9）绱袖子：袖窿用倒勾针固定好，先绱左袖，从袖下对位点开始依次先用手针绷缝，调整好袖子位置后机缝，操作时机器要慢、稳，不得使劲拉伸，要以直取圆的操作方法缝合袖山头部分，袖窿后弯处要随衣身自然弯势缝合［图9-27（8）］。

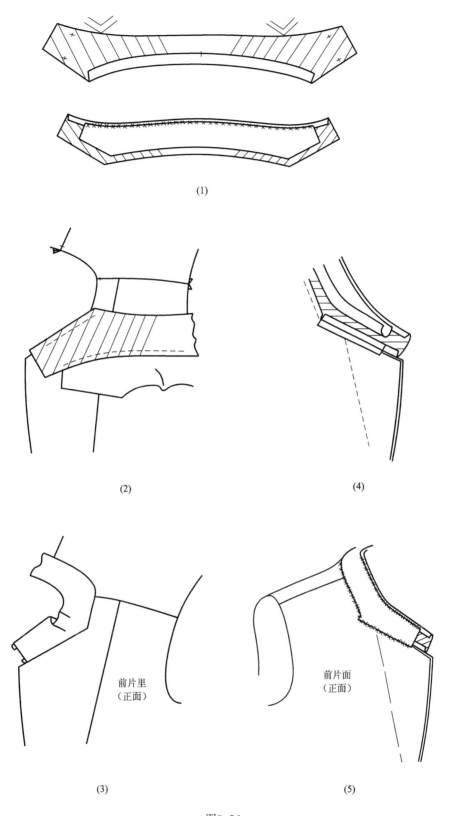

(1)

(2)

(4)

(3)

(5)

图9-26

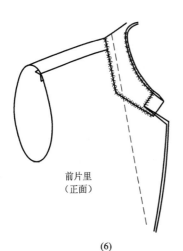

前片里
（正面）

(6)

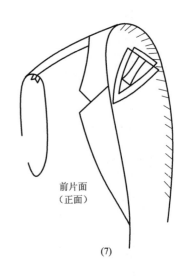

前片面
（正面）

(7)

图9-26

（10）缝合好后将手针绷线拆掉，在绱袖缝上用熨斗尖将缝份从里面烫平压死。如果是劈缝的袖型，要在袖山前、后端打剪口进行劈烫，然后将袖窿斜垫牵条缝合在袖山缝处。

将衣身翻转到里面，在袖窿处将袖窿里、面、衬、垫肩四合一倒勾针攥缝，使之自然吻合服帖［图9-27（9）］。

（11）袖里子与袖窿手针暗缲，缝合自然平服［图9-27（10）］。

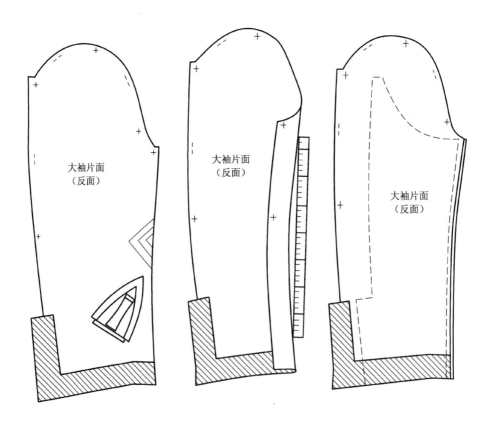

大袖片面
（反面）

大袖片面
（反面）

大袖片面
（反面）

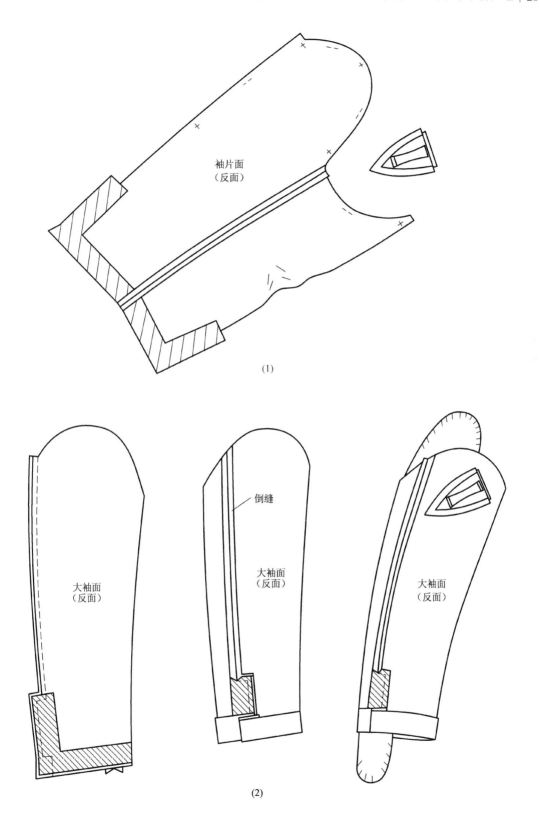

(1)

(2)

图9-27

袖面
（正面）

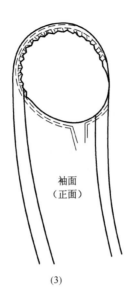

袖面
（正面）

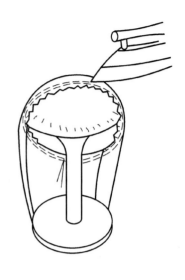

(3)

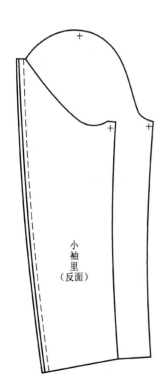

小袖里
（反面）

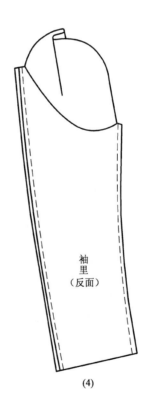

袖里
（反面）

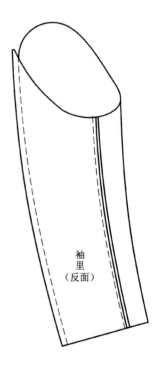

袖里
（反面）

(4)

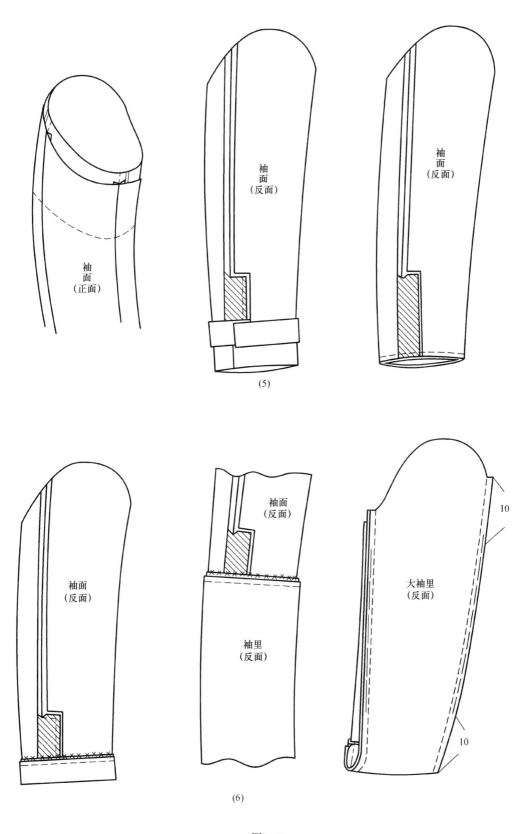

图9-27

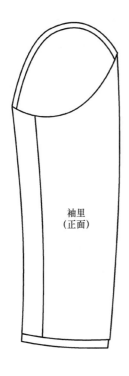
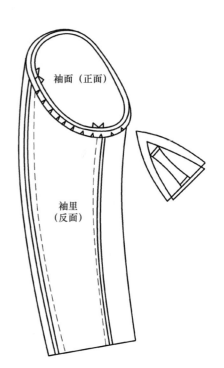

袖里
（正面）

袖面（正面）

袖里
（反面）

(7)

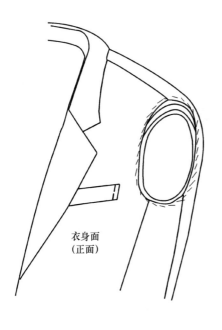
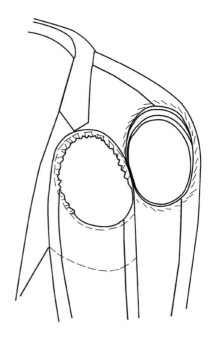

衣身面
（正面）

(8)

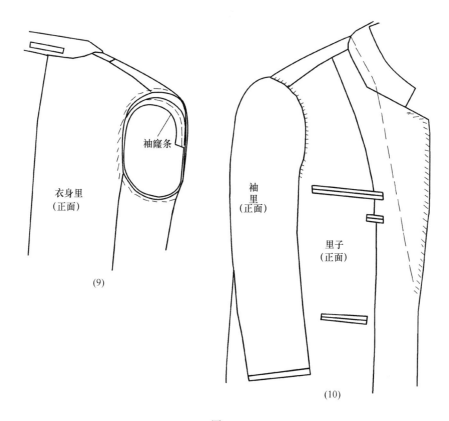

衣身里
（正面）

袖窿条

（9）

袖
里
（正面）

里子
（正面）

（10）

图9-27

7. **整烫**　拆除掉所有制作过程中的手撬线，将西服置于整烫机专用凸起的馒头状架上，按胸部造型进行塑型压烫，按顺序再烫肩头部位、前底摆，然后熨烫后背部位。熨烫至袖窿部位时要沿袖窿缝压烫，切忌压烫到袖山及袖子缝上，要使袖子保持自然丰满状态。最后可将西服置于立体整烫机上进行立体整烫处理（图9-28）。

五、成品检验与包装

（一）检验标准

1. 外观造型

（1）领型、驳头、串口均要求对称，并且平服、顺直、驳口线顺直，领翘适宜。

（2）两袖圆顺，吃势均匀，前后适宜，不翻，不吊。

（3）胸部丰满、挺括，位置适宜、对称，省缝顺直、平服，左右对称、长短一致。

（4）各部位熨烫平服，无亮光、水花、烫迹、折痕，无油污、水渍，面无线丁、线头。

2. 规格尺寸（公差）

（1）身长 ±1cm。

（2）胸围 ±2cm。

（3）肩宽 ±0.7cm。

（4）袖长 ±0.7cm。

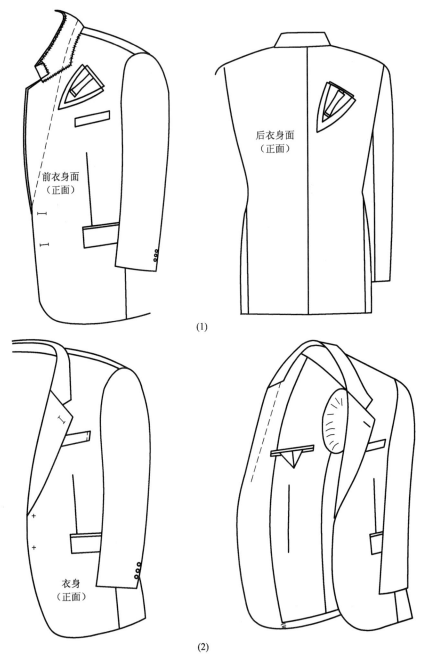

(1)

(2)

图9-28

3. 缝制要求

（1）领子端正，领窝圆顺、平服，领嘴大小一致、整齐牢固，领口不倒吐。

（2）各省缝、省尖、摆缝、袖缝、背缝、肩缝直顺、平服，底边圆顺。

（3）门襟长短一致，圆头大小一致，手拱止口顺直、不透针。

（4）两袖长短一致，袖口大小一致，袖开衩倒向正确、大小一致，两袖袖口扣位一致。

（二）包装

西服套装采用挂装方法包装，根据客户要求也可采用盒装，但必须保证不要折皱、挤压。

　　注：双排扣戗驳领西服制作方法，基本与单排扣平驳领西服工艺相同，只是驳领尖与底摆的形状不尽相同，制作中略有差异。

第三节　男马甲纸样设计与缝制工艺

一、男马甲的纸样绘制

1. **男马甲款式一**　图9-29为男西服马甲（标准西服背心）效果图，图9-30为纸样。

图9-29

　　2. **男马甲款式二**　图9-31为男摄影马甲效果图，制板方法如图9-32所示。注意前片上下口袋为立体形状，中口袋为贴兜，横袋为拉链兜，后身上部设有横拉链兜。

二、男西服马甲的毛板与排料

1. **面料净板放毛板**　前片2片［图9-33（1）］。
2. **里料净板放毛板**　后片4片［图9-33（2）］。
3. **零料毛板**　大袋板两片，小袋板两片，大袋垫袋两片，小袋垫袋两片，大袋布两

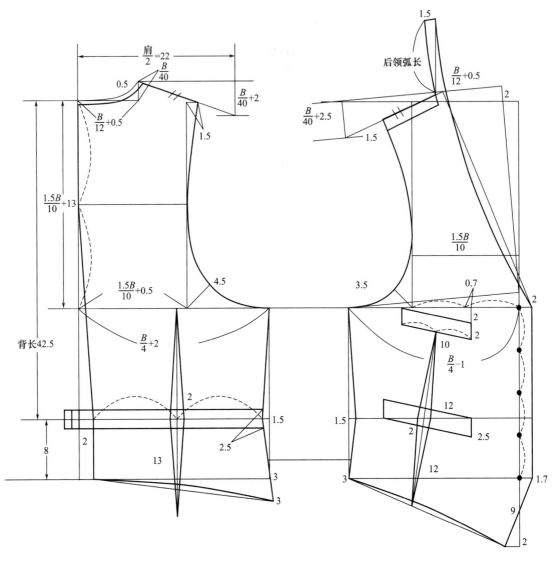

图9-30

片，小袋布两片，挂面两片［图9-33（3）］。

4. **辅料毛板** 前片黏合衬两片，挂面两片，大袋板两片，小袋板两片［图9-33（4）］。

5. **面料排料** 幅宽72cm×2，长77cm。

一般西服马甲常同西服套装一起进行排料，制成西服、西裤、马甲三件套的套装［图9-34（1）］。

6. **里料排料** 幅宽72cm×2，长88cm［图9-34（2）］。

7. **黏合衬排料** 幅宽90cm，长77cm［图9-34（3）］。

成品规格表（号型170/88A）　　　　　　　　　　　　　单位：cm

部位	衣长	胸围	背长	腰围
尺寸	50.5	98	42.5	82

成品规格表（号型170/88A）

单位：cm

部位	衣长	胸围	腰围	总肩宽	背长
尺寸	51	100	96	33	42.5

图9-31

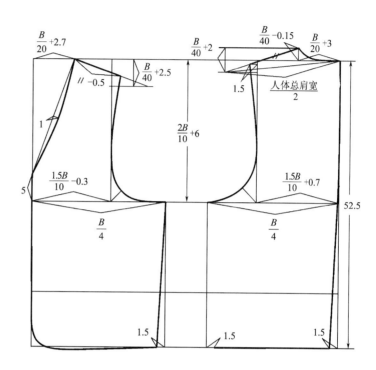

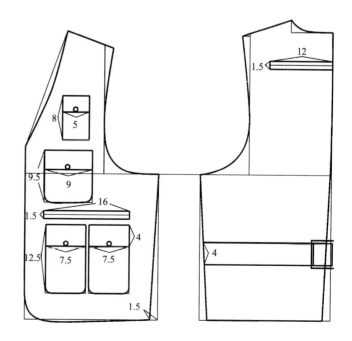

图9-32

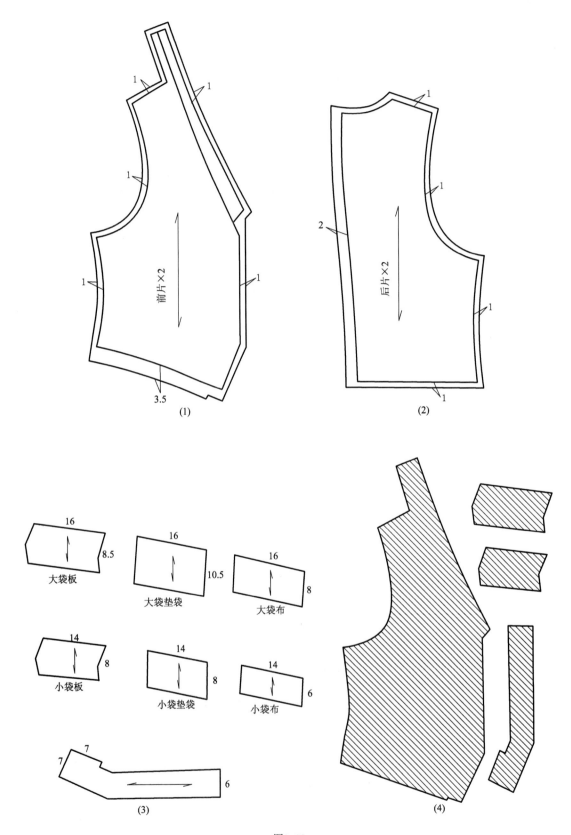

前片×2

后片×2

3.5

(1)

(2)

16
大袋板
8.5

16
大袋垫袋
10.5

16
大袋布
8

14
小袋板
8

14
小袋垫袋
8

14
小袋布
6

7 7
7
6

(3)

(4)

图9-33

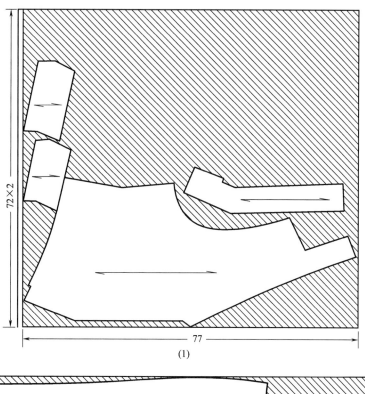

(1)

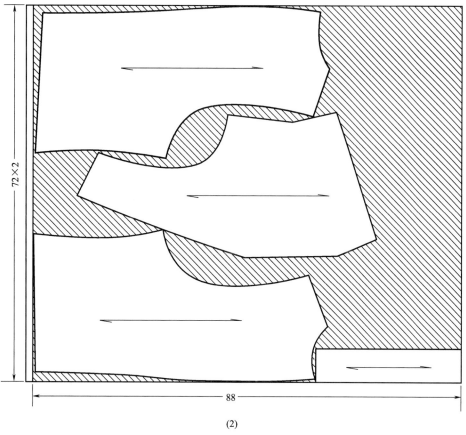

(2)

图9-34

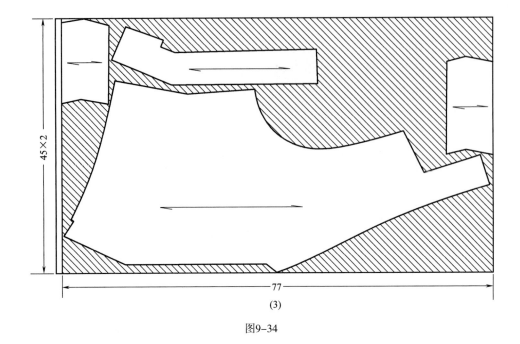

(3)

图9-34

三、男西服马甲的工艺流程（图9-35）

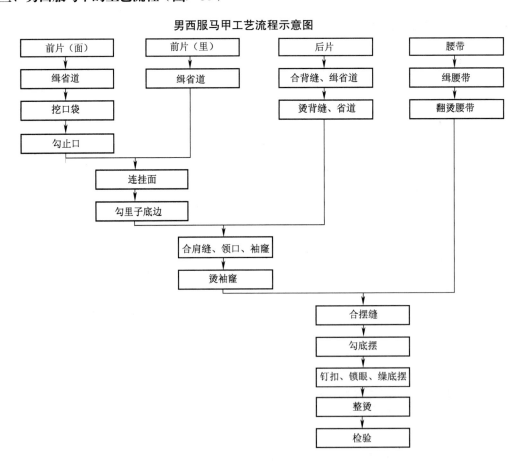

男西服马甲工艺流程示意图

图9-35

四、男西服马甲的缝制方法

1. 前片

（1）用净样板画出止口、省道位置 [图9-36（1）]。

（2）缉省道，省道要缉顺，省尖要缉尖 [图9-36（2）]。

（3）用剪刀从省道中间剪开，剪至距离省尖3~4cm止，劈烫省道，沿止口粘烫牵条。袖窿部位归拢，腰节部位拔开 [图9-36（3）]。

（4）沿止口扣烫挂面，按剪口扣烫贴边 [图9-36（4）]。

（5）挖口袋：

①按规格扣烫大、小袋板 [图9-37（1）]。

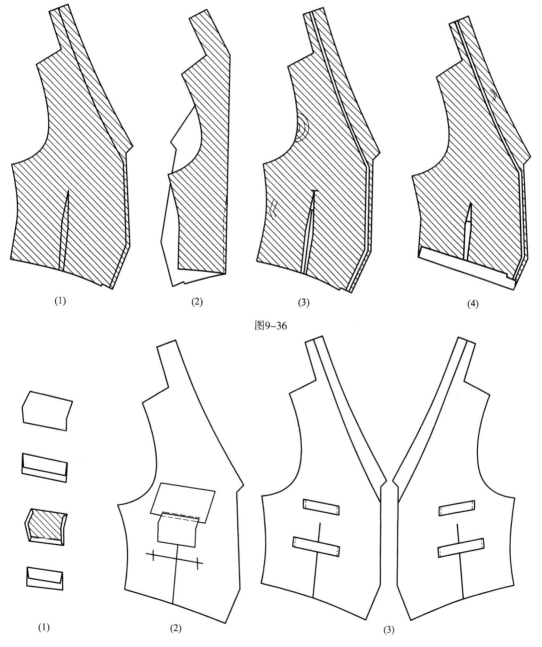

（1）　　　　　（2）　　　　　（3）　　　　　（4）

图9-36

（1）　　　　　（2）　　　　　　　　（3）

图9-37

②按袋口位置挖大、小袋口［图9-37（2）］。

③熨烫大、小袋板［图9-37（3）］。

④把双面胶夹在前片与袋布之间，用熨斗固定袋布于前片上［图9-38（1）］。

（6）勾止口，接挂面［图9-38（2）］。

（7）清剪止口，衣片缝份留0.5~0.6cm，挂面缝份留0.3~0.4cm，翻止口，烫止口和挂面，衣片比挂面多出0.2cm［图9-38（3）］。

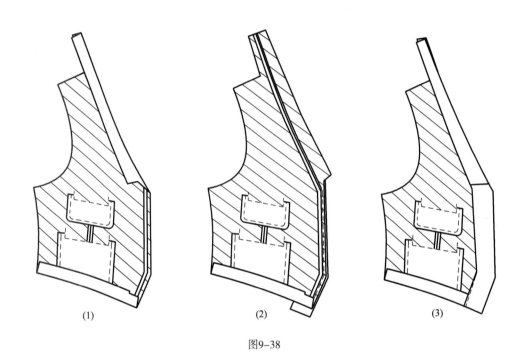

(1)　　　　　　　　　(2)　　　　　　　　　(3)

图9-38

（8）缉前片里子省道［图9-39（1）］。

（9）合挂面和前片里［图9-39（2）］。

（10）勾前片下摆贴边，并烫平［图9-39（3）］。

2. 后片

（1）缉后片背缝［图9-40（1）］。

（2）缉后片省道［图9-40（2）］。

（3）烫后片背缝，留0.5cm眼皮，背缝倒向均是：从正面看是左片压右片。省道朝两边侧缝倒［图9-40（3）］。

3. 组合前后片

（1）合肩缝：

①合前后片面的肩缝：前片面在上，后片里子在下，前后片正面相对、反面朝外，按粉印从前片左肩缉至右肩，在缉到肩与后领条交点处要打剪口［图9-41（1）］。

②合前后片里子肩缝：前片里子在上，后片里子在下，前、后片正面相对、反面朝外，

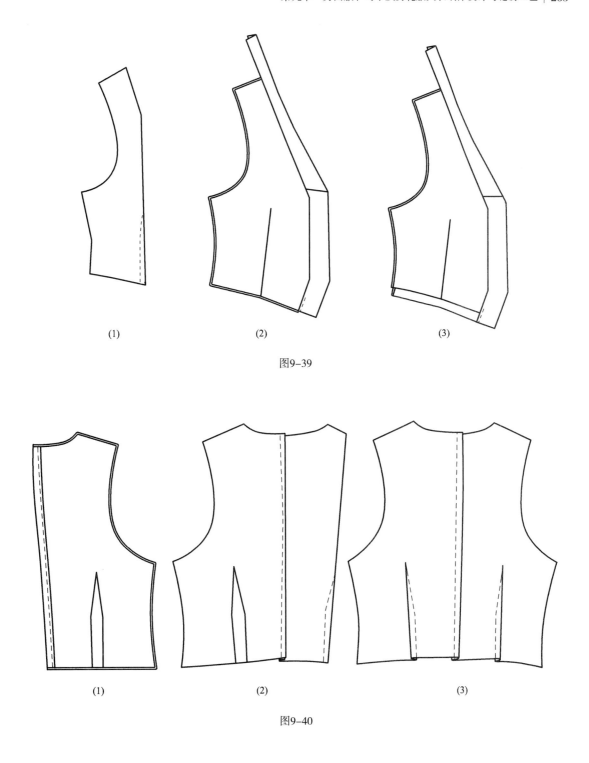

(1)　　　　　　　　(2)　　　　　　　　(3)

图9-39

(1)　　　　　　　　(2)　　　　　　　　(3)

图9-40

按粉印从前片左肩绱至右肩，在绱到肩与后领条交点处要打剪口［图9-41（2）］。

（2）勾袖窿：前片面在上，里子在下，面与里子正面相对，反面朝外，勾左袖窿时，按粉印从前片袖窿绱至后片袖窿。绱前片袖窿时，前片里子略凸出面0.25~0.3cm［图9-42（1）］。

（3）烫袖窿：在烫袖窿之前，先剔掉多余的袖窿缝份，只留下0.5cm的缝份，然后在

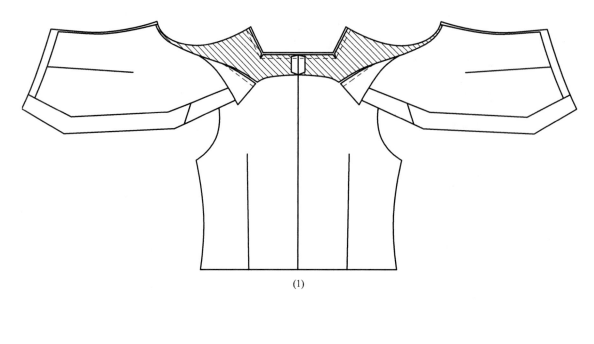

(1)

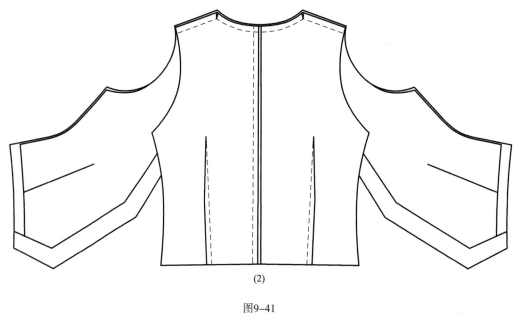

(2)

图9-41

弧线处打剪口0.25cm深。将前片从肩缝处翻过来，熨烫前后片袖窿，熨烫时里子在上，面在下，烫圆顺［图9-42（2）］。

（4）做腰带［图9-43］：

①缉腰带，按粉印缉一条平头的，再缉一条有宝剑头的。

②翻烫腰带。

（5）固定腰带：按粉印将带有宝剑头的腰带固定在后片左边一侧，另一条腰带固定在后片右侧［图9-44（1）］。

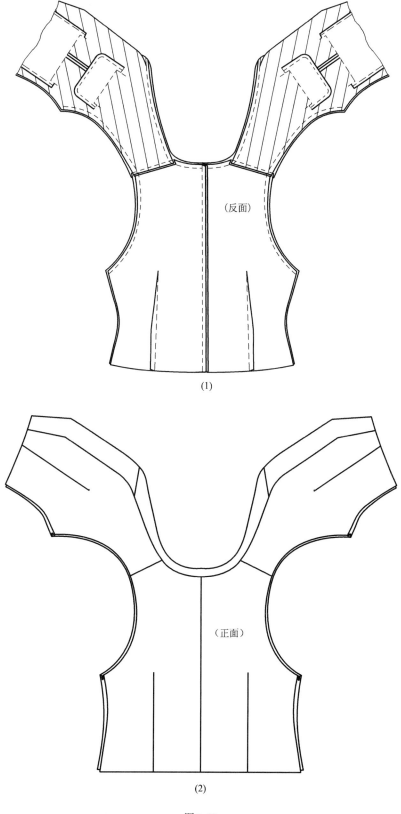

（反面）

(1)

（正面）

(2)

图9-42

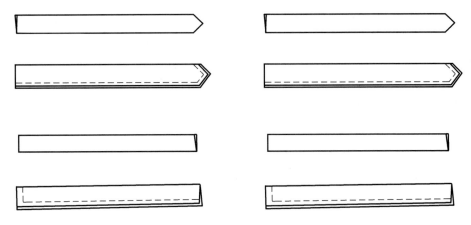

图9-43

（6）合摆缝：后片正面相对，将前片夹在两个后片之间，注意前片夹时别拧了，按粉印缉。

（7）勾后片里子下摆［图9-44（2）］。

(1)

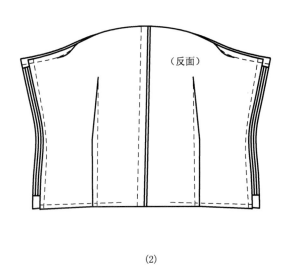

（反面）

(2)

图9-44

（8）翻烫后片里子。

（9）固定左右两条腰带于后片里子省道位置上，并缉上腰带襻（图9-45）。

（10）画眼位、扣位：眼位距离止口1.5cm，扣眼大小1.5cm。共5粒扣，均匀分配。

（11）钉扣、锁眼，缲后片底摆小口。

（12）整烫。要求熨烫平整，前片领口归拢熨烫（图9-46）。

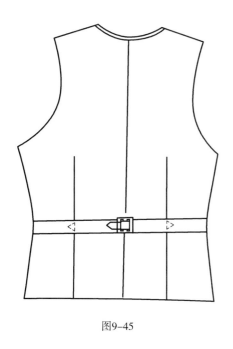

图9-45

图9-46

第四节　男礼服大衣纸样设计与缝制工艺

一、男礼服大衣的纸样绘制

男礼服大衣有单排扣平驳领和双排扣戗驳领的款式之分，均为三开身结构。单排扣平驳领一般为暗门襟造型，双排扣戗驳领为六枚扣造型，并且是在比较正式场合穿着的。这节重点讲授双排扣戗驳领六枚扣礼服大衣的制板方法和缝制工艺，单排扣平驳领只讲授制图方法。

1. 单排扣暗门襟平驳领礼服大衣的制板方法

（1）单排扣暗门襟平驳领礼服大衣效果图（图9-47）。

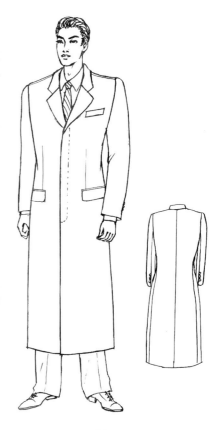

成品规格表（170/88A）　　单位：cm

部位	衣长	胸围	腰围	臀围	腰节	总肩宽	袖长	袖口	衬衫领大
尺寸	110	114	102	102	45	47	62	17	41

此款大衣也是与礼服式西服组合配套穿的大衣。其结构与西服结构基本一致，整体组合成适量略收腰的H型，舒适完美合体。外套颜色以深色为主，左衣片前胸上有手巾袋，前身有左右对称的两个有袋盖的横口袋，

图9-47

袖开衩设三枚扣以上与双排扣戗驳领礼服大衣相同。门襟单排暗扣平驳领，翻领也可配天鹅绒面料。

胸围参照配套西服尺寸再加放8～10cm放松量，以保障功能与造型需要。前后宽的计算公式可参照西服公式，腰围根据西服造型腰围松量在西服腰围基础上加放10～12cm松量。臀围应与配套的西装协调一致，因此在西服臀围基础上加放量一般为10～14cm。袖子采用同西服相同的两片袖结构。袖子结构采用高袖山。

（2）单排扣暗门襟平驳领礼服大衣制图（图9-48）。

①按衣长尺寸画上下平行线。

②以$B/2+3cm$（省）画横向围度线。

③后腰节长45cm。

④袖窿深，计算公式为：$1.5B/10+9.5cm$。

⑤后背宽，计算公式为：$1.5B/10+5cm$。

⑥后领宽线，计算公式为：1/5领大+1cm。

⑦后领深，计算公式为：$B/40-0.15cm$。

⑧前后落肩，计算公式为：$B/20-1.5cm$或$B/40+1.35cm$。

⑨从后背宽垂线制订冲肩量为2cm，此点为后肩端点。

⑩前中线搭门4.5cm。

⑪前胸宽，计算公式为：$1.5B/10+3.5cm$。

⑫以$B/4$从袖窿谷底点起始，在前中线抬起2cm做撇胸，上平线抬起2cm成直角（同男西服做撇胸方法）。

⑬前领宽尺寸同后领宽。

⑭前小肩斜线，量取后小肩斜线实际长度，减0.7cm省量，从前颈侧点开始交至前落肩线。

⑮袖窿谷底点收1.5cm省。后中缝下摆收5cm，侧缝下摆放摆共6.5cm。

⑯画驳口线，上驳口位顺前颈侧点前移2cm，下驳口位胸围线下5cm，连接上下驳口位两端点。

⑰画串口线，驳口线与串口线夹角为40°左右，驳领宽9cm，串口线位置按流行而变化。

⑱画领下口长，其长度同后领窝弧线长，参考面料及工艺方法倒伏12.5°～20°。

⑲后中总领宽7.5cm，底领宽3cm，翻领宽4.5cm。

⑳画领外口弧线，领嘴长5cm，驳领尖长出4cm。

（3）单排扣暗门襟平驳领礼服大衣袖子制图基础线（图9-49）。

①确定袖长尺寸，画上下平行线。

②袖肘长度计算公式为：袖长/2+5cm。

③袖山高，其尺寸计算公式为：$AH/2×0.7-0.5cm$，或前后袖窿平均深度的4/5（即前肩端点至胸围线的垂线长加后肩端点至胸围线的垂线长的$1/2×4/5$）。

④以AH/2从袖山高点画斜线交于基础袖肥线来确定1/2袖肥量。

⑤为袖肥线。

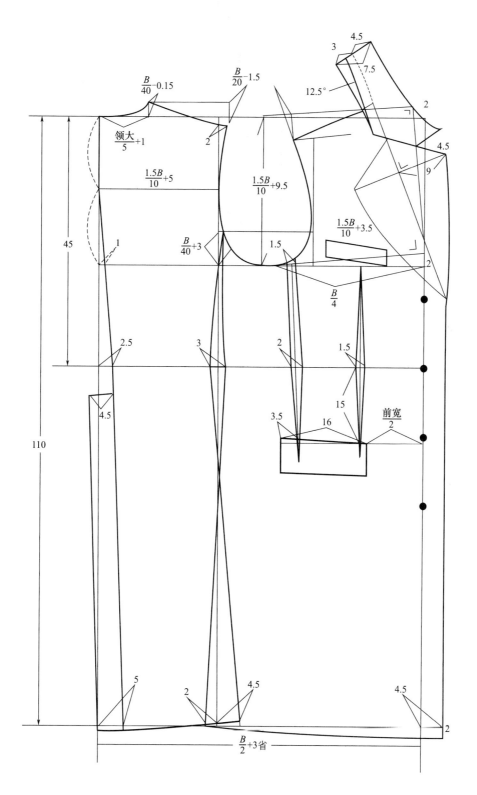

图9-48

⑥画大袖前袖缝，袖肘处收进1cm。

⑦画小袖前袖缝，袖肘处收进1cm。

⑧画袖口长。

⑨画后袖缝辅助线。

⑩画小袖弧辅助线。

（4）男礼服大衣袖子结构完成线（图9-50）。

①画大袖山前弧线，参照辅助线画圆顺。

②画大袖山后弧线，参照辅助线画圆顺。

③画小袖弧线，参照辅助线画圆顺。

④后小袖缝弧线，画圆顺。

⑤后大袖缝弧线，画圆顺。

⑥袖开叉长10cm，宽4cm。

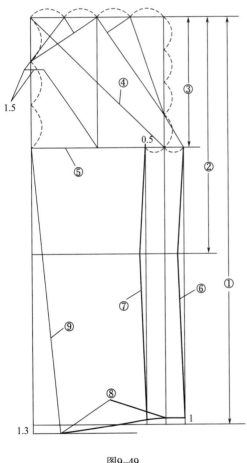

图9-49

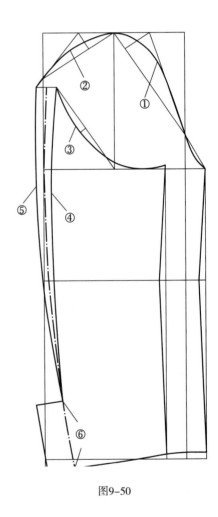

图9-50

2. 双排扣戗驳领礼服大衣的制板方法

（1）双排扣戗驳领礼服大衣效果图（图9-51）。

成品规格表（170/88A）　　　　　　单位：cm

部位	衣长	胸围	腰围	臀围	腰节	总肩宽	袖长	袖口
尺寸	110	114	102	102	45	47	62	17

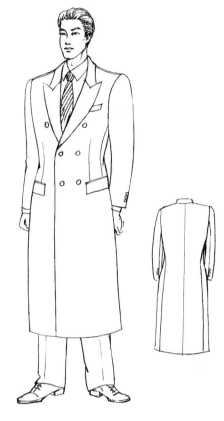

图9-51

此款大衣是与礼服式西服组合配套穿的大衣。其结构与西服结构基本一致，整体组合成适量略收腰的H形，舒适完美合体。外套颜色以黑和深色为主，左衣片前胸上有手巾袋，前身有左右对称的两个有袋盖的横口袋，袖开衩设三枚扣。门襟双排六枚扣戗驳领，翻领也可配天鹅绒面料。

衣长从第七颈椎量至膝围下15～20cm确立标准衣长，也可从地面减25cm左右。采用三开身结构。胸围是造型的基础，参照配套西服尺寸再加放8～10cm松量，以保障功能与造型需要。前后宽的计算公式可参照西服公式，依据人体状态如果想获得肩较宽的造型，其后宽计算公式中的调节量可适当增加，反之减量。袖窿深胸围线位置，参照内穿的西服胸围线再下降2～2.5cm。腰围根据西服造型腰围松量在西服腰围基础上加放10～12cm松量。腰围线比照西服腰围线下移1～1.5cm。臀围应与配套的西装协调一致，因此在西服臀围基础上加放量一般为10～14cm。1/2腰围收省量为8cm左右，后中线收省后倾斜度要大一些。摆围松量根据大衣造型可适量放摆，如果是直身型参照胸围松量尽量少放一些。后中线下摆收省量不能少于4.5cm，放摆量主要在三开身结构的后侧缝，以保障衣片背部饱满、自然吸腰、下摆不翘的立体状态。袖子采用同西服相同的两片袖结构。袖子结构采用高袖山（以袖窿圆高为袖山高）的方法以确立袖肥。

（2）男礼服大衣前后片基础结构线（图9-52）。下列序号为制图中的步骤顺序。

①按衣长尺寸画上下平行线。

②以$B/2+3$cm（省）画横向围度线。

③后腰节长45cm。

④袖窿深，其尺寸计算公式为$1.5B/10+9.5$cm。

⑤为胸围横向线。

⑥画后背宽，其尺寸计算公式为$1.5B/10+5$cm。

⑦画后背宽垂线。

⑧画后背宽横线，为后领深至胸围的1/2处。

⑨画后领宽线，其尺寸计算公式为：$0.8B/10$，或参照西服领宽加0.5cm。

⑩画后领深，其尺寸计算公式为$B/40$。

⑪后落肩，其尺寸计算公式为$B/20-1.5$cm或$B/40+1.35$cm。

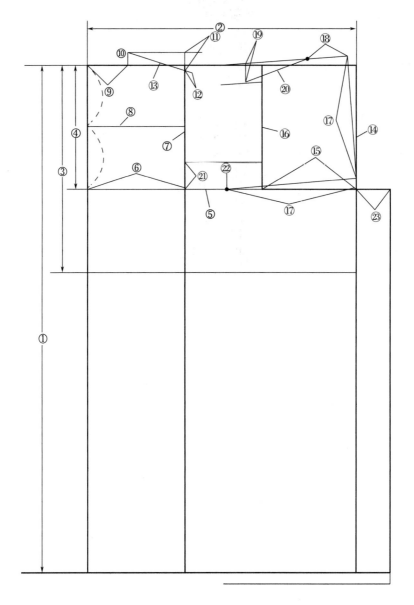

图9-52

⑫从后背宽垂线制订冲肩量为2cm交与后小肩斜线，此点为后肩端点。

⑬画后小肩斜线 连接后颈侧点与肩端点。

⑭画前中线。

⑮画前胸宽线，其尺寸计算公式为1.5B/10+3.5cm。

⑯画前胸宽垂线。

⑰以B/4从袖窿谷底点起始，在前中线抬起2cm做撇胸，上平线抬起2cm成直角（同男西服做撇胸方法）。

⑱画前领宽，其前领宽尺寸同后领宽。

⑲前落肩，其尺寸计算公式为B/20-1.5cm，或B/40+1.35cm画平行线于撇胸后的上平线。

⑳画前小肩斜线，量取后小肩斜线实际长度，减0.7cm省量，从前颈侧点开始交至前落肩线。

㉑画前、后袖窿弧的辅助线，其尺寸计算公式为$B/40+3cm$，平行于胸围线。

㉒画袖窿谷底点。

㉓搭门宽8cm画前止口线。

（3）双排扣戗驳领男礼服大衣前后片结构完成线（图9-53）。

①画后中线，胸围处收1cm，后腰节收2.5cm，下摆缝收5cm。

②画后开叉，上位置从腰围线下移5cm，开叉宽4cm。

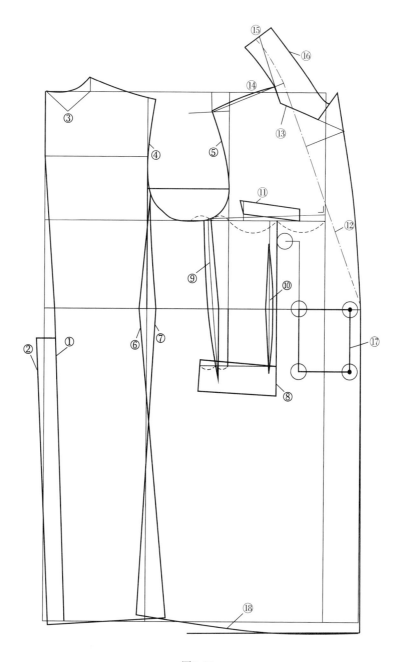

图9-53

③画领窝弧线。

④画后袖窿弧线，从后肩端点起自然相切于后背宽线，过后角平分线3.5cm左右，交于袖窿谷底。

⑤画前袖窿弧线，从前肩端点起自然相切于袖窿弧的辅助线，过角平分线3cm左右，交于袖窿谷底。

⑥后片侧缝腰部收省1.5cm，下摆扩展4cm摆量。

⑦前片腋下侧缝胸部收省0.5cm，侧缝中腰收省1.5cm，下摆扩展2cm摆量。

⑧确定前下口袋位，横向前胸宽的1/2，纵向腰节向下12cm左右，口袋长17cm，后部起翘1cm，袋盖宽6.5cm。

⑨确定腋下省位置，上部为袖窿谷底至前胸宽的1/2左右，省宽1.5cm，下部为前胸宽垂线至袋口位的1/2，中腰省宽2cm。

⑩确定前中腰省位置，从前袋口进1.5cm做垂线，腰省1.5cm。

⑪确定上袋口位置，距前胸宽垂线3cm，袋口长11cm，起翘1.5cm，高度2.5cm。

⑫画驳口线，上驳口位顺前颈侧点前移2cm，下驳口位在止口腰围线上，连接上下驳口位两端点。

⑬画串口线，驳口线与串口线夹角为40°左右，驳领宽9cm，串口线位置按流行而变化。

⑭画领下口长，其长度同后领窝弧线长，倒伏量为2.5cm。

⑮后中总领宽7cm，底领宽3cm，翻领宽4cm。

⑯画领外口弧线，领嘴长4cm，驳领尖长出2.5cm。

⑰双排扣扣位间距15cm。距止口2.5cm。

⑱画下摆线，在侧缝起翘0.5cm处画圆顺，调整成直角。

（4）双排扣戗驳领男礼服大衣袖子制图方法同单排扣暗门襟平驳领礼服大衣袖子制图，请参照前款。

二、双排扣戗驳领男礼服大衣的缝制工艺

1. 毛板

依据结构制图获得的标准净板，再根据具体缝制工艺要求加放出面料里料的缝份量制作出毛板。主要部件毛板参照以下图示。

面料毛板：前后衣片面料下摆加放4cm、后片后中线加放2cm，其余加放1cm，领面上口加1.5cm，其余加放1cm，如图9-54所示。

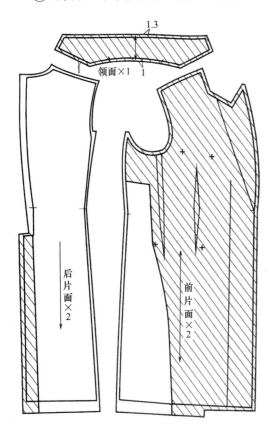

图9-54

里子毛板：前后衣片里料、过面、领底加放缝份较复杂，如图9-55所示。

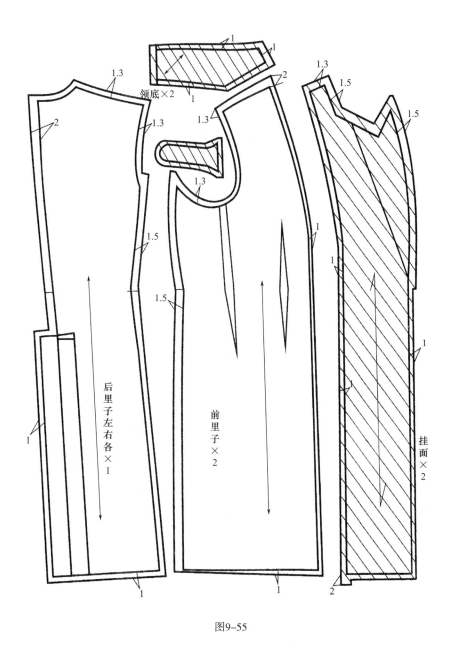

图9-55

袖子口袋盖毛板：袖面、袖里及口袋盖等加放缝份也各不同，如图9-56所示。图中斜向线的阴影部分为粘黏合衬的部分。

2. 主要部件的面里料排料图

面料排料图如图9-57（1）所示，双辅料幅宽72cm×2，用料约235cm长。里料排料图如图9-57（2）所示，双辅料幅宽72cm×2，用料约170cm长。

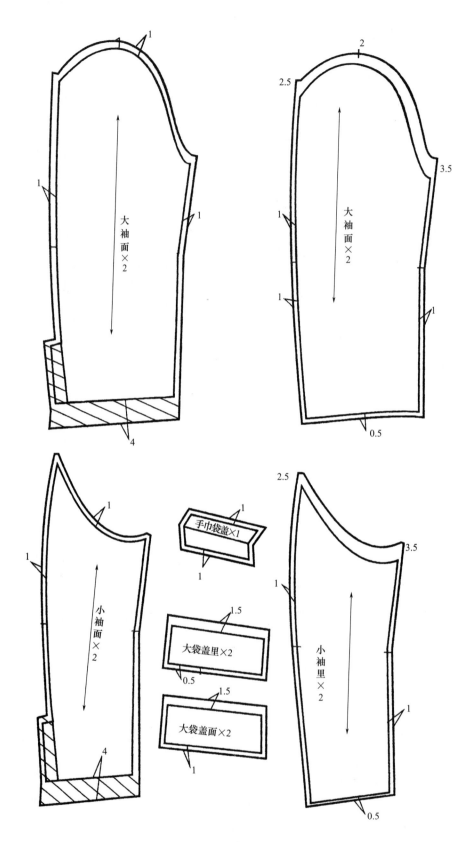

图9-56

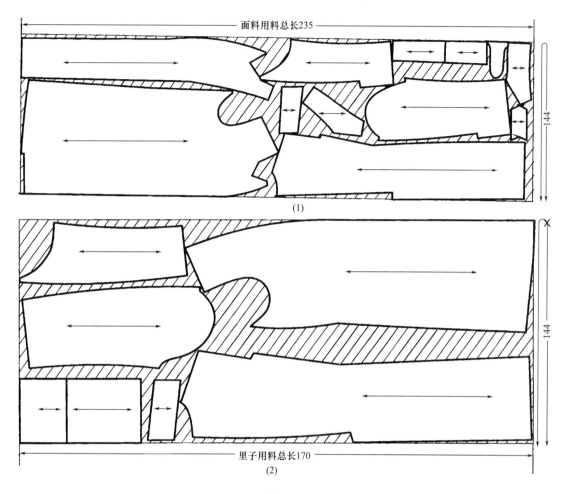

图9-57

三、双排扣戗驳领男礼服大衣的工艺流程

双排扣戗驳领男礼服大衣的工艺流程示意图如图9-58所示。

四、双排扣戗驳领男礼服大衣的缝制步骤

1. 粘衬

（1）需要粘衬的有前衣片、挂面、领面、大小袖开衩等部位，注意衬料的样板应比面料毛板周边缩进0.5cm，以避免粘衬时，衬上的热融胶污染黏合机的传送带或烫台。

（2）用黏合机黏压有纺黏合衬，毛料温度控制在120℃左右，压力2~3kg/cm²（196.4~294.6kPa）。

2. 缝制前衣片　如图9-59所示。

（1）打线钉，在主要衣片的缝份净线上及驳口位、袋位等部位打线钉。

（2）车缝腋下省、腰省，将省缝剪开劈烫平服。

（3）归、拔、烫前片，归烫驳口线、前袖窿弧、腋下省上部、下摆等处，拔烫侧缝腰

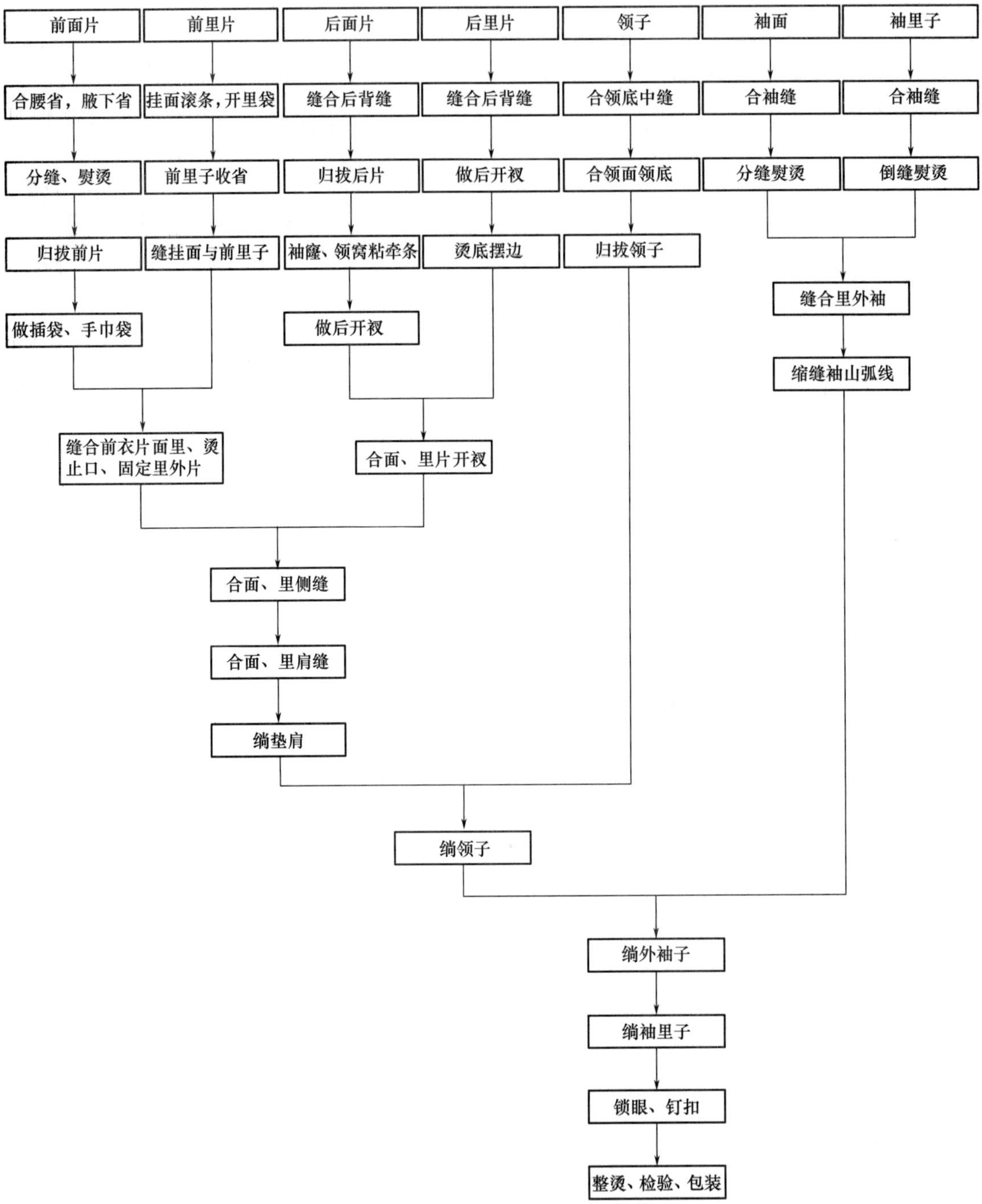

图9-58

节、前小肩斜线。通过归、拔、烫产生立体曲面效果。

　　3. **制作口袋及手巾袋**　具体方法参照男西服制作程序，如图9-60所示。

　　（1）制作大袋盖、手巾袋板，具体方法同男西服。

　　（2）开作大袋、手巾袋，具体方法同男西服。

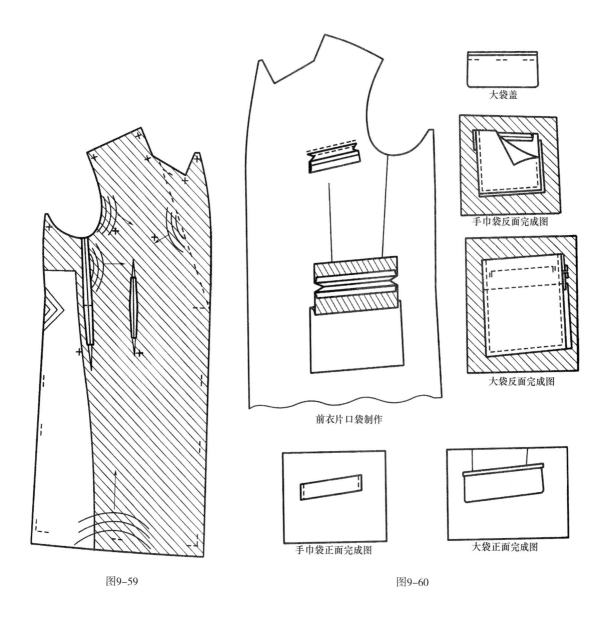

图9-59　　　　　　　　　　　　　　　　图9-60

4．**前胸敷胸衬**　在前胸部敷胸衬，其方法同男西服，如图9-61所示。

5．**后片面制作**

（1）归、拔、烫后片。后中缝上部外凸部分、后袖窿及后小肩应作归烫处理。凹进部分要充分拔开，同时侧缝腰下部分要归烫，归、拔、烫应同时进行，使肩胛骨部分隆起，后腰部吸进呈现人体后身立体曲线面效果。

（2）车缝后中缝至后开衩处。先将后中缝劈缝烫开，将后身在后片开衩缝头折转，下摆绲边后贴边折烫平服，把开衩上端两片攘缝好，如图9-62所示。

6．**前后片里子制作**　如图9-63所示。

（1）制作挂面。先将挂面与耳朵片缝合（耳朵片也可连裁），将挂面内侧缝份采用正斜丝里料绲边，绲边宽2cm左右。将绲条放在挂面下按缝头绲缝，缝到耳朵片弯弧处将绲条

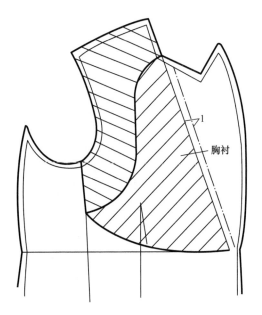

图9-61

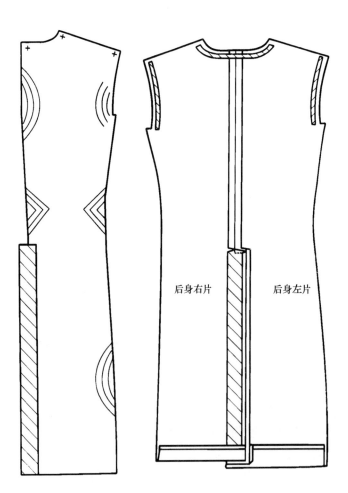

图9-62

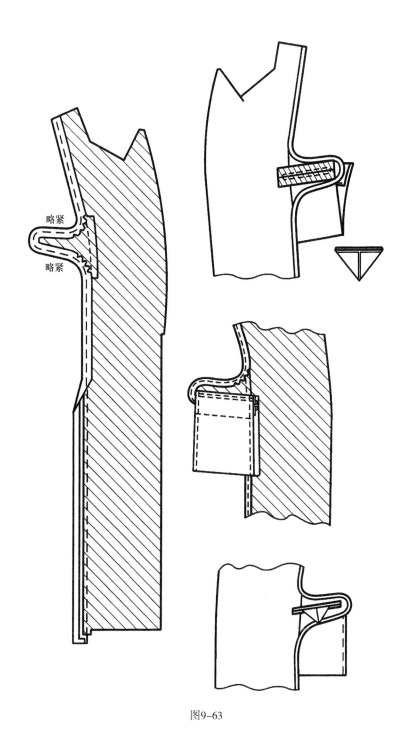

图9-63

略拉紧，以免起链不实，缉到圆头处应将绲条略放松些，防止圆头不平，缉缝好后将绲条折转捻紧，沿绲条边缉漏落针。下摆绲边方法类同。

　　（2）制作里袋。里袋采用双嵌线制作方法，嵌线采用里子绸料。右衣片里用双嵌线，装三角袋盖。

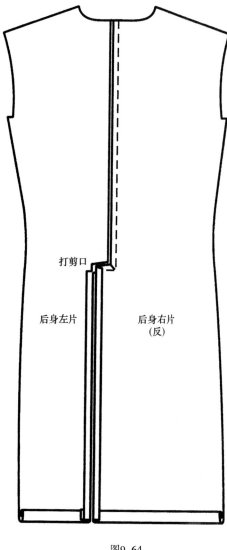

图9-64

7. **缝里子与挂面** 将前片里子收省倒缝烫平，在底摆边缝头1cm处折转烫平，再向里折转2cm烫平。里子前边缘叠合在挂面绲条上，把里子与挂面沿绲条缉一道漏落缝（图略）。

8. **制作后片里子** 将左右片中缝合缝至开衩，缝头倒向后身左片烫平；左片开衩从衣片里剪掉，缝头向里折倒在方角处，打剪口烫平。右片开衩倒向左衣片，开衩缝头向里折并烫平，同时将底摆折1cm缝头，再向上折2cm烫平，如图9-64所示。

9. **敷挂面及摽里子** 如图9-65所示。

（1）将制作好的挂面里子与前片面止口部分对齐，用手针摽缝，在挂面驳领止口处要略吃进一些，以满足驳领翻折量的需要。挂面驳嘴尖部也要略吃进一些松量，以防止驳嘴反翘。驳领下部略吃进，扣位以下平敷至下摆端角要紧一些，按缝迹线摽好。

（2）前片止口按摽缝线车缝暗勾线，驳嘴处打一剪口，劈烫并清剪缝头，前身面止口缝头留0.3cm，翻转并熨烫止口，要平服。用手针摽止口驳口线，针距3cm，摽时注意余量。

（3）摽里面。将衣身放平，翻开里子，将挂面绲条与大身衬摽缝住，同时把里袋布摆平摽牢，省缝等处也要摽牢。熨烫衣身里子要平服，前身止口处缉压明线1cm。

10. **缝合面、里摆缝，组合面、里** 如图9-66所示。

（1）缝合面、里子摆缝。将面摆缝劈开烫平，里子缝头倒向后片里面，扣折；烫面底摆贴边，手针缲固定，里子底摆边扣烫平服，距光边0.5cm处缉缝一道。

（2）将面、里反面中线对齐，勾缉开衩面、里的左、右片缝头，并将开衩上部横线缝头四片同时车缝缉住，要注意平服。

11. **缝合肩缝，装垫肩** 如图9-67所示。

（1）分别缝合面、里肩缝，将后小肩自然缩缝0.7cm，将小肩面缝头劈缝烫平，里子倒缝。

（2）将垫肩置于里面肩缝中间，使垫肩超出袖窿毛缝0.5cm，袖窿手缝摽牢。

12. **制作领子，缝领子** 如图9-68所示。

（1）将领底中缝绲缝拼合，并劈缝烫平。两边要对称，领面、领里正面相对绲缝领止

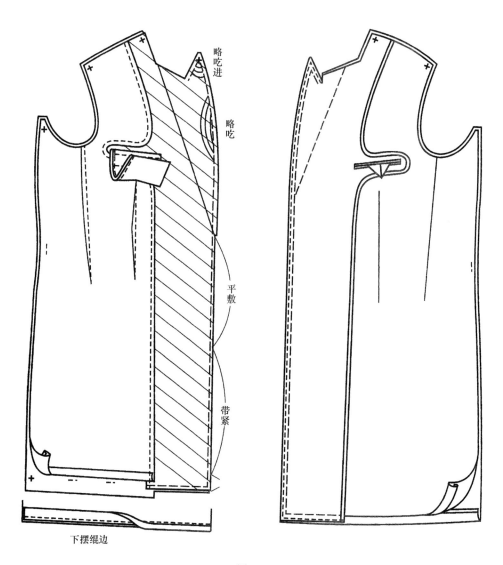

略吃进

略吃

平敷

带紧

下摆绲边

图9-65

口。缉缝时面片止口领尖处要略有余量，如图9-68（1）所示。

（2）清剪缝头面片缝头留0.5cm，翻开领子，领口应适量拔开一些。如图9-68（2）所示。

（3）绱领子。将领面下口与衣身里串口线缝头对准，开始车缝至后领口一圈，如图9-68（3）所示。

（4）在串口处打剪口，将串口缝头劈缝烫平。如图9-68（4）所示。

（5）将衣身转向止面，使领底下口缝头压住衣片领口缝头，折扣烫好，用手针攥缝平服后，暗缲固定或机缝。领子绱好后沿领止口绲缝明线0.5cm。如用厚面料请参照男西服领子的制作方法，领底采用领底呢，如图9-68（5）所示。

13.**制作袖子**　如图9-69所示。

（1）袖子的制作与西服袖基本相同，袖里子、大小袖缝合后缝头倒向大袖。

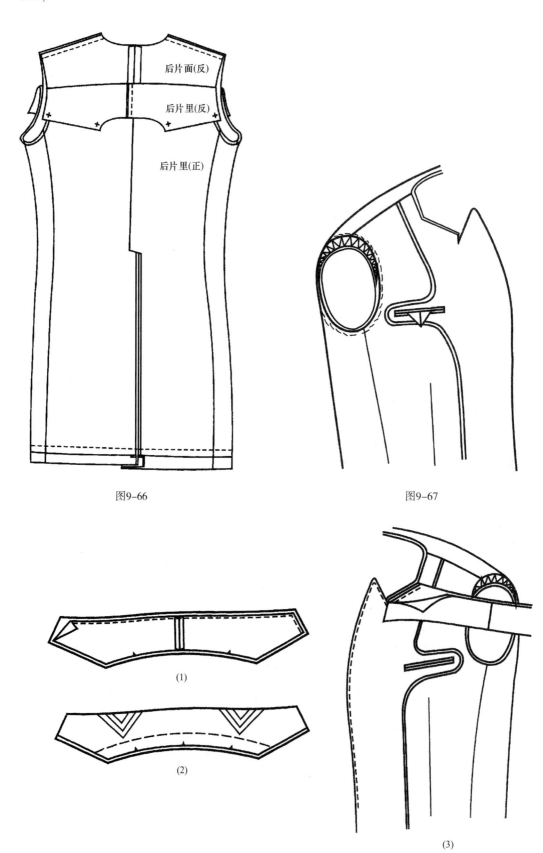

后片面(反)

后片里(反)

后片里(正)

图9-66

图9-67

(1)

(2)

(3)

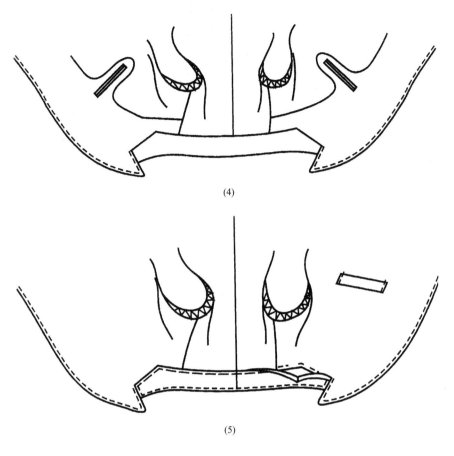

(4)

(5)

图9-68

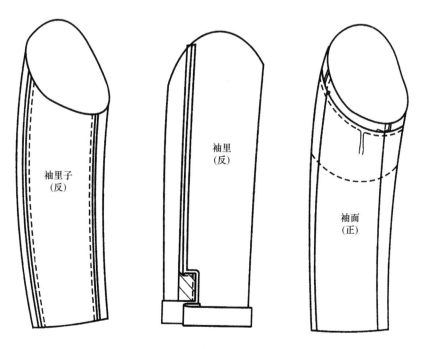

袖里子
（反）

袖里
（反）

袖面
（正）

图9-69

（2）将大小袖面缝合、劈缝，将后袖缝熨烫平服，使袖开衩倒向大袖。

（3）将袖里子与袖面套在一起，缝合袖口一圈，将袖折边翻折好，反面用三角针固定，袖里与袖面侧缝用手针擦好，上下各预留10cm不缝。翻转熨烫袖子。袖面、袖山弧线用手拱针擦一圈，抽缩袖山弧线后熨烫定型。

14. **装袖子**　如图9-70所示。

（1）将制作好的袖子按对合点先擦缝后车缝，加袖窿条，袖里子、袖山弧线与袖窿用手针暗缲。具体方法见西服制作。

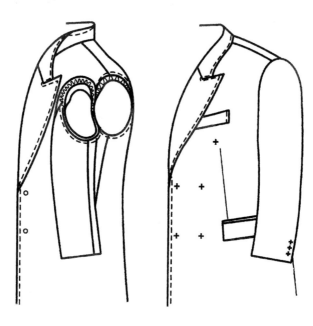

图9-70

（2）袖子制作好后熨烫平服，装袖前后要适当，左右两袖要对称。

15. **锁眼、钉扣、整烫**　如图9-71所示。

（1）锁眼。位置按制图要求为双排扣，扣眼长度为纽扣直径加0.3cm，锁圆头眼。

（2）钉扣。纽扣位置要与扣眼平齐，袖口装饰扣左右各三枚，钉二字形线。

（3）整烫。整烫是制作大衣的重要工艺之一。由于大衣面料大多较厚重，虽然在制作过程中有些部位已经熨烫过，但最后大烫仍需按照整体要求仔细整烫，要由里到外，里外一致，整烫规定各部位熨烫平服、整洁、无亮光，无线头，采用黏合衬的部位不渗胶、不脱胶。最终成品可以再通过立体整烫机最后定型。

16. **检验、包装**

（1）检验应包括内在工艺缝制质量标准的全面检查，以及外观整体效果的全面检查（参照国家标准GB/T 2664—93男西服、大衣）。

①缝制规定（针距密度）：

明、暗线：3cm14～17针；

三线包缝：3cm不少于9针；

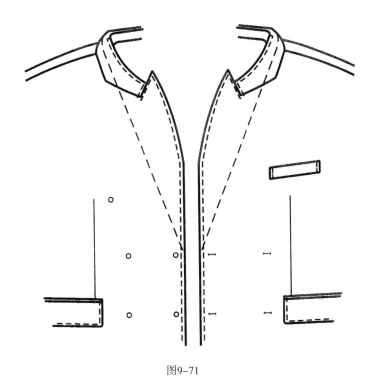

图9–71

手工针：3cm不少于7针；

手拱止口：3cm不少于5针；

缲眼平针：3cm不少于10针；

三角针：3cm不少于4针；

机锁眼：1cm不少于12～14针；

手工锁眼：1cm不少于9针；

钉扣：细线每孔8根线；粗线每孔4根线；

各部位线路顺直，没有跳线、脱线，整齐牢固、平服美观。

面、底线松紧适宜，起落针时应回针。不能有针板及送布牙所造成的痕迹。

绲条、压条要平服，宽窄一致。

袋布的垫料要折光边或包缝。

袋口两端应打结，可采用套结机或平缝机回针。

袖窿、领串口、袖缝、摆缝、底边、袖口、挂面里口等部位要叠针。

锁眼布偏斜，扣与眼位相对，钉扣收线打结须牢固。

商标位置端正，号型标志正确、清晰。

②成品主要部位规格如下：

衣长：允许偏差±1.0cm（上衣架测量）；

胸围：根据国家号型5·4系列允许偏差±2.0cm；

袖长：允许偏差±0.7cm（上衣架测量）；

总肩宽：允许偏差±0.6cm（上衣架测量）；

领大：允许偏差 ±0.6cm。

③外观质量：

领子：领面平整，领窝圆顺，左右领尖不翘；

驳头：串口、驳口顺直，左右驳头宽窄、领嘴大小一致；

止口：顺直平挺，门襟不短于里襟，不搅不豁，两圆头一致；

前身：胸部丰满、对称，面、里、衬服帖，省道顺直；

袋、袋盖：左右袋高低，前后对称，袋盖与袋宽相适应，袋盖与身的花纹一致；

后背：平服；

肩：肩部平服，表面没有褶，肩缝顺直，左右对称；

袖：绱袖圆顺，吃势均匀，两袖前后、长短一致。

（2）包装。产品包装整齐，应采用吊挂衣架，挂袋，衣服外套男礼服大衣专用塑胶袋。

第十章　旗袍纸样设计与缝制工艺

第一节　旗袍基础知识

旗袍是中国传统服饰中的代表，它的外形与结构完全符合中国人的衣着要求和审美情趣。

一、概述

旗袍初为我国满族人的服饰，两边不开衩，袖长八寸至一尺，衣服的边缘绣有彩绿。其整体结构为平面化结构，面料多采用丝绸，制作工艺上采用了中国传统服装制作工艺，将盘、滚、镶、嵌融于一身。辛亥革命以后，由于受到社会变革和西式裁剪的影响，旗袍有了明显的变化，并且逐渐摒弃了繁冗的装饰，变得更加生活化和实用化。

二、旗袍的分类

根据旗袍穿着的季节和场合，可分为单旗袍、夹旗袍和棉旗袍。本章介绍的结构设计与缝制方法，是以丝绸面料、带里子的装袖旗袍作为典型范例（图10-1）。

传统的旗袍虽然在样式及结构上都有一定的模式，但在细节上也有许多变化，例如，大襟的形式有单衽和双衽之分，而单衽门襟又有圆衽和直衽之别。尤其，近年来受到时装潮流的影响，其样式的变化就更加丰富多彩。无论在领、袖、大襟形式、衣身结构还是开衩位置均有多样化的设计，而这些变化又没有一定之规，可根据作者本身的想法进行创作。

三、成品规格的制订

旗袍是贴体的紧身类型服装，为了更好地强调和表现东方女性的体型特点，在测量了净体尺寸的基础上，分别在胸围、腰围、臀围数字上各加4cm的松量，以满足最基本的活动要求，同

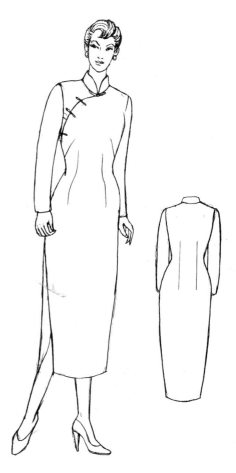

图10-1

时也适度地强调了体型。正式的旗袍，一般衣长较长，可长至踝骨，但便装旗袍的长度较随意，可根据个人的喜好决定。开衩的位置可随衣长变化，也可根据个人的要求决定，高开衩位置可达到臀围线下10cm处。

第二节　旗袍的纸样设计与缝制工艺

旗袍是传统服装品种之一，通过学习旗袍的缝制，可以对传统服装的缝制有初步的了解。本节选取两款旗袍，其一为长袖大襟标准旗袍，文中有纸样绘制方法及缝制方法；其二为无袖—滴水式晚装旗袍，属扩展的知识，有纸样绘制方法，缝制方法从略。

一、旗袍的纸样绘制

1. **旗袍款式一**　装袖旗袍（长袖大襟式标准旗袍）的裁剪图如图10-2所示。胸围、腰

(1)

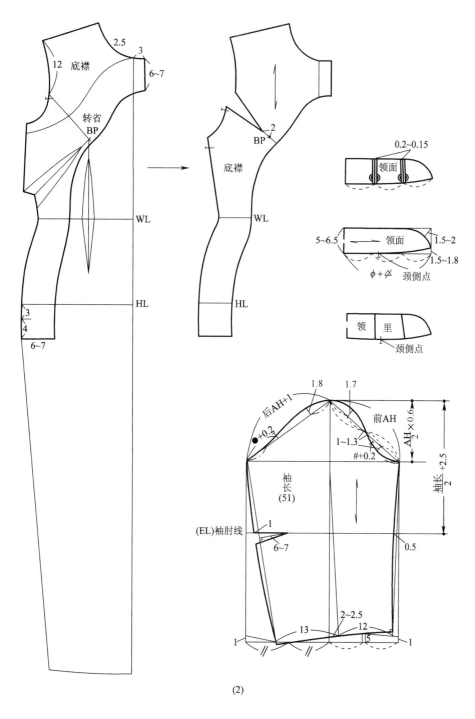

(2)

图10-2

围、臀围三处均在净尺寸基础上加放4cm的松量，满足正常的呼吸和行动的要求。腋下侧省由原型转移形成，可根据胸部的丰满程度和款式需要选择不同的处理方法。后片腰省大小根据背部曲度形成，前片腰省根据胸部丰满程度确定。

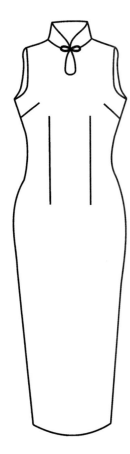

图10-3

成品规格表（号型160/84A）　　　　单位：cm

部位	衣长	胸围	腰围	臀围	背长	臀高
尺寸	110	88	72	96	38	17.5

2. **旗袍款式二**　此款为无袖—滴水式晚装旗袍（图10-3），以文化式女子新原型为基础制图。

（1）无袖晚装旗袍基础制图如图10-4（1）所示。

（2）无袖晚装旗袍衣片完成图如图10-4（2）所示。

成品规格表（号型160/84A）　　　　单位：cm

部位	衣长	胸围	腰围	臀围	腰节	总肩宽	领围
尺寸	110	88	72	96	38	24	36

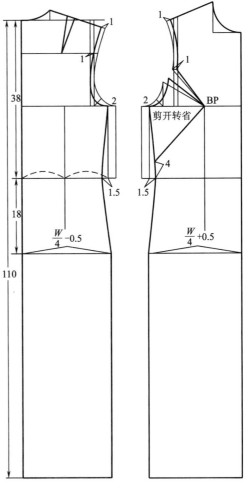

(1)

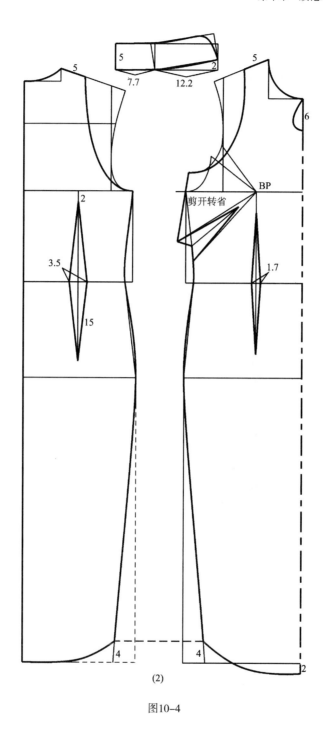

图10-4

二、旗袍的净板、毛板与排料（长袖大襟式标准旗袍）

图10-5为毛板图，仔细观察衣片的毛板数量和加放的缝份宽度。

图10-6为面料排料图。

图10-7为里料排料图。

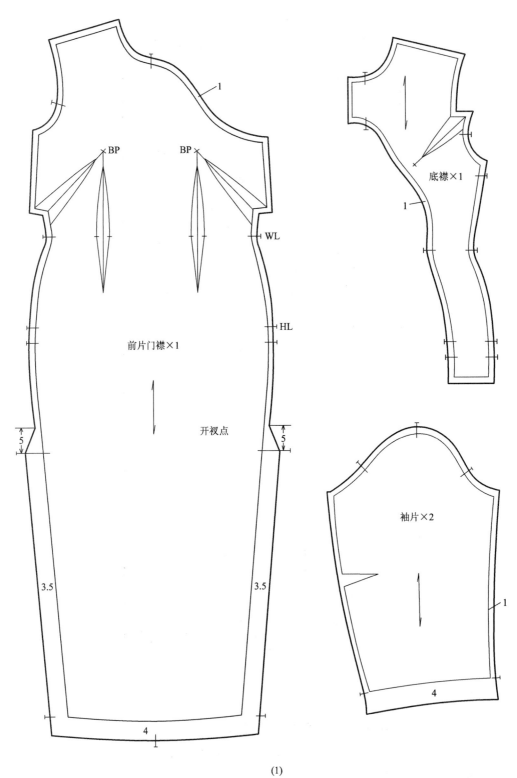

底襟×1

前片门襟×1

开衩点

袖片×2

(1)

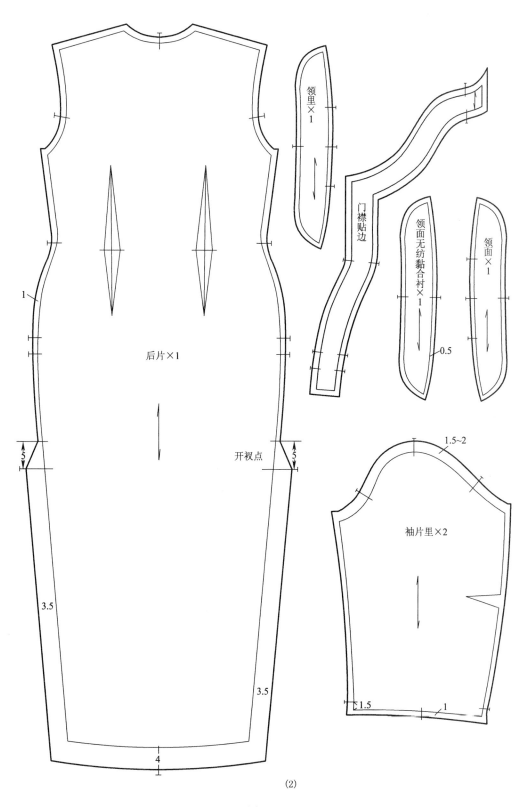

领里×1

门襟贴边

领面无纺黏合衬×1

领面×1

后片×1

开衩点

袖片里×2

1

5

5

3.5

3.5

4

1.5~2

1.5

1

0.5

（2）

图10-5

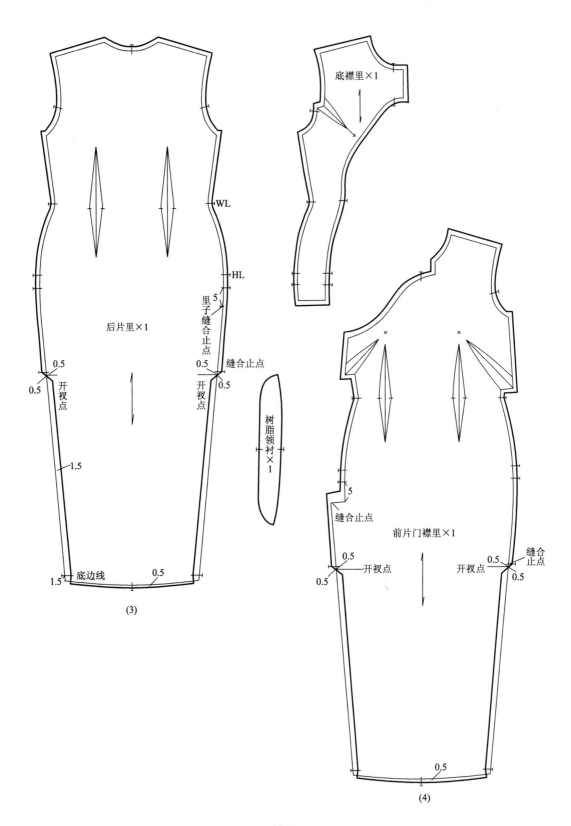

底襟里×1

后片里×1

WL

HL

5
里子缝合止点

0.5 　　　0.5　　缝合止点
0.5　　　　　　0.5
开衩点　　开衩点

1.5

底边线　　　0.5
1.5

(3)

树脂领衬×1

5
缝合止点

前片门襟里×1

0.5
开衩点　　开衩点　　0.5　　缝合止点
0.5　　　　　　　　　　0.5

0.5

(4)

图10-5

幅宽110

衣长+袖长+10（缝份）+25（做盘扣）

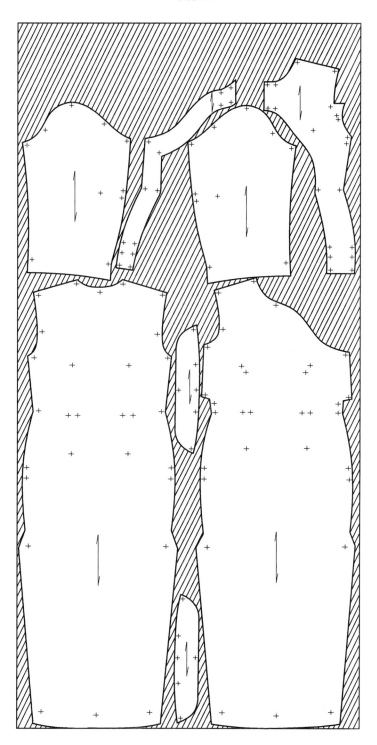

图10-6

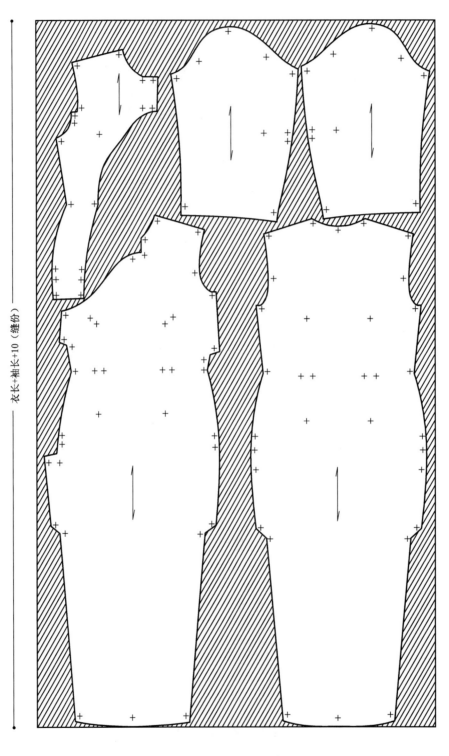

衣长+袖长+10（缝份）

幅宽110

图10-7

三、旗袍的工艺流程

图10-8为长袖旗袍缝制工艺流程图。

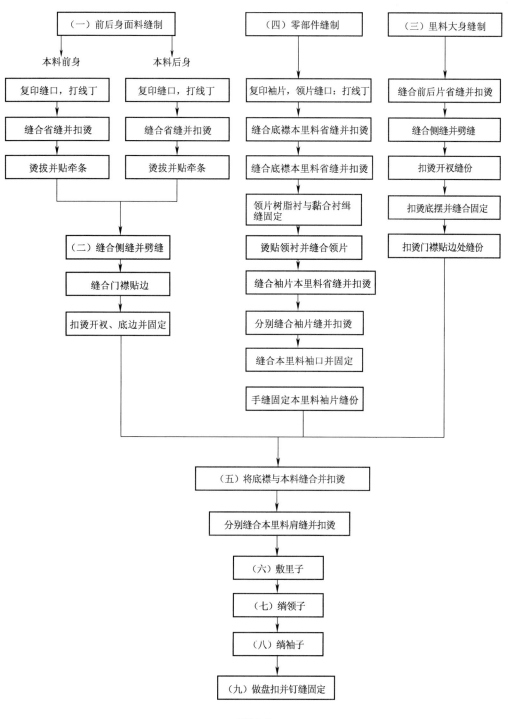

长袖旗袍缝制工艺流程图

图10-8

四、旗袍的缝制方法

图10-9为面料打线丁位置图。

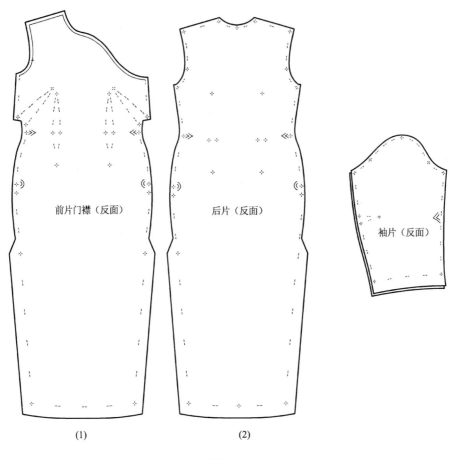

前片门襟（反面）

后片（反面）

袖片（反面）

(1)   (2)

图10-9

1. 前后身面料缝制 前后身面料省缝缝制（图10-10）。

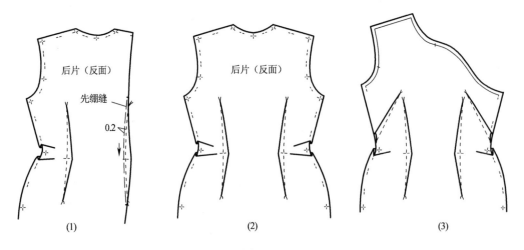

后片（反面)   后片（反面）

先绷缝

0.2

(1)   (2)   (3)

图10-10

（1）、（2）先用白线绷缝后片省缝，车缝后将省缝向中心线方向扣倒熨烫。

（3）前片按同样的方法操作，腋下省向上烫倒。

前后身面料归拔（图10-11）。

（1）、（2）拔开腰部区域，并配合体型的要求拔出背部曲度，侧线要拔开。

（3）、（4）侧缝腰线处拔开，如有腹凸者，需要在前片腹部区域拔出弧度。

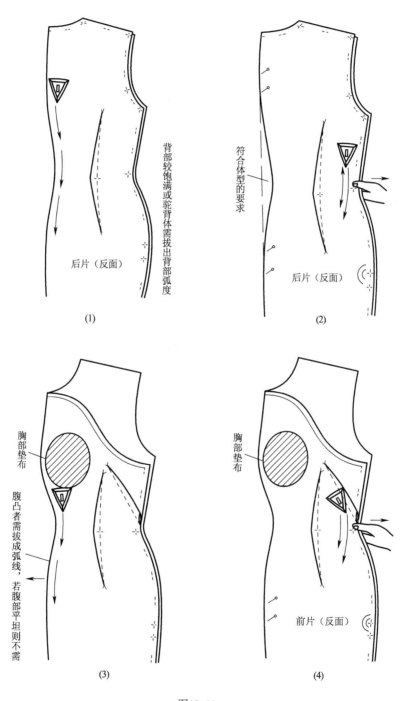

图10-11

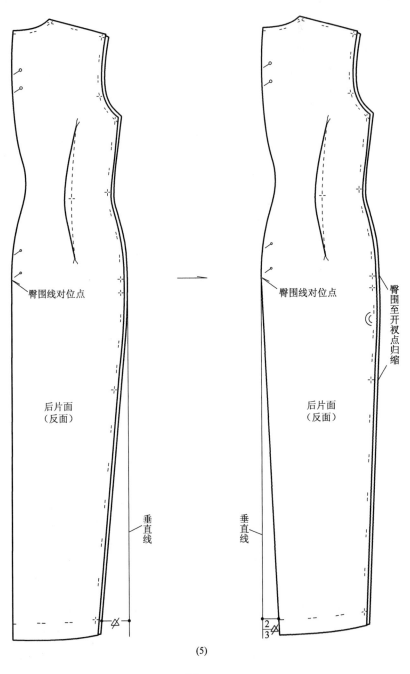

臀围线对位点

臀围线对位点

臀围至开衩点归缩

后片面
（反面）

后片面
（反面）

垂直线

垂直线

$\frac{2}{3}$

(5)

图10-11

（5）将臀部的侧缝归缩，使衣片达到图示的状态。

前后身面料贴牵条（图10-12）。

（1）普通面料的前后身片贴牵条部位图。前片在中心线至腋下的门襟弧线处和开衩点上下各3cm处贴牵条，牵条为专用的丝绸牵条衬。后片由腋下至开衩点下3cm处贴牵条，牵条压住净线0.2~0.3cm烫贴，在弧线处根据需要打剪口。

（2）易脱散面料的前后身片贴牵条部位图。除按上述方法贴牵条外，还需在前后片袖窿处从肩点向下6.5～7.5cm贴牵条。

2. **缝合侧缝并劈缝**　车缝侧缝线并扣烫（图10-13）。

（1）缝合前、后片侧缝线至开衩止口。

（2）将侧缝在烫枕上分缝烫倒。

缝合门襟贴边并扣烫（图10-14）。

（1）将门襟贴边与门襟对位缝合，弧线部位要打剪口。

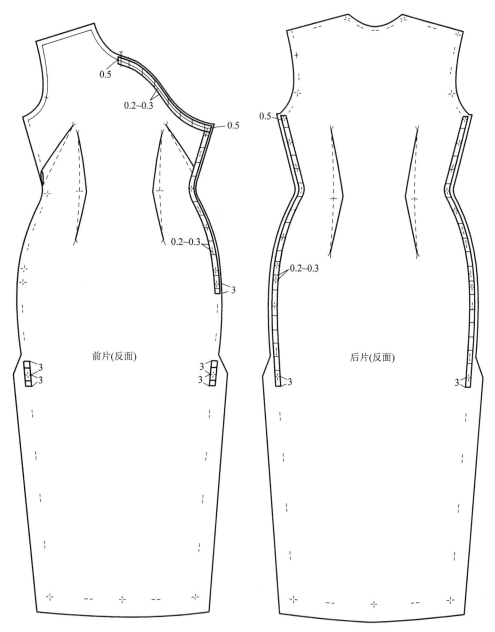

前片(反面)　　　后片(反面)

(1)

图10-12

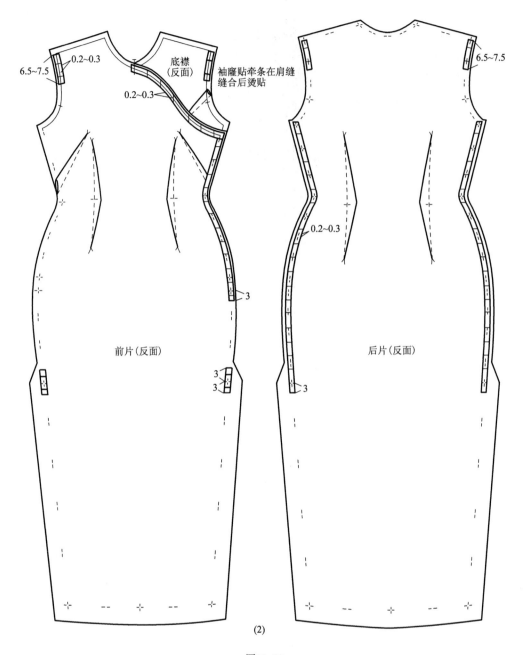

6.5~7.5　0.2~0.3

6.5~7.5

底襟
（反面）

袖窿贴牵条在肩缝
缝合后烫贴

0.2~0.3

0.2~0.3

3

前片（反面）

后片（反面）

3
3

3

3

（2）

图10-12

（2）将贴边翻到正面扣烫，要求不外吐。

扣烫开衩底摆并固定（图10-15）。

（1）、（2）先用线将开衩边绷缝，观察是否平顺，扣烫后用三角针固定。

（3）按图示的步骤扣烫下摆，用暗缲缝固定。

3. **里料大身缝制**　缝合里料的前后片省缝并扣烫（图10-16）。

（1）缝合后片里子省缝，车缝线迹要小于实际宽度0.2cm。

（2）将省缝向侧缝方向烫倒。

（3）车缝腋下省和腰省，腰省向两侧烫倒，腋下省向下烫倒。

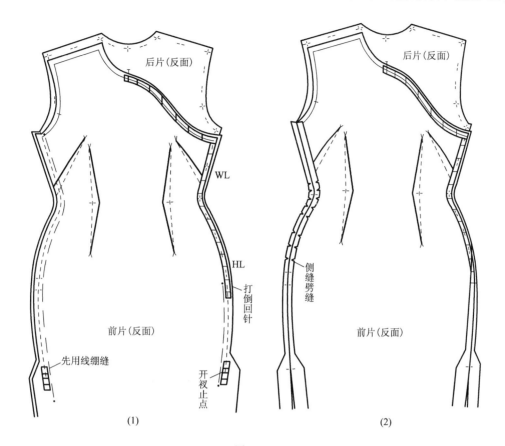

后片（反面）

WL

HL

打倒回针

前片（反面）

先用线绷缝

开衩止点

(1)

后片（反面）

侧缝劈缝

前片（反面）

(2)

图10-13

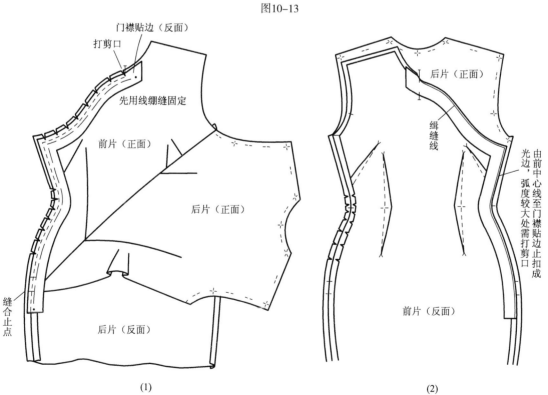

门襟贴边（反面）

打剪口

先用线绷缝固定

前片（正面）

后片（正面）

缝合止点

后片（反面）

(1)

后片（正面）

缉缝线

由前中心线至门襟贴边止扣成光边，弧度较大处需打剪口

前片（反面）

(2)

图10-14

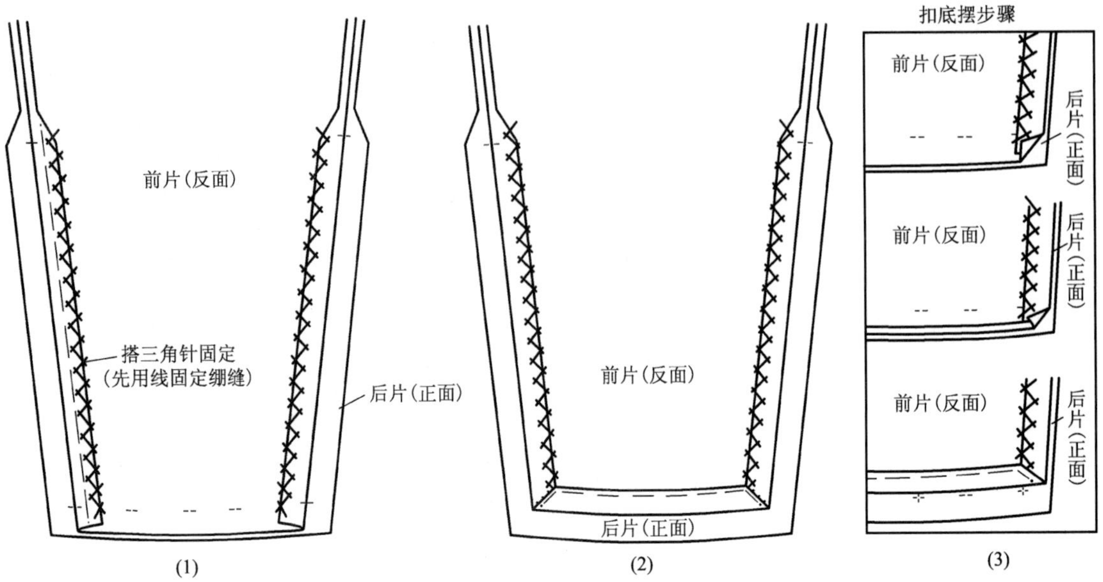

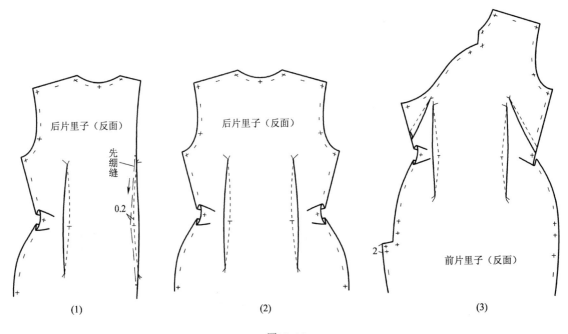

图10-15

图10-16

缝合里子侧缝并扣烫（图10-17）。

（1）侧缝缝合线迹要比净线少缝0.2cm，使里子有一定的松量。底襟一侧的缝合止点要比缝合止点低2cm，以防止制作过程中的误差。

（2）侧缝倒向门襟一侧劈缝。

处理开衩、底摆及贴边（图10-18）。

（1）~（4）在里子的开衩处打剪口，底摆扣烫后压0.1cm的明线。

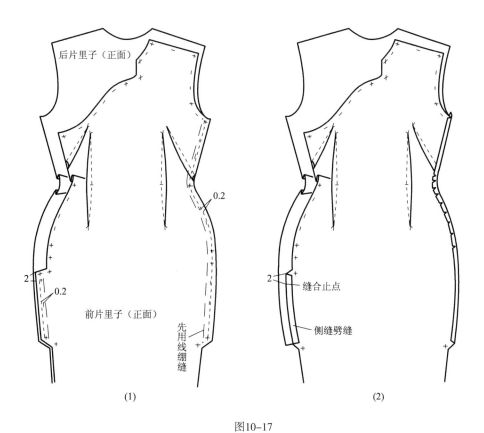

后片里子（正面）

0.2

2　0.2

前片里子（正面）

先用线绷缝

(1)

缝合止点

2

侧缝劈缝

(2)

图10-17

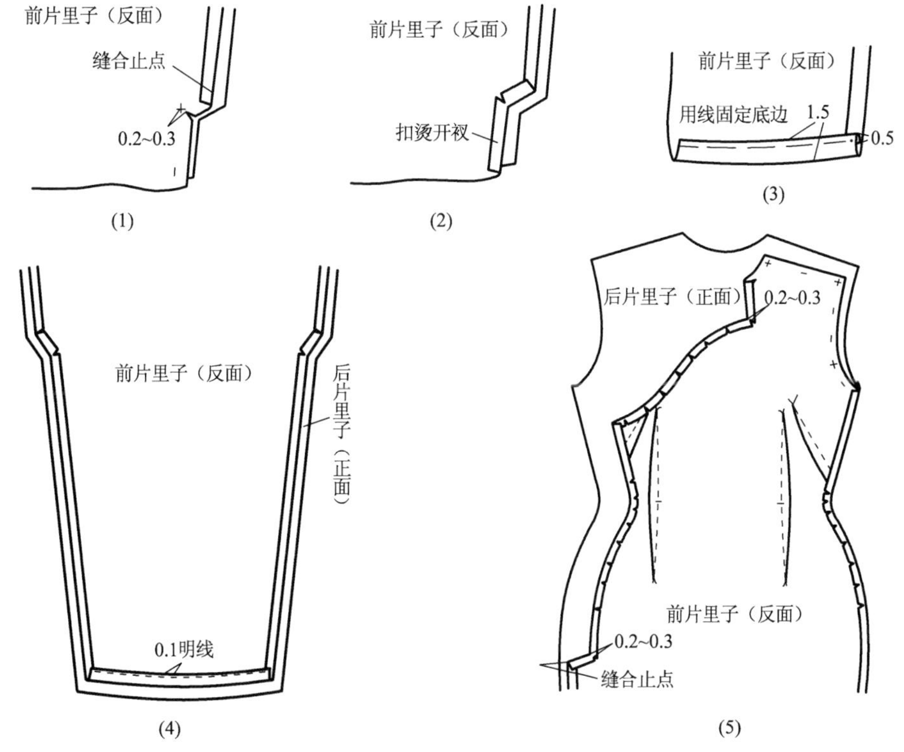

前片里子（反面）

缝合止点

0.2~0.3

(1)

前片里子（反面）

扣烫开衩

(2)

前片里子（反面）

用线固定底边　1.5

0.5

(3)

前片里子（反面）

后片里子（正面）

0.1明线

(4)

后片里子（正面）　0.2~0.3

前片里子（反面）

0.2~0.3

缝合止点

(5)

图10-18

（5）扣烫前片里子贴边处缝份，弧度较大的地方要打剪口。

4. **零部件缝合** 缝制底襟（图10-19）。

底襟里子和面料的省缝缝合。两省缝分烫时方向相反［图10-19（1）~图10-19（4）］。

缝合底襟面里料，弧度处打剪口，翻向正面熨烫［图10-19（5）、图10-19（6）］。

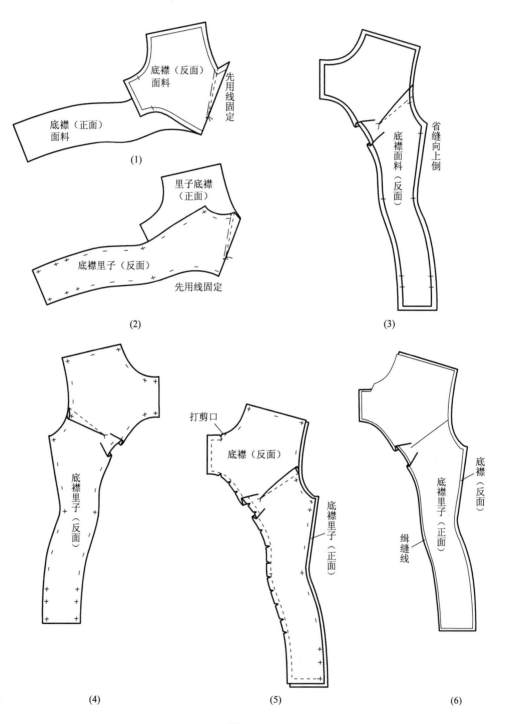

图10-19

缝制领子（图10-20）。

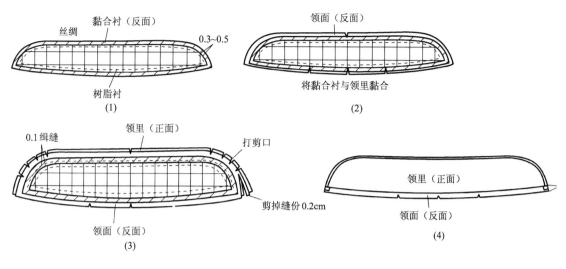

图10-20

（1）先将树脂衬与黏合衬车缝固定，树脂衬小于领子净线0.1cm，黏合衬大于领子净线即可。

（2）将黏合衬贴于领面反面。

（3）将领面、领里缝合，领里的缝份折上来缉缝，剪掉多余的缝份，余下0.5cm，弧度处打剪口。

（4）翻折烫平。

做袖子（图10-21）。

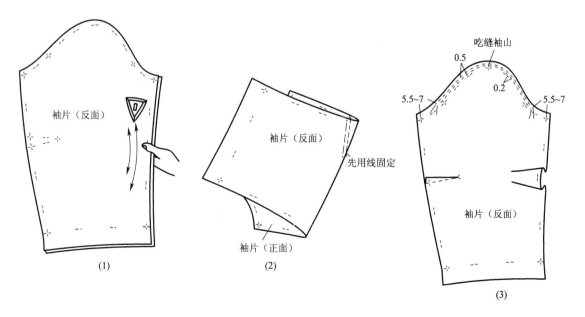

图10-21

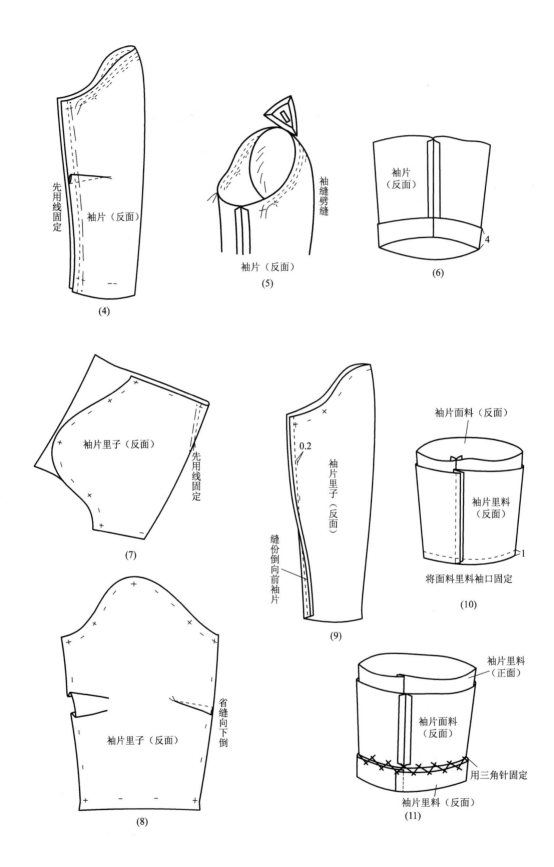

先用线固定

袖片（反面）

(4)

袖缝劈缝

袖片（反面）

(5)

袖片（反面）

4

(6)

袖片里子（反面）

先用线固定

(7)

0.2

袖片里子（反面）

缝份倒向前袖片

(9)

袖片面料（反面）

袖片里料（反面）

1

将面料里料袖口固定

(10)

省缝向下倒

袖片里子（反面）

(8)

袖片里料（正面）

袖片面料（反面）

用三角针固定

袖片里料（反面）

(11)

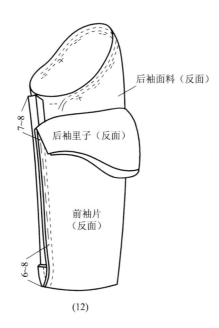
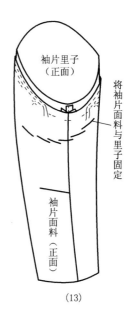

图10-21

（1）先将袖前侧缝的内弧线在前肘位线处拔开。

（2）缝合袖肘省。

（3）缝缩袖山吃势，袖肘省向上倒。

（4）缝合袖缝。

（5）分烫袖缝，烫袖吃势。

（6）扣烫袖口贴边。

（7）、（8）缝合里子袖肘省，省道向下倒。

（9）袖里子缝合侧缝。

（10）先将袖子的面料和里料正面相对，在袖口处对合车缝。

（11）翻到袖面料的反面向外，将里子和袖面料的贴边一起用三角针固定。

（12）再将袖缝固定一段。注意，袖里子缝份上端要多出袖面料缝份上端1.5cm。

（13）翻到正面，绷缝几针，暂时缲住里子和面料。

5. 缝合底襟、肩缝并扣烫（图10-22）

（1）缝合肩缝、底襟侧缝。

（2）将肩缝、底襟侧缝分缝烫开。

（3）缝合里子肩缝和底襟侧缝。

（4）将里子肩缝、底襟侧缝分缝烫开。

6. 敷里子（图10-23）

（1）将面料大身前身反面对准里子大身前身反面，将肩缝、大身侧缝绷缝固定，注意缝份是劈缝相对，只有一层面料和里料。

（2）、（3）先将里子绷缝在门襟贴边上，然后用暗缲缝固定，开衩的缝制工艺相同。

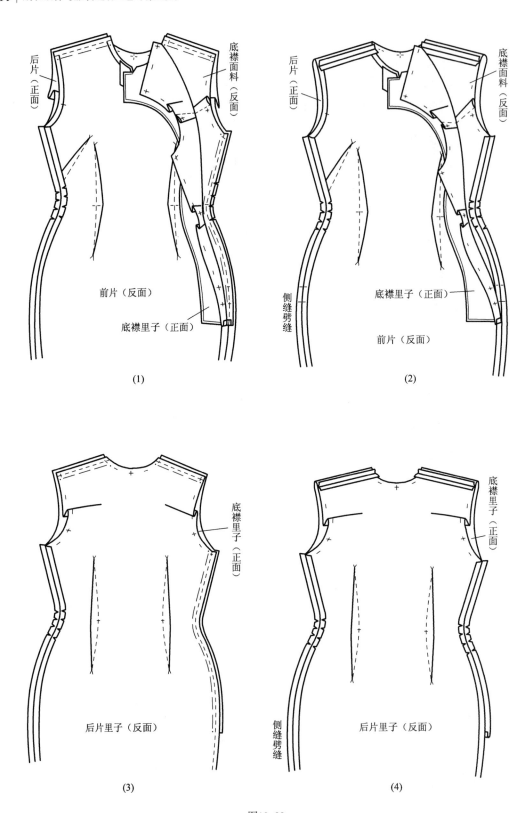

后片（正面）

底襟面料（反面）

前片（反面）

底襟里子（正面）

(1)

后片（正面）

底襟面料（反面）

侧缝劈缝

底襟里子（正面）

前片（反面）

(2)

底襟里子（正面）

后片里子（反面）

(3)

底襟里子（正面）

侧缝劈缝

后片里子（反面）

(4)

图10-22

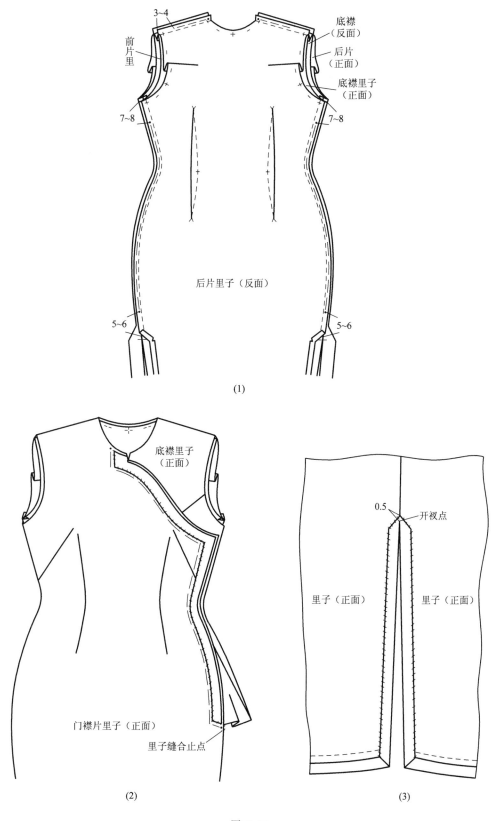

3~4

底襟
（反面）

前片里

后片
（正面）

底襟里子
（正面）

7~8

7~8

后片里子（反面）

5~6

5~6

(1)

底襟里子
（正面）

门襟片里子（正面）

里子缝合止点

(2)

0.5

开衩点

里子（正面）

里子（正面）

(3)

图10-23

7. 绱领子（图10-24）

（1）将没有扣光的领面领脚线和领窝正面相对绲缝，缝份上打剪口。

（2）领里扣光领脚线，领子反正后压住里子缲缝固定。

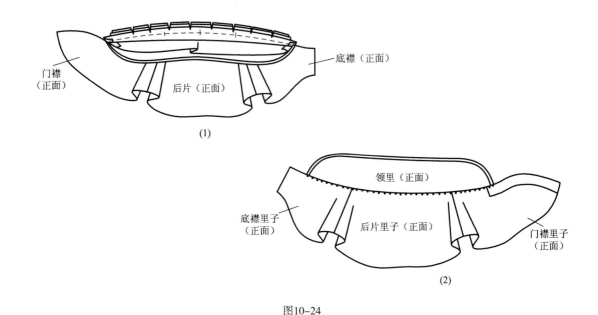

图10-24

8. 绱袖子（图10-25）

（1）先将袖子与大身固定，再绲缝，注意吃势的分配。

（2）将大身里料袖窿固定在垫肩和袖窿缝份上，再把袖里子绷缝在袖窿里子上，最后用手针缲缝固定。

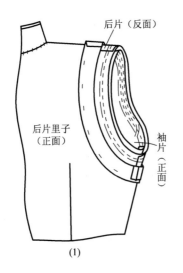

图10-25

9. 做盘扣并钉缝固定 葡萄纽直扣的做法如图10-26所示。葡萄纽直扣多用于薄面料。

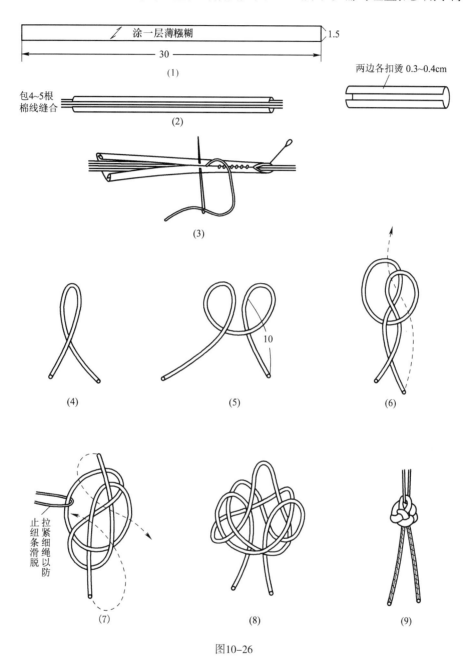

图10-26

（1）用料为1.5cm宽、30cm长的斜纱条。

（2）将4~5根棉线作为包芯线夹在中间，两边各扣烫0.3~0.4cm。

（3）用本色线将两边绕缝在一起。

（4）~（9）为扣结的编结方法。

蜻蜓纽直扣的做法如图10-27所示。蜻蜓纽直扣多用于厚面料，其纽条的制作工艺与葡萄纽相同。

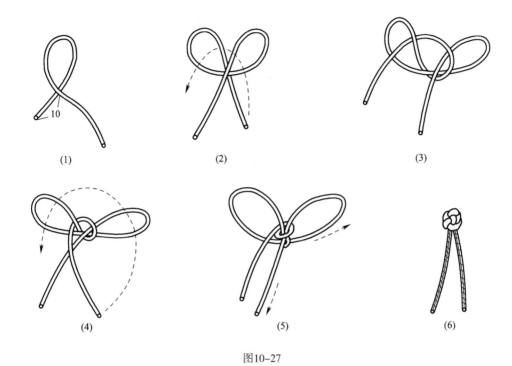

（1） （2） （3）

（4） （5） （6）

图10-27

（1）~（6）为扣结的编结方法。

装钉直扣（图10-28）。

（1）、（2）纽头和纽襻的长度示意。纽头钉在门襟上，纽襻钉在底襟上。

（3）~（5）纽头需露出门襟之外，为防止拉扯面料，钉扣前先用回针疏缝固定扣位。

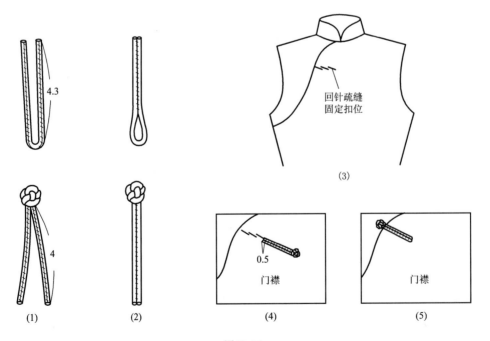

图10-28

（6）纽扣位置示意图。从颈前点至腋下点分为四等份，共装钉5套扣；腋下至腰围线，腰围线至臀围线各两等份，共装订4套扣。注意钉缝时门襟、底襟应平服。

旗袍缝制完成（图10-29）。

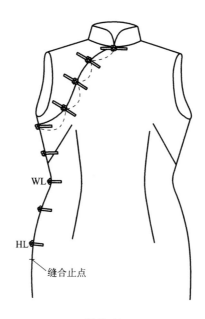

图10-29

第十一章　礼服纸样设计与缝制工艺

第一节　礼服基础知识

礼服是女装十分重要的组成部分，具有高贵、清丽的外形特征及雍容华贵的内在气质。

图11-1

一、概述

礼服的整体效果是通过合体或造型优美的板型和精良的制作工艺来突出人体的体态，形成良好的视觉效果，所以其板型的精细程度要求就较高。

二、礼服的分类

根据穿着场合的不同，礼服可分为结婚礼服、晚礼服等，也可根据外形效果的不同分为流线型和夸张型等。现以结婚礼服（图11-1）为例，来分析样板及制作中的步骤和细节。

三、成品规格的制订

礼服的种类和款式较多，没有固定的模式可以遵循，可以是紧身贴体的流线外形，也可以是较为宽松的多层次效果，因而，其成品规格要根据所设计款式的具体情况来确定。下面所介绍的样式是一件上半身贴体而裙型为蓬松展开的造型，在胸围和腰围上分别在净尺寸基础上各加4cm的松量，其他各部位的设计和处理详见裁剪图。

第二节　礼服的纸样设计与缝制工艺

礼服的缝制工艺因款式的不同而有较大的差异，以下的示例具有较强的代表性，概括了礼服缝制中常用的手法。

一、礼服的纸样绘制

礼服的裁剪图如图11-2~图11-9所示。图11-2是礼服前后片上部分裁剪图，需要注意的是由于前后领口弧线的V型挖深量较大，因而都需在领口弧线处收省来减少前后领口弧线长度。前领口省量由胸部造型所形成，故其省量大小因人而异。省量形成后需合省处理板型，如图11-2（3）所示。

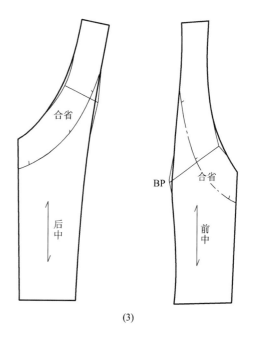

(3)

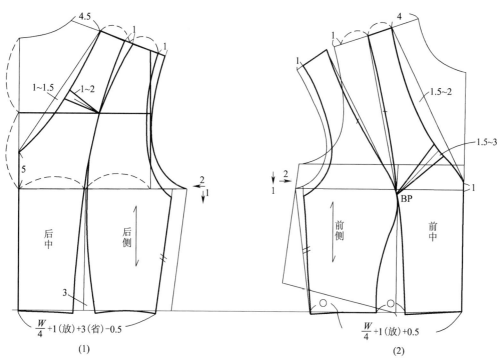

(1)

(2)

图11-2

成品规格表（号型160/84A）　　　　　　　　　　　　单位：cm

部位	裙长	胸围	腰围	臀围	背长	臀高
规格	110	88	72	96	38	17.5

图11-3、图11-4为礼服袖片面、里布裁剪图。袖片制板需注意问题：一是面、里布

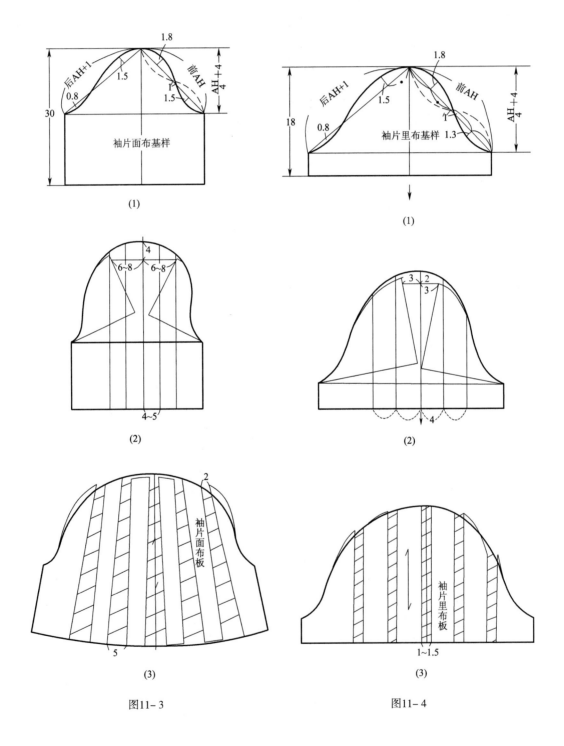

（1）　　　　　　　　　　　　　　（1）

（2）　　　　　　　　　　　　　　（2）

（3）　　　　　　　　　　　　　　（3）

图11-3　　　　　　　　　　　　　图11-4

袖片袖长的差异是为了形成面布袖片袖山头及袖底口的蓬起效果；二是面、里布袖片由基样到最终毛板的过程中，褶裥的加入在前后袖片需均匀，而面、里布袖片的褶量加入量不同；三是褶裥加入完成后需对合面、里布袖片的袖下缝，调节袖山弧线在底部的圆顺程度。

图11-5、图11-6为礼服裙撑基布及造型布的样板处理。裙撑的面料可采用生丝织物，生丝具有一定的透明感和硬挺性，同时又具备一定的华丽感。通过裙撑基布及上、下两层裙撑造型布的蓬起效果可将礼服裙片由腰线以下向外撑开，形成大的伞形效果。

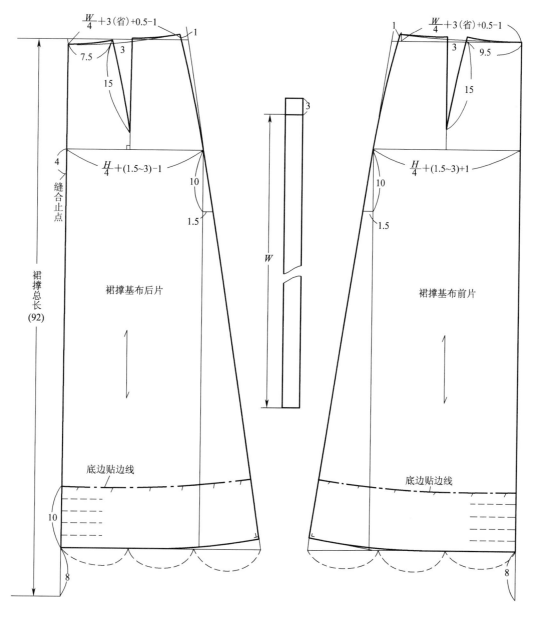

图11-5

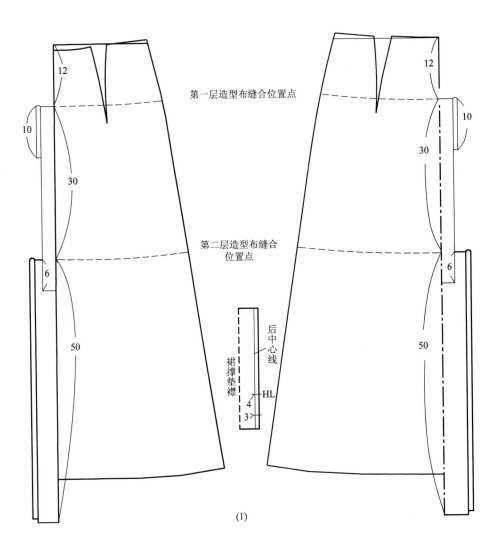

第一层造型布缝合位置点

第二层造型布缝合位置点

后中心线

裙撑垫襦

HL

(1)

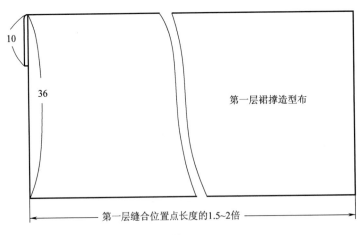

第一层裙撑造型布

第一层缝合位置点长度的1.5~2倍

(2)

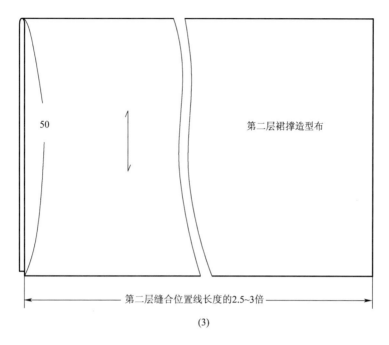

第二层裙撑造型布

第二层缝合位置线长度的2.5~3倍

(3)

图11-6

图11-7为礼服薄纱袖片的裁剪图，面料也可选择生丝面料。

图11-8为礼服玫瑰花裁片和短袖袖头裁剪图。

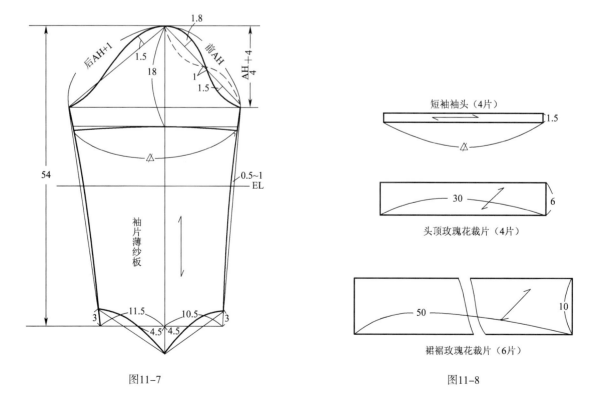

图11-7

图11-8

　　图11-9为礼服面布前后裙片裁剪图，可利用裙撑基布后片纸样展开来形成。首先将后片纸样长度延长5cm，并将纸样五等分，纸样展开的过程中均匀加入褶量，使最终裁片的腰线弧长为3（W+2）/4，即礼服面布裙片由4片构成，腰线总长为（W+2）的3倍，每片为总长的1/4，底摆总长为420cm，面布裙片前片在后片完成的基础上处理腰线处即可。

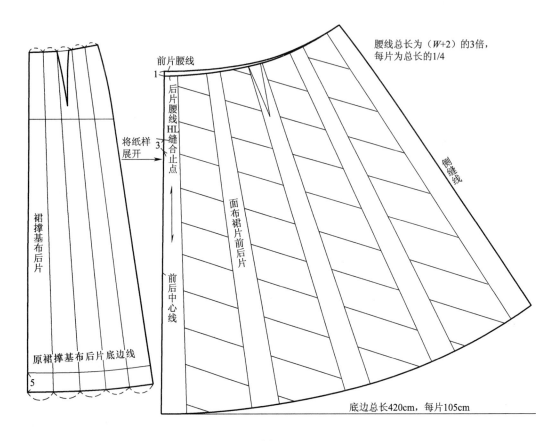

图11-9

二、礼服的毛板与排料

　　图11-10~图11-12为毛板图，其中包括面布（可选择素软缎）各裁片放缝图，里布（可选择真丝电力纺）各裁片放缝图，袖片薄纱放缝图及裙撑基布及裙撑各零部件放缝图。其他剩余部分，包括头纱裁片、玫瑰花裁片、腰带裁片及裙撑造型布裁片可由面料上直接裁取，相对要求不是特别严格，具一定随意性。

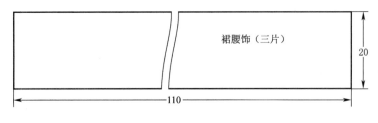

图11-10

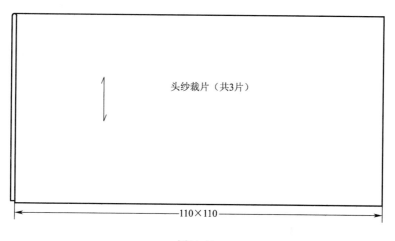

图11-11

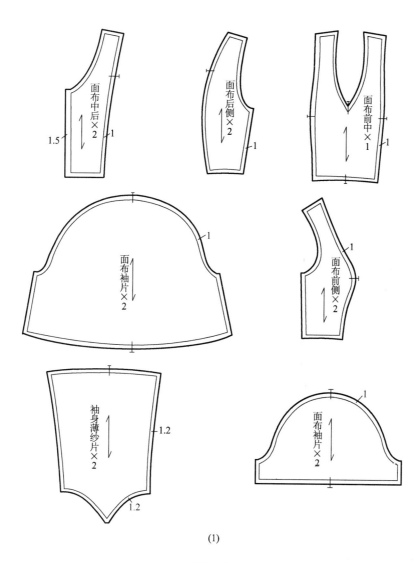

(1)

图11-12

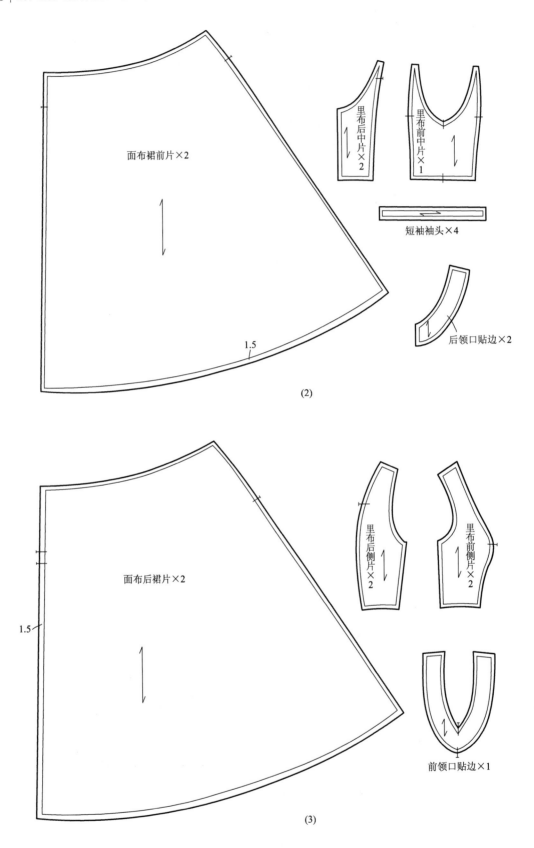

面布裙前片×2

里布后中片×2

里布前中片×1

短袖袖头×4

后领口贴边×2

1.5

(2)

面布后裙片×2

里布后侧片×2

里布前侧片×2

1.5

前领口贴边×1

(3)

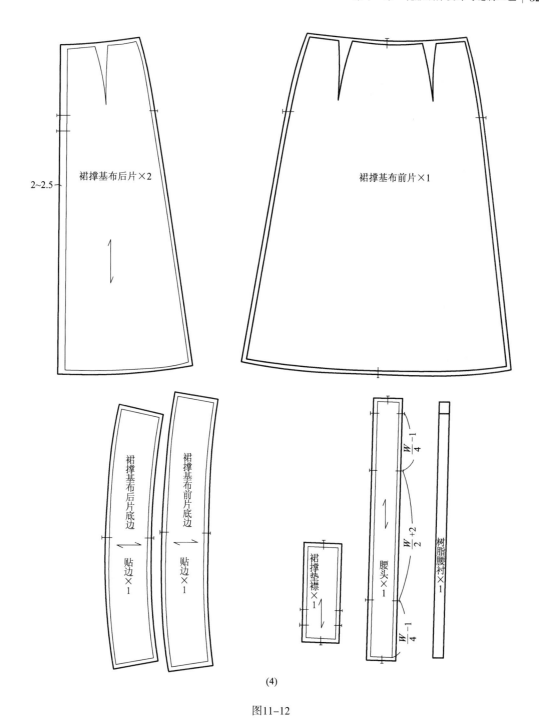

(4)

图11-12

图11-13为面料排料图。

图11-14为里料排料图。

图11-15为裙撑、袖片薄纱排料图。

以上为缝制前的准备工作，其中需再强调的是由于礼服的合身性要求较严格，所以一旦穿着对象确定，最好利用平面与立体结合的方式，先将裁片用大针脚假缝后试穿，并通过试

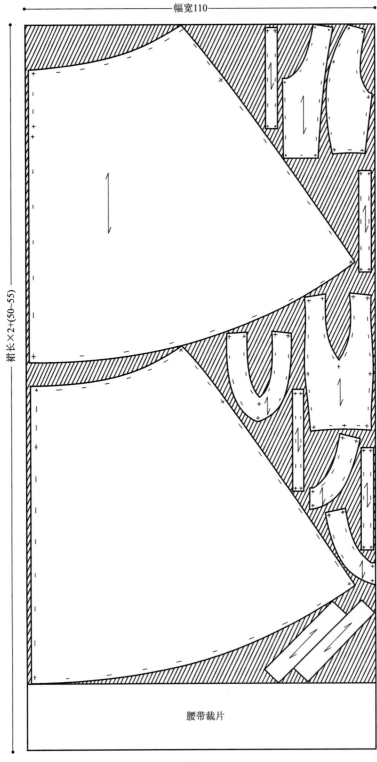

腰带裁片

(1)

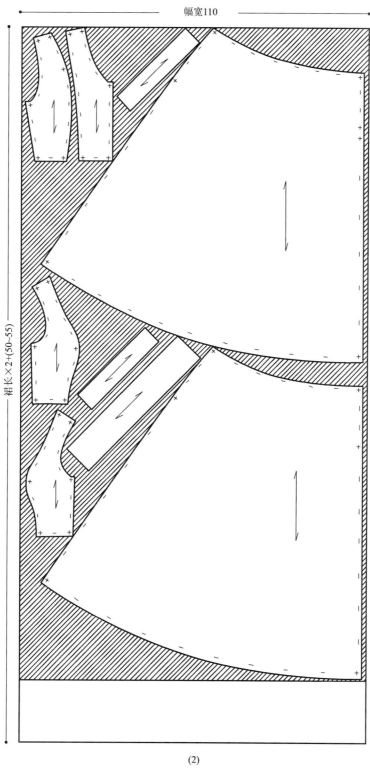

(2)

图11-13

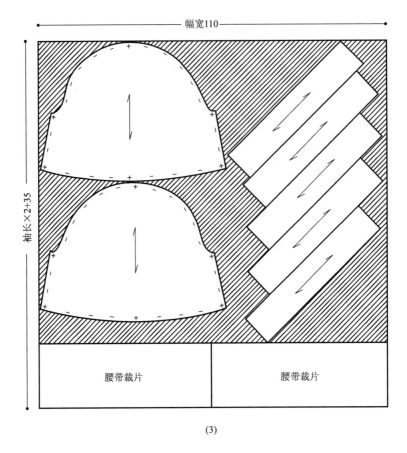

（3）

图11-13

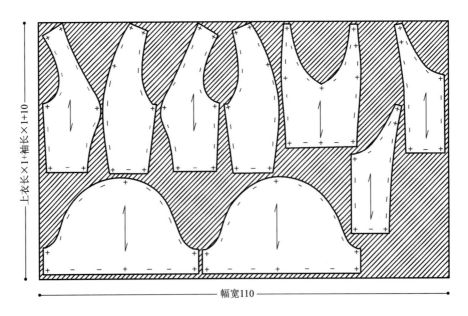

图11-14

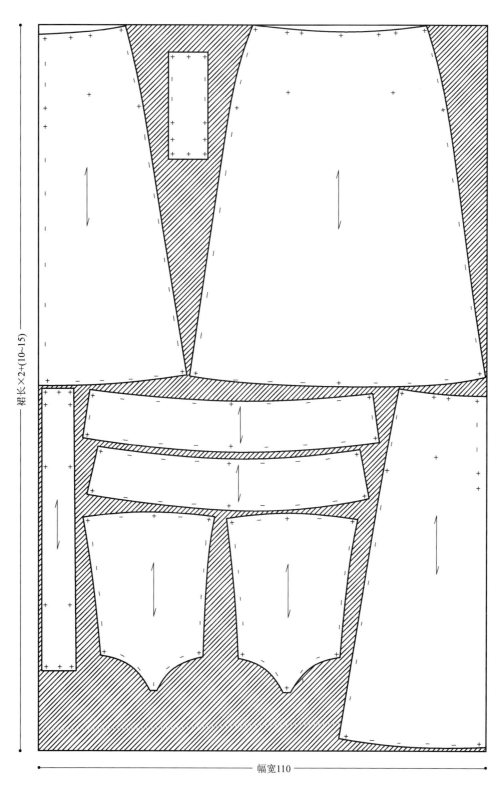

（1）

图11-15

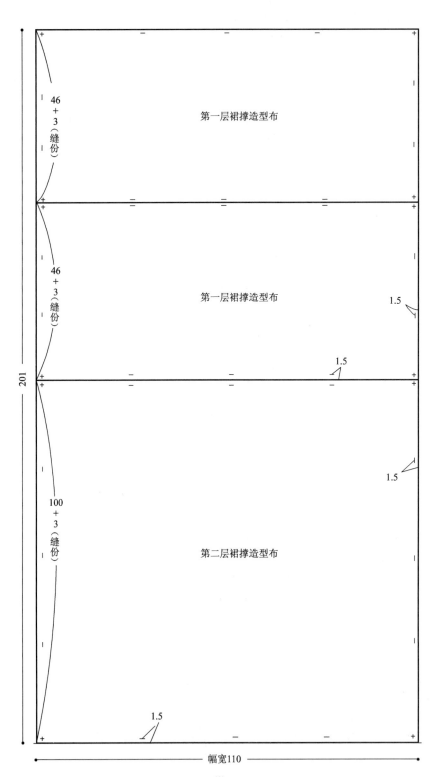

(2)

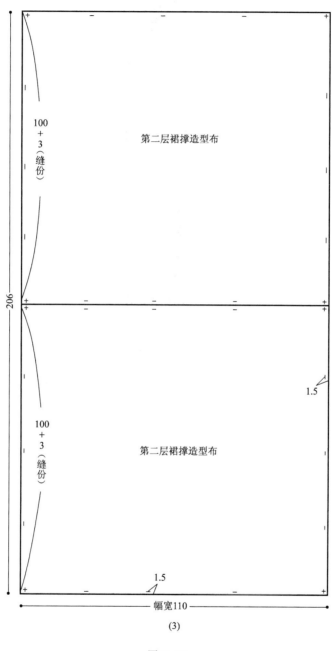

(3)

图11-15

穿效果修正样板纸型，使其更为适体。此步骤非常重要，一旦修正完成，即可按礼服缝制工序进入制作阶段，下面我们按照具体顺序来说明缝制过程中的实际操作内容。

三、礼服的工艺流程

图11-16为礼服缝制工艺流程图。

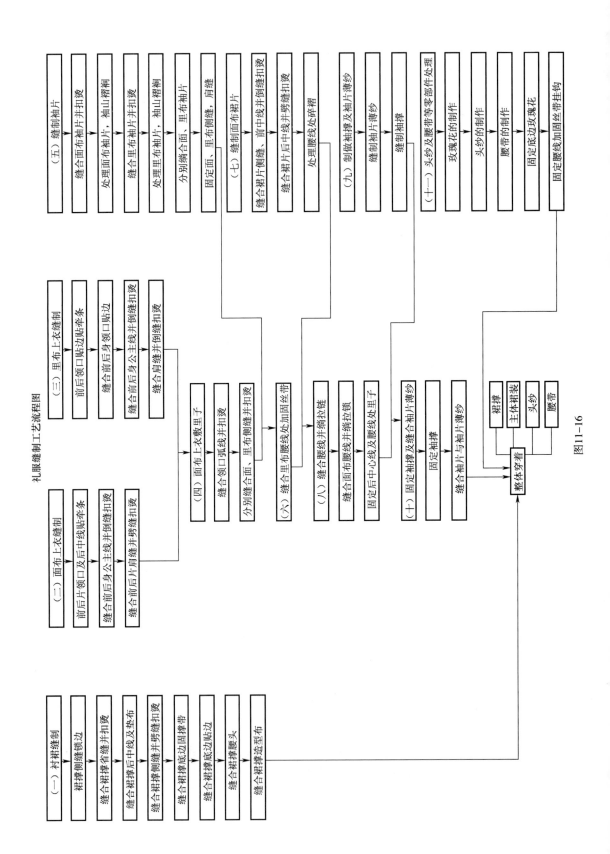

礼服缝制工艺流程图

（一）衬裙缝制

衬裙缝制 → 衬裙撑侧缝锁边 → 缝合衬裙撑省缝并缝扣烫 → 缝合衬裙撑后中线及垫布 → 缝合衬裙撑侧缝并缝扣烫 → 缝合衬裙撑侧缝底边缝扣烫 → 缝合衬裙撑底边贴边 → 缝合衬裙撑腰带 → 缝合衬裙撑头 → 缝合裙撑造型布

（二）面布上衣缝制

面布上衣缝制 → 前后片领口及后中线贴牵条 → 缝合后身公主线并缝扣烫 → 缝合前后衣片省缝并劈缝扣烫

（三）里布上衣缝制

里布上衣缝制 → 前后片领口贴边贴牵条 → 缝合前后身领口贴边 → 缝合前后身公主线并倒缝扣烫 → 缝合肩缝并倒缝扣烫

（四）面布上衣敷里子

面布上衣敷里子 → 缝合领口弧线并扣烫 → 分别缝合面、里布侧缝并缝扣烫

（五）缝制袖片

缝制袖片 → 缝合面布袖片并扣烫 → 处理面布袖片，袖山褶裥 → 缝合里布袖片并扣烫 → 处理里布袖片，袖山褶裥 → 分别绱合面、里布袖片 → 固定面、里布侧缝、肩缝

（六）缝合里布腰线处加固丝带

缝合里布腰线处加固丝带

（七）缝制面布裙片

缝制面布裙片 → 缝合裙片侧缝，前中线并倒缝扣烫 → 缝合裙片后中线并劈缝扣烫 → 处理腰线处碎褶

（八）缝合腰线并绱拉链

缝合腰线并绱拉链 → 缝合面布腰线及腰线处里子 → 固定后中心线及腰线处里子

（九）制做袖撑及袖片薄纱

制做袖撑及袖片薄纱 → 缝制袖片薄纱 → 缝制袖撑

（十）固定袖撑及缝合袖片薄纱

固定袖撑及缝合袖片薄纱 → 固定袖撑 → 缝合袖片与薄纱

（十一）头纱及腰带等零部件处理

头纱及腰带等零部件处理 → 玫瑰花的制作 → 头纱的制作 → 腰带的制作 → 固定底边玫瑰花 → 固定腰线加固丝带挂钩

整体穿着 → 裙撑、主体裙装、头纱、腰带

图11-16

四、礼服的缝制方法

图11-17为贴衬图及锁边图。在领口、领口贴边及后中心线贴牵条的作用是防止领口拉伸并使绱拉链时平服，贴牵条时应压住净粉印0.2cm，车缝时同时固定。

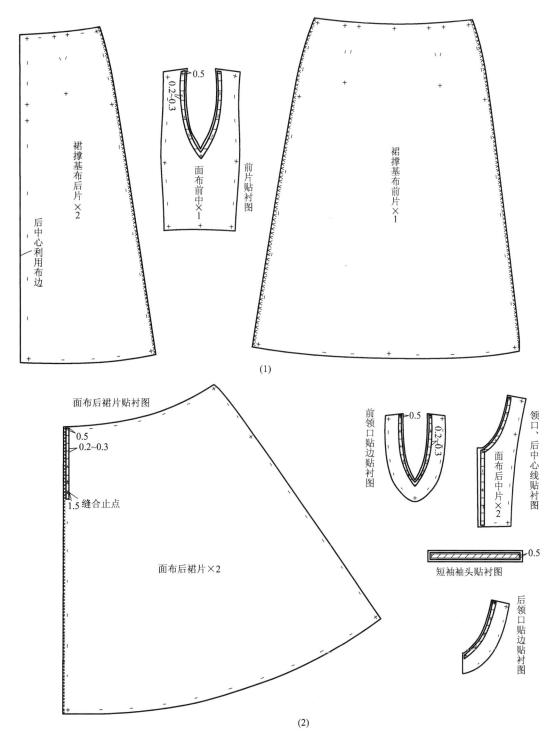

图11-17

1. **衬裙缝制** 缝合裙撑基布前后片省缝并扣烫（图11-18）。注意前后片省缝分别倒向前后中心线。

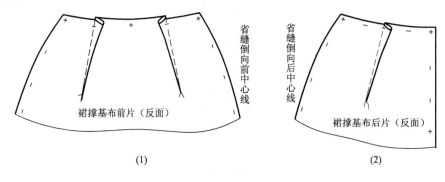

图11-18

缝合裙撑基布后中心线及垫布（图11-19）。

（1）、（2）缝合后中心线并劈缝扣烫，注意缝合止点打倒回针。

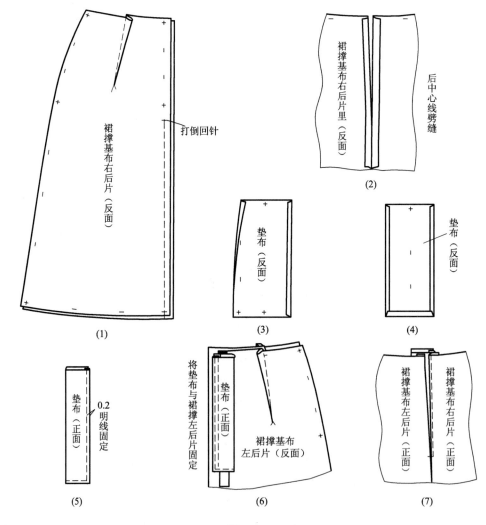

图11-19

（3）~（5）制作裙撑拉链垫布，如图示分别将垫布的三边扣成光边，折叠后车缝0.2cm明线固定。

（6）将垫布与裙撑左后片车缝固定，注意车缝时需正好固定在后中心线上或稍稍向缝头方向退回0.5cm。

（7）熨烫后中心线及垫布，并在裙撑基布右后片右腰线至缝合止点，缉缝0.1cm明线。

缝合裙撑基布侧缝并扣烫（图11-20）。

缝合裙撑基布底边、固撑带（图11-21）。

（1）固撑带的裁剪：因撑带通常用尼龙带来制作，其作用是利用尼龙带的硬挺性将裙撑基布底摆撑起，形成大的张开伞形，使其不致在裙撑造型布及面布裙片的压力下塌型。尼龙带固定在由底边向上10cm所形成的区域内，将此区域五等分，每个等分区域的中间部位为尼龙带的固定位置。每一区域的尼龙带长度通过两侧侧缝线分成前后两个部分裁片，每一部分的长度为该区域裙撑布的弧线长度加1cm，因而共需10条不同长度的尼龙带。

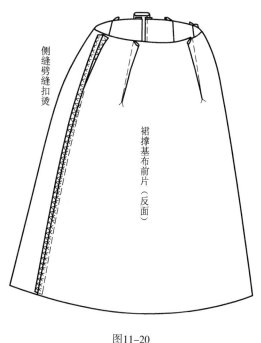

图11-20

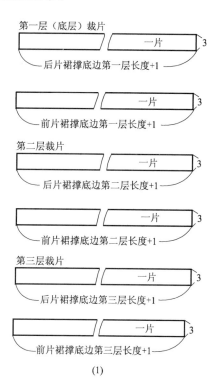

(1)

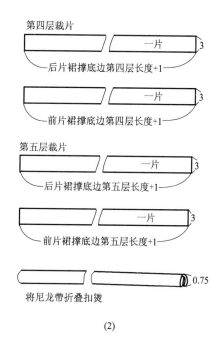

(2)

图11-21

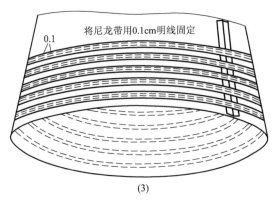

（3）

图11-21

（2）将十条尼龙带分别折叠扣成0.75cm的宽度。

（3）将尼龙带用0.1cm的明线固定在五个等分区域的中间位置上。

缝合裙撑基布底摆贴边（图11-22）。

（1）缝合底边贴边侧缝并劈缝扣烫。

（2）将底边贴边与裙撑基布在底边净缝处车缝固定。

（3）扣烫底边，使其止口不外吐，然后将贴边的另一侧折叠1cm扣烫，缝0.1cm明线固定。同时，在10cm区域内的五等分处压明线固定。

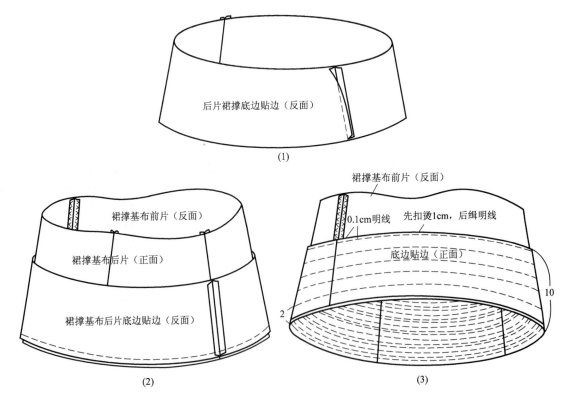

图11-22

缝合裙撑基布腰头（图11-23）。

（1）在腰头布的背面贴衬。

（2）、（3）车缝制作腰头并扣烫成型。

（4）将做好的腰头与裙撑腰部缝伤车缝固定。

（5）车缝0.1cm明线固定腰头。

（6）确定裙撑基布后门襟扣眼位置。

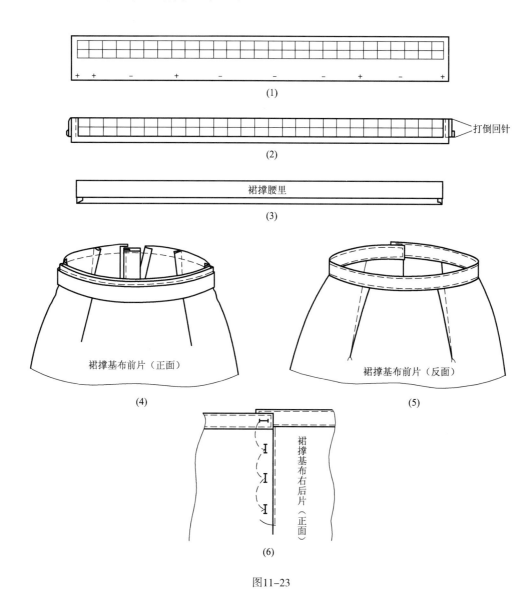

图11-23

车缝裙撑造型布（图11-24）。

（1）将第一层裙撑造型布的两个裁片先接缝一侧，劈缝扣烫后分别将边缘部分用卷边缝扣烫成0.75cm，并车缝0.1cm明线固定。因第一层裙撑造型布在后中心线处牵涉到穿脱的问题，故两个裁片在一侧需打开，在完成的基础上将造型布抽碎褶，抽紧至与其缝合位置上裙

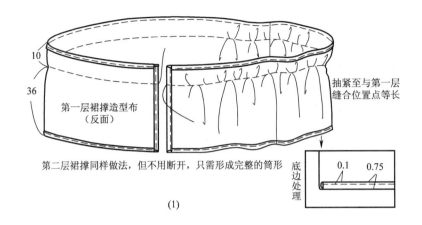

10

36

第一层裙撑造型布
（反面）

抽紧至与第一层
缝合位置点等长

第二层裙撑同样做法，但不用断开，只需形成完整的筒形

底边处理

0.1　0.75

(1)

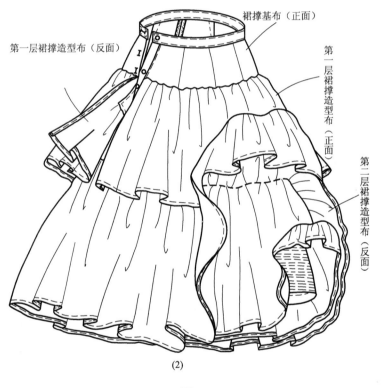

裙撑基布（正面）

第一层裙撑造型布（反面）

第一层裙撑造型布（正面）

第二层裙撑造型布（反面）

(2)

图11-24

撑基布的弧线等长。第二层造型布的做法与之类似，区别在于第二层造型布的三个裁片分别缝合成一个完整的封闭筒型后再抽碎褶。

（2）分别将两层造型布与裙撑基布固定。

到此为止，裙撑的制作已完成。需要强调的是，裙撑底摆的尼龙固撑带既可做在裙底边上，也可车缝固定在底边贴边上，两者作用相同。

2. 面布上衣缝制（图11-25）

（1）缝合前身片公主线：先用线绷缝固定，然后车缝。

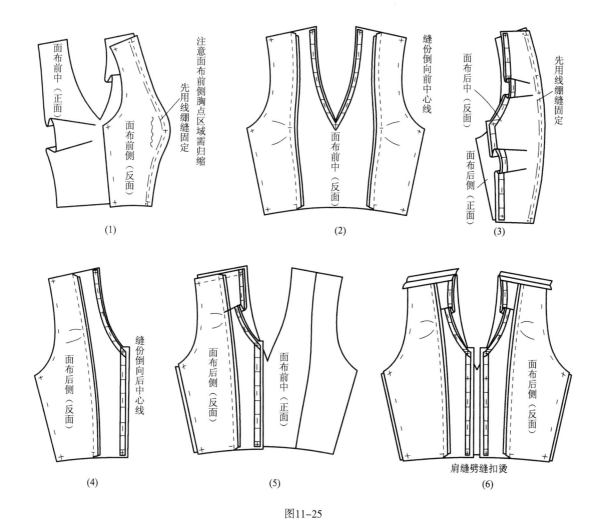

图11-25

（2）将前身片公主线缝份扣烫倒向前中心线方向。

（3）缝合后身片公主线：先用线绷缝固定，然后车缝。

（4）将后身片公主线缝份扣烫倒向后中心线方向。

（5）车缝前后片肩缝。

（6）将肩缝劈缝扣烫。

3. 里布上衣缝制（图11-26）

（1）、（2）缝合里布前后片领口贴边，缝份倒向里布。

（3）、（4）里布前身公主线车缝并扣烫：先用线绷缝固定，在距离净粉印0.2cm处车缝明线，留0.2cm眼皮量或松量，缝份倒向侧缝线。

（5）、（6）里布后身公主线车缝并扣烫，做法与前片相同。

（7）、（8）缝合里布肩缝并倒缝扣烫，缝份倒向后片。

4. 上衣敷里子　缝合面、里布领口弧线并扣烫（图11-27）。

（1）将面、里布前后领口弧线处车缝固定，并打剪口，以便翻扣熨烫。

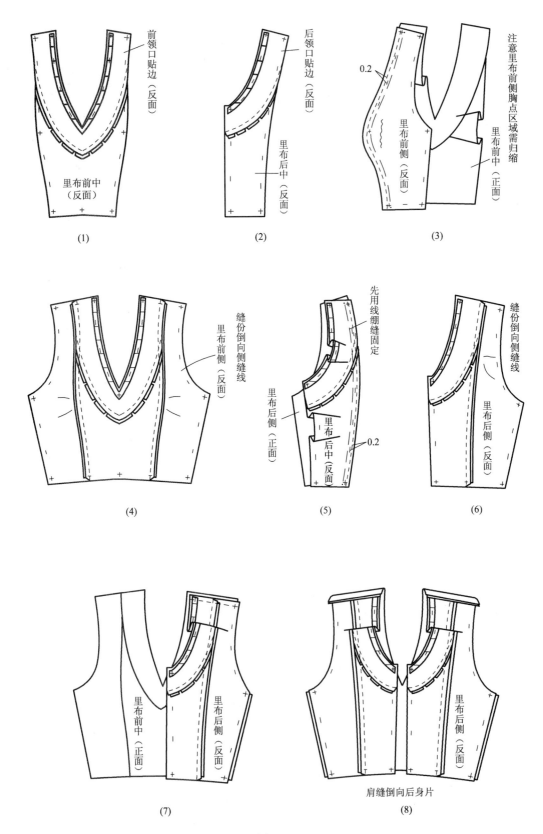

前领口贴边（反面）

里布前中（反面）

(1)

后领口贴边（反面）

里布后中（反面）

(2)

0.2

注意里布前侧胸点区域需归缩

里布前侧（反面）

里布前中（正面）

(3)

缝份倒向侧缝线

里布前侧（反面）

(4)

先用线绷缝固定

里布后侧（正面）

里布后中（反面）

0.2

(5)

缝份倒向侧缝线

里布后侧（反面）

(6)

里布前中（正面）

里布后侧（反面）

(7)

里布后侧（反面）

肩缝倒向后身片

(8)

图11-26

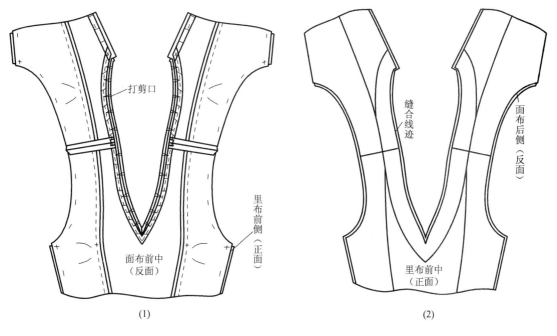

图11-27

（2）扣烫前后领口弧线，要求止口不外吐。

分别缝合面、里布侧缝并扣烫（图11-28）。

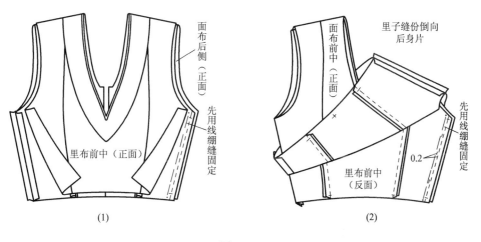

图11-28

（1）缝合面布侧缝并劈缝扣烫。

（2）缝合里布侧缝线并倒缝扣烫，距离净粉印0.2cm车缝。

5. 缝制、绱合袖片（图11-29）

（1）、（2）车缝面布袖缝并处理面布袖山部分褶裥，袖缝劈缝扣烫。

（3）缝合里布袖缝并扣烫，距离净粉印0.2cm车缝，缝份倒向里布前袖片。

（4）处理里布袖山部分褶裥。

（5）、（6）分别绱合面、里布袖片。

（7）用白棉线固定面、里布肩缝及侧缝。

（8）袖子前视效果。

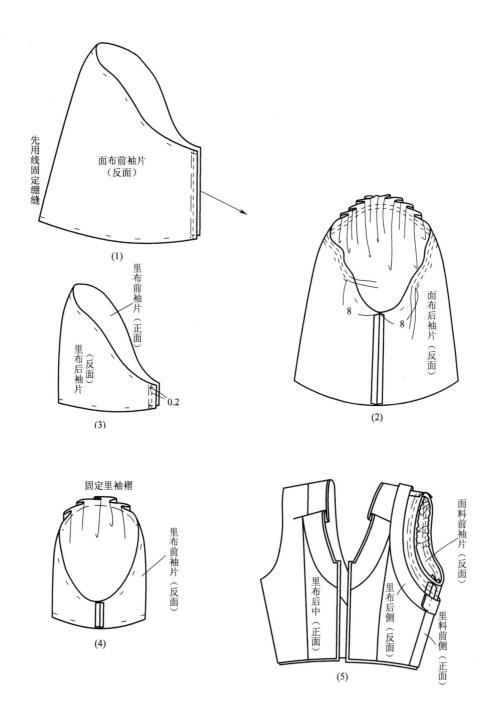

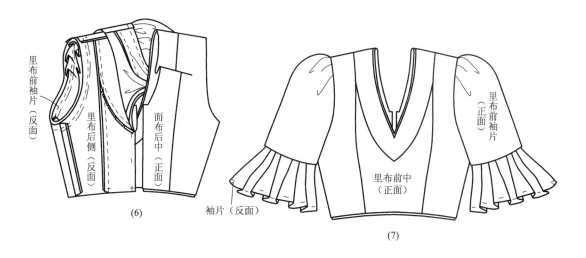

里布前袖片（反面）

里布后侧（反面）

面布后中（正面）

(6)

袖片（反面）

里布前袖片（正面）

里布前中（正面）

(7)

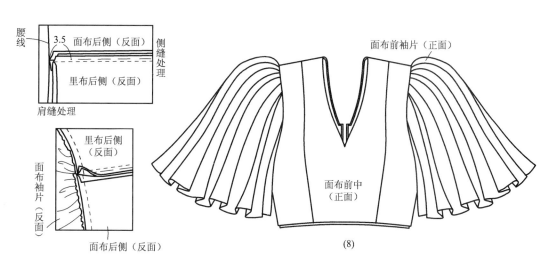

腰线

3.5　面布后侧（反面）

侧缝处理

里布后侧（反面）

肩缝处理

里布后侧（反面）

面布袖片（反面）

面布后侧（反面）

面布前袖片（正面）

面布前中（正面）

(8)

图11-29

6. 缝合里布腰线处加固丝带（图11-30）

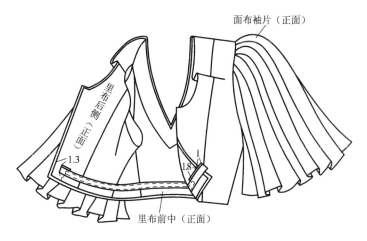

面布袖片（正面）

里布后侧（正面）

1.3

1.8

里布前中（正面）

图11-30

7. **缝制处理面布裙片**（图11–31）

（1）缝合面布裙片侧缝线。

（2）将侧缝线缝份倒向后裙片扣烫。

（3）缝合前中心线并倒缝扣烫。

（4）、（5）缝合面布裙片后中心线至拉链止点，并劈缝扣烫。

（6）处理腰线处碎褶并扣烫底边，将碎褶抽至均匀，并使上衣腰线及裙装腰线等长。

（7）扣烫底边并卷边缝压0.1cm明线。

8. **缝合腰线并绱拉链** 缝合面布腰线并绱拉链（图11–32）。

（1）接缝面布上衣和面布裙片腰线，尽量使褶裥均匀。

（2）将腰线处缝份倒向上衣方向。

（3）、（4）将闭合的拉链用大针脚固定在后中心线上，注意拉链的闭合性要好。

（5）缝合拉链，用专业单侧压脚缝合。

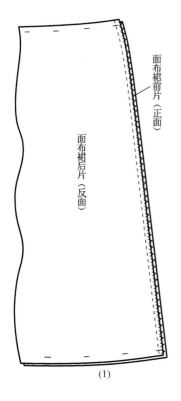

(1)

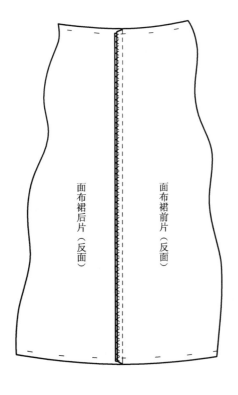

(2)

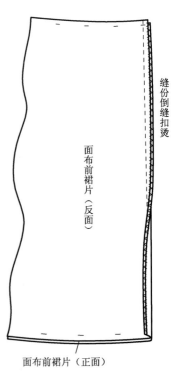

(3)

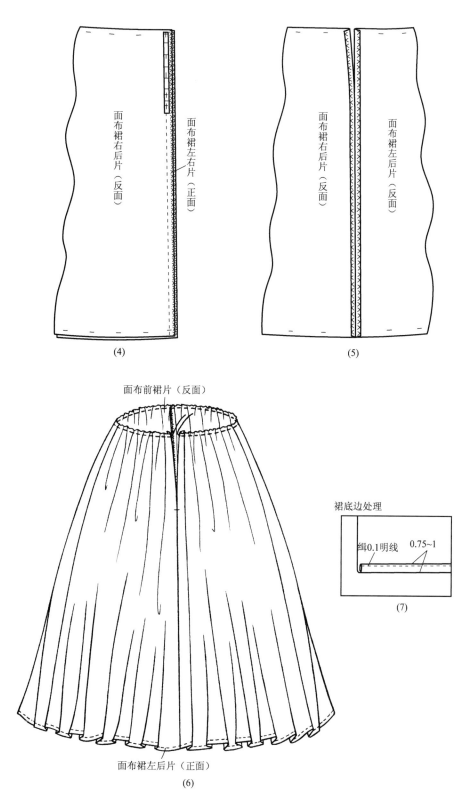

面布裙右后片（反面）　　面布裙左右片（正面）

(4)

面布裙右后片（反面）　　面布裙左右片（反面）

(5)

面布前裙片（反面）

裙底边处理

缉0.1明线　　0.75~1

(7)

面布裙左后片（正面）

(6)

图11-31

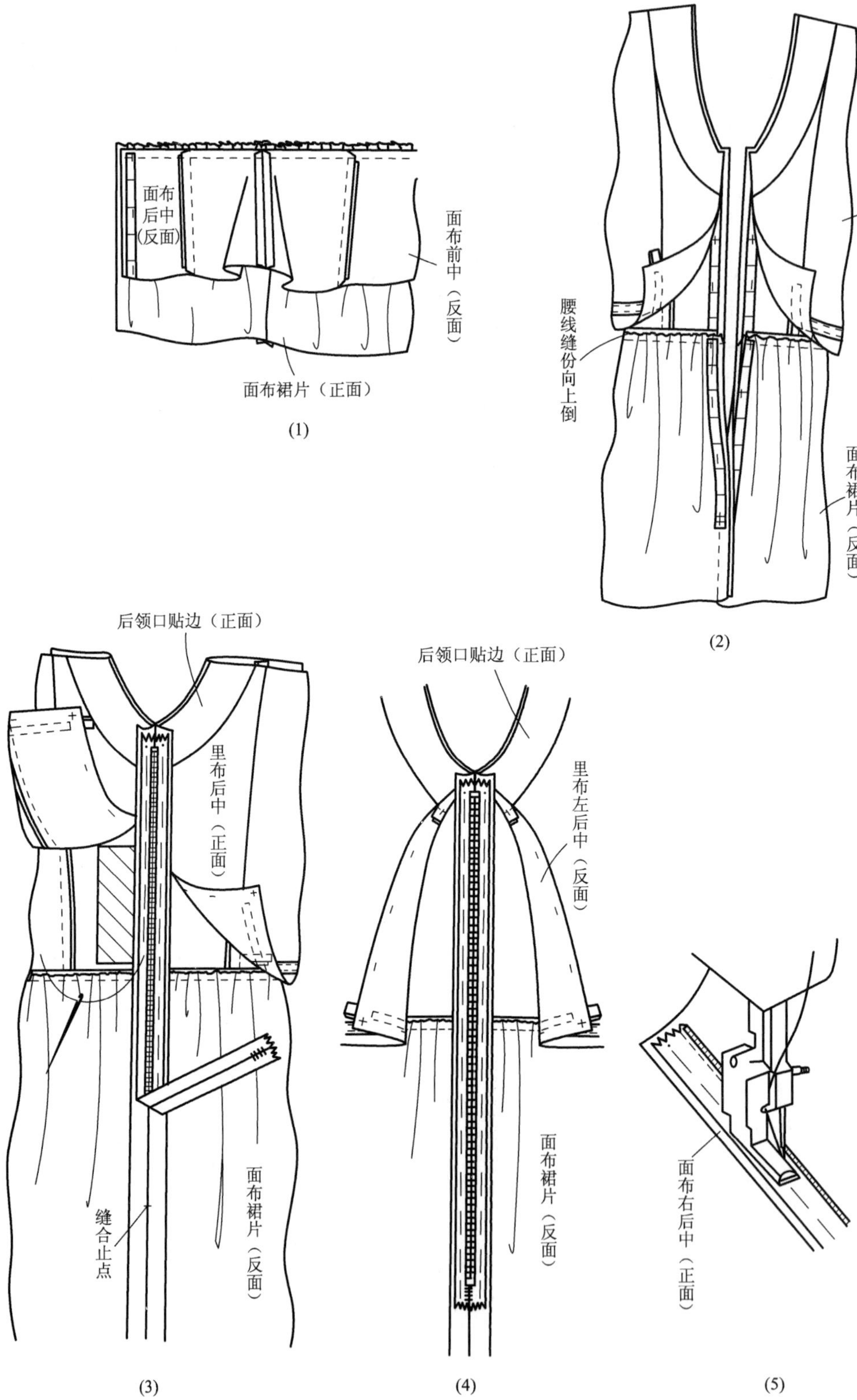

面布后中（反面）

面布前中（反面）

面布裙片（正面）

（1）

里布后侧（正面）

腰线缝份向上倒

面布裙片（反面）

（2）

后领口贴边（正面）

里布后中（正面）

缝合止点

面布裙片（反面）

（3）

后领口贴边（正面）

里布左后中（反面）

面布裙片（反面）

（4）

面布右后中（正面）

（5）

图11-32

固定后中心线及腰线处里子（图11-33）。用暗缲缝完成，针脚需细密、隐藏。

9. **制作袖撑及袖片薄纱** 缝制袖片薄纱（图11-34）。

（1）、（2）扣烫袖片薄纱袖口缝份，卷边扣烫。

（3）袖口处缝份扣烫完成后，在袖尖处插入一条弹性固带，后根据图示方向用0.1cm明线车缝固定。弹性固带的作用是在穿着中套在中指上，固定袖口形状。

（4）、（5）用来去缝缝合薄纱袖片袖缝线。

（6）、（7）缝合短袖袖头，劈缝扣烫。

（8）将两层袖头与薄纱袖片同时缝合固定。

（9）整理扣烫短袖袖头与薄纱袖片。

缝制袖撑（图11-35）。

（1）裁剪袖撑五层网状弹性裁片。

（2）将上三层袖撑造型折叠褶裥做型后同时固定。

（3）将第五层袖撑造型卷成两层，折叠褶裥做型后同时固定。

（4）将第四层折叠褶裥做型后，与第五层同时固定，袖撑的作用是形成肩部的饱满造型。

10. **固定袖撑，接缝袖片与袖片薄纱** 固定袖撑（图11-36）。

将袖撑夹在面布袖片与里布袖片缝份之间，用手针小

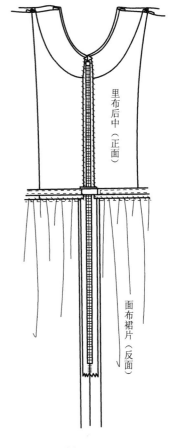

图11-33

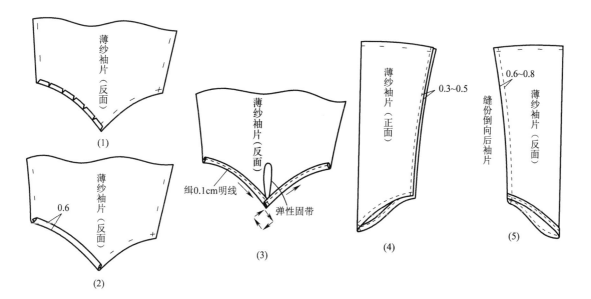

图11-34

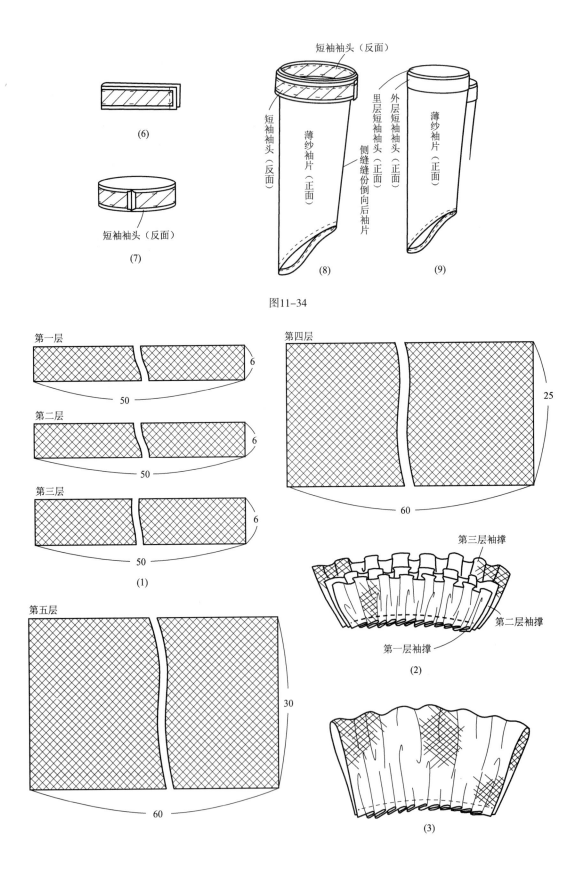

(6)

(7)

短袖袖头（反面）

短袖袖头（反面）

薄纱袖片（正面）

短袖袖头（反面）

里层短袖袖头（正面）

外层短袖袖头（正面）

侧缝缝份倒向后袖片

薄纱袖片（正面）

(8)

(9)

图11-34

第一层

6

50

第二层

6

50

第三层

6

50

(1)

第五层

30

60

第四层

25

60

第三层袖撑

第二层袖撑

第一层袖撑

(2)

(3)

与第五层同时固定

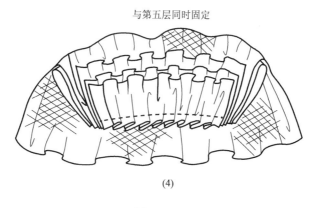

(4)

图11-35

针脚固定。

接缝袖片与袖片薄纱（图11-37）。

（1）将面布袖片与里布袖片的袖口同时抽碎褶固定，形成饱满的褶裥效果。

（2）将面、里布袖片与薄纱袖片的面布短袖袖头车缝固定，并在背面将里面的短袖袖头与里布袖片手针固定。

11. **头纱及腰带等零部件的制作**　玫瑰花的制作（图11-38）。

（1）将裁好的玫瑰花裁片折叠后用锁边机锁边，再用小针脚绗缝。

（2）抽紧绗缝线使玫瑰花成型。

（3）将玫瑰花团底部收拢拉紧固定。

头纱的制作（图11-39）。

（1）将发卡底托处所需的垫布裁片折叠成光边。

（2）将发卡底托处的活动支撑架取下，以便固定发卡底托垫布。

（3）将底托垫布用手针固缝在发卡底托上。

（4）、（5）将三层头纱中的两层按规则折叠成长方形后抽碎褶，另一层折叠成三角形后抽褶做型。

（6）将三层头纱同时固定在发卡底托垫布上，折叠成三角形的一层在上，折叠成长方形的两层在下，并按箭头方向将三层头纱同时翻到发卡的正面。

（7）在发卡正面，将玫瑰花、头纱及发卡底托同时固定。

腰带制作（图11-40）。

（1）将两个整幅与两个半幅裁片分别缝合并劈缝扣烫。

（2）将两层缝好的腰带布在一侧留8～10cm开口，剩余边缘部分1cm车缝。

（3）将腰带由背面翻掏过来并扣烫成型，用手针固定开口处缝份。

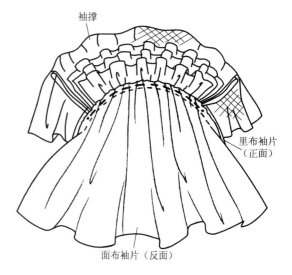

袖撑

里布袖片（正面）

面布袖片（反面）

图11-36

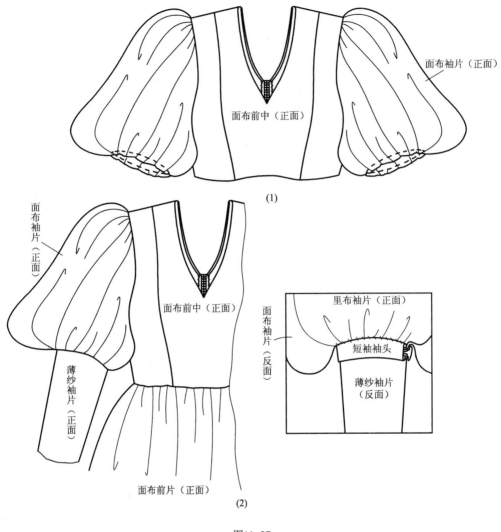

面布袖片（正面）

面布前中（正面）

(1)

面布袖片（正面）

面布前中（正面）

薄纱袖片（正面）

面布前片（正面）

(2)

里布袖片（正面）

面布袖片（反面）

短袖袖头

薄纱袖片（反面）

图11-37

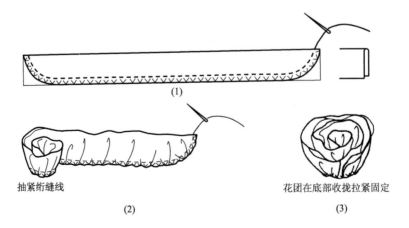

(1)

抽紧绗缝线

(2)

花团在底部收拢拉紧固定

(3)

图11-38

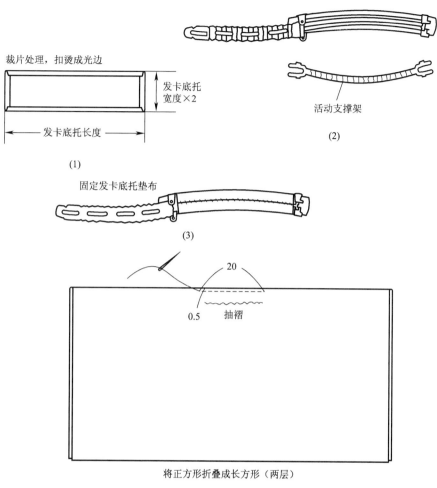

裁片处理，扣烫成光边

发卡底托
宽度×2

发卡底托长度

(1)

活动支撑架

(2)

固定发卡底托垫布

(3)

20

0.5　抽褶

将正方形折叠成长方形（两层）

(4)

20

抽褶　0.5

将正方形折叠成三角形

(5)

图11-39

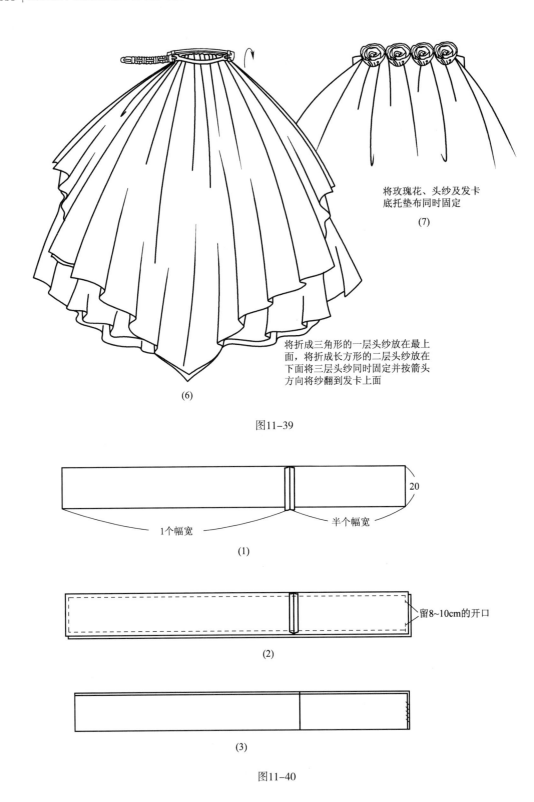

将玫瑰花、头纱及发卡底托垫布同时固定

(7)

将折成三角形的一层头纱放在最上面，将折成长方形的二层头纱放在下面将三层头纱同时固定并按箭头方向将纱翻到发卡上面

(6)

图11-39

20

1个幅宽   半个幅宽

(1)

留8~10cm的开口

(2)

(3)

图11-40

固定底摆玫瑰花（图11-41），将整个裙摆以侧缝为准，前后裙片各3等份，即底边处需钉6朵玫瑰花，侧缝线各1朵，前裙片2朵，后裙片2朵。在确定的底边位置上将底边向上折叠

4~5层，此过程随意性较大，以美观来确定高低位置，然后将玫瑰花与折叠好的4~5层裙摆同时固定。

固定腰线处加固丝带挂钩（图11-42），加固挂钩的作用是增加腰线处的造型稳定性，减小因裙片重力下垂所引起的形态改变。

到此为止，此款礼服的制作各道工序已全部完成，穿着时只需将几个部分汇总即可，包括头纱、主体裙装、裙撑及腰带。腰带可由前向后围绕，在后腰线处系一大蝴蝶结。

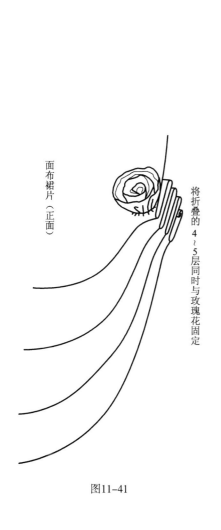

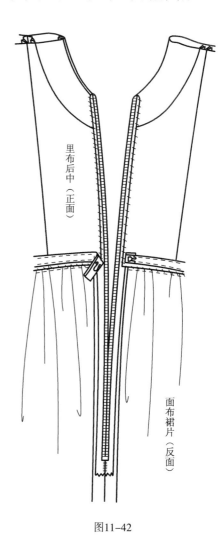

图11-41　　　　　　　　　　　　　　图11-42

第十二章 裤子、衬衫常见疵病分析与样板修正

本章主要以代表性的下装西裤和上装女衬衫为例，讲授服装的主要疵病。服装的外观质量问题在很大程度上取决于衣片的结构设计是否均衡。只有通过识别和分析结构问题，才能找到正确的修正方法。

第一节 裤子常见疵病分析与样板修正

男女西裤都属于合体度较高的裤型。一件造型完美的西裤应该是腰围、臀围、横裆围三围平衡，前后烫迹线居中，腰部褶裥平服自然，左右两侧口袋平整服帖，后身臀部舒适圆顺，立裆长短恰到好处，裆部合适不起皱，下裆分衩处清晰，中裆以下裤脚垂直、对称。人在站立、行走及蹲、坐活动中都能保证舒适，同时运动后裤子能恢复自然状态。

与此相反，如果制作不好的西裤看上去尺寸基本符合要求，但穿在人体上造型不是很完美，外观出现不平服、失衡等现象，穿着感觉不舒服，尤其在活动中，行走、蹲、坐感觉不便，这与结构设计及工艺有直接关系。

一、前兜裆
裤子在穿着时，前片裆弯部分感觉紧绷，外观出现较明显的向上兜的皱褶。

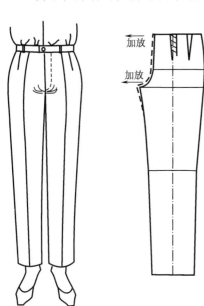

图12-1

原因：是由于前片臀围松量不足，小裆宽度欠缺引起的。

修正方法：需要适当加放臀、腰及小裆的松量。如果问题较为严重，同时还要加放立裆的长度。兜裆较轻时，可仅将小裆加宽或将小裆弯弧度放出一些即可（图12-1）。

二、后兜裆
裤子在穿着时，后片在裆弯处出现紧绷状态，影响坐、蹲等活动的基本需要，外观出现较明显的向上兜的皱褶。

原因：主要是后片大裆斜线起翘不足。

修正方法：适当增加大裆斜线起翘高度。同时，大裆弯的弧度也需要适当减小，因为后兜裆的问题有时与大裆弯弧度过深有直接关系（图12-2）。

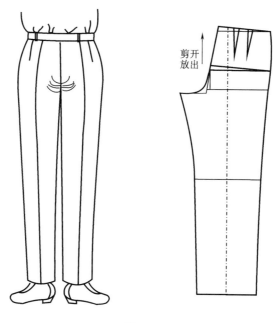

图12-2

三、臀部紧绷

裤子在穿着时，后片出现紧绷现象，走、坐、蹲时臀部有明显不舒适感。

原因：主要是后片臀围松量不够。

修正方法：需要加大臀围松量，同时，裤片的腰围也要相应加放，从而增加省量，给中腰部位合理的松量；后片横裆围也要均匀加量，以满足后片腰围、臀围、横裆围的平衡（图12-3）。

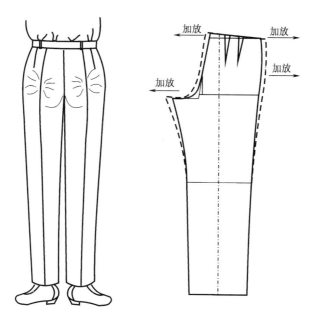

图12-3

四、胯部斜皱褶

裤子在穿着时，若胯部出现向上斜吊的皱褶，会影响裤脚口的平衡。

原因：主要是由于人体胯部较宽，侧缝弧线较长，而前、后裤片侧缝长度不够引起的。

修正方法：需要增加前、后裤片侧缝弧线长度，前、后裤片腰围也要适当加放，从而增大省量，给中腰部位足够松量（图12-4）。

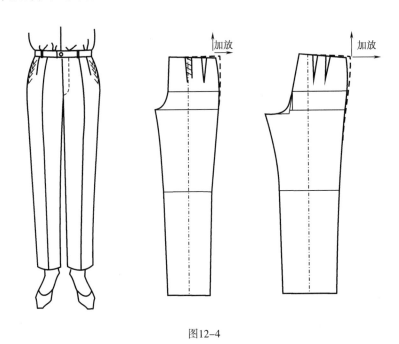

图12-4

五、后裤片中腰下起涌

裤子在穿着自然站立时，后中腰下部不平服，起涌，产生横皱褶。

原因：主要是立裆长度设计不够准确，稍长，后片大裆斜线起翘过高，使后裆线过长造成起涌，产生多余的空隙量。

修正方法：减少起翘量，并适当减少后片臀围松量（图12-5）。

六、前裤片中腰下起涌

前裤片中腰下起涌，产生横皱褶。

原因：是因为腹围偏平，中腰围松量偏大引起的。

修正方法：应适当减少前裆线的撇腹量（减少前中腰省量），同时也可适当降低前裆线位置，使前裆线适量减少，侧缝多收些省量，减少前中腰的腹凸松量（图12-6）。

七、裤脚内外撇

人在自然站立时，穿着裤子的烫迹线向里或向外撇，影响整体外观造型，且行走时感觉不舒服。

原因：主要是裁剪时面料放置不正，造成裁片纬斜；或由于原料自身纬斜，裁片经熨烫

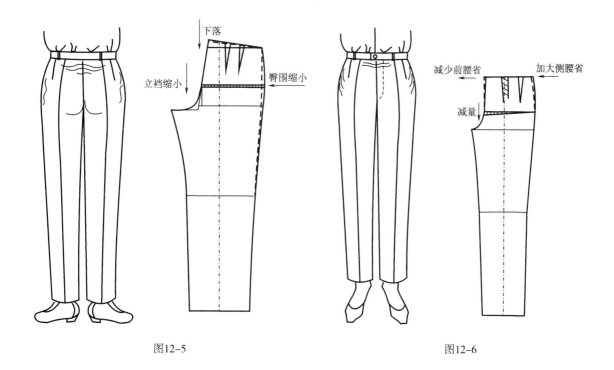

图12-5　　　　　　　　　　　　　　　图12-6

自然回缩，造成裁片丝缕不正；后裤片拔裆不直，造成下裆缝上下错位；前片下裆缝短，造成内撇，下裆缝长造成外撇。

修正方法：在裁剪中一定要将前、后裤片烫迹线对准经纱，方向顺直，熨烫归拔量到位。车缝下裆缝时注意不要错位，可以用归拔裤片的方法纠正。如烫迹线外撇，可将前裤片侧缝向下拔开，下裆内侧缝一侧归拢；如烫迹线内撇，则操作与此相反（图12-7）。

八、外侧缝插袋口不平

男女西裤外侧缝插袋口不平服，主要表现为前裤片松、后裤片紧、袋口豁开等。

原因：主要是在缝合外侧缝时，前裤片袋口部位比后裤片松而造成的。

修正方法：车缝袋口处时要注意后裤片稍松些，缉袋口明线时要平顺，防止斜裂。封袋口时，前裤片要比后裤片稍拉紧，以防袋口处出现不平服的现象。

九、前裤片小裆不平

西裤在穿着时虽没有兜裆不舒服的感觉，但小裆部位有不平服的皱褶出现，影响外观质量。

原因：因为裁片的裆弯部分是斜纱丝缕，缝合过程中有拉抻而造成的。

修正方法：在缝制裆弯时应注意不要拉抻过度，缝制中上下片应保持同步松紧。

十、裤子的门、里襟长短不一致

当拉好拉链后，裤子门、里襟上口左右腰口不平齐，或者上口平齐，中段松紧不一而起皱。

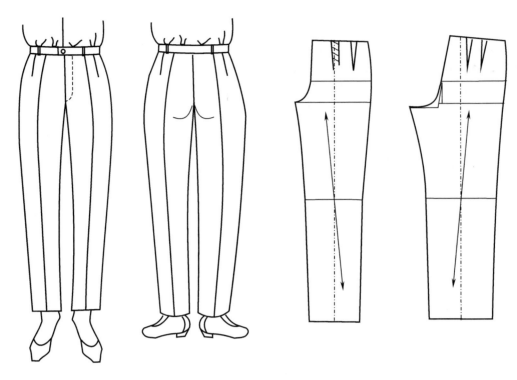

图12-7

原因：主要是因为封小裆时左右裤片没有对齐；或装腰头时，门、里襟上口的缝份不一致。

修正方法：封小裆时两裤片要比齐、装腰时两裤片的缝份宽窄要一致，车缝要顺直。

第二节　上装常见疵病分析与样板修正

男女衬衫属于较合体类服装。一件款式造型完美的衬衫应该是胸围、腰围、臀围松量均衡，袖型完美。尤其是女衬衫胸部曲线的塑造必须准确，立体感强。另外，在保证外观整体美感的同时，运动与舒适状态也应该非常理想。

但如果出现穿着感觉不平衡，上肢活动不舒服、不顺畅，尤其外观曲线及领子等关键部位没有达到设计要求，就必须对结构和工艺进行审视与分析，并进行必要的修正。

一、止口搅拢或豁开

当衬衫穿着在身上，扣上扣子后，前身止口搅拢（俗称搞口）或者豁开，即左右衣片在搭门线上的重叠量超过或小于搭门量，穿在人体上产生不平衡，严重影响外观质量。

原因：止口搅拢主要是因为前、后领宽的设计不正确，前领宽相对后领宽偏窄，以及衣片的肩斜度不够，从而造成肩部贴体部位纵向支撑的肩颈部分结构不准。另外，胸围松量不够，女衬衫胸高塑形的省量不足，致使前衣长不足。

　　修正方法：增大前胸围松量，前片胸围线以上应适量加长（即加长前腰节长度，加大腋下省量），前领宽加宽些，同时适量增大落肩或增大垫肩厚度。通过结构上的调整获得平衡（图12-8）。

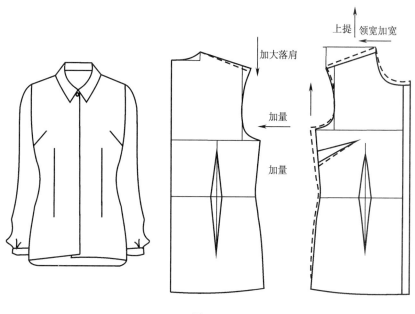

图12-8

　　衬衫止口豁开其衣片结构失衡的问题与搅拢正好相反。由于胸部偏低，前腰节长应适量减小，前领宽相对后领宽应适当缩窄，肩斜度减少或减小垫肩厚度，使其结构符合人体需要（图12-9）。

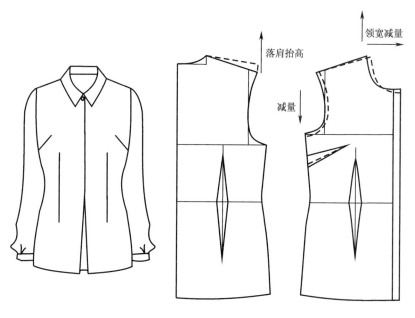

图12-9

二、领子后部不贴颈或过分贴颈

领子后部不贴颈，不服帖，出现穿着不舒适的情况。

原因：衬衫领子属于封闭状态，故应在满足颈部基本活动需要的基础上自然抱颈。如果出现领子后部有下坠感觉，不能很好地贴合颈部，这主要是后领深（后领翘）开得过深和领座高度不足所致。

修正方法：将后领深适当减小，领座高度适量加大。成衣后领窝若没有多余的缝份，可将后小肩斜线适当剪掉一些，以减小后领深，此时后腰节会变短，故需放出后衣长以保持前后衣片的正确比例（图12-10）。

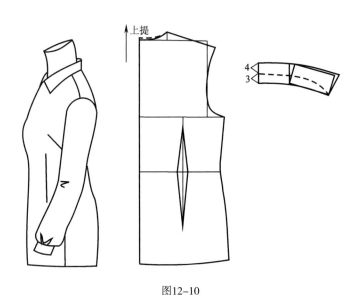

图12-10

衬衫领子后部过分紧贴，使颈根有压迫感。

原因：后领宽不足，后领口太小，使装领位置偏高，影响颈部的舒适感。

修正方法：应适量将领宽、后领深扩展一些。如果是普通翻领，在工艺处理中应将领外口线适当拔开，以增加领子的外口松量及翻折线松量。

如果是男衬衫领，应降低领座样板前部的翘度，适量调整翻领翘度，以增加翻领外口松量。通过调整以满足领子与颈部之间的松量要求（图12-11）。

三、胳膊上抬时袖子不畅

胳膊上抬时袖子有压肩感，活动略显困难。

原因：根据造型需要，衬衫袖子既要与衣身保持整体和谐，又要满足较好的活动机能及舒适要求。如果上抬胳膊受阻，活动不便，这主要是衬衫结构上袖窿与袖山高的配合不理想，即袖山过高、袖肥不足所致。

修正方法：在衬衫结构设计中，袖窿深的开深量应准确，应在确保人体上臂根深的基础上追加2cm开深量为宜，袖山高所对应的角度应保持在30°左右；袖肥一般应小于1/4胸围。所以在修正中应适量调整这两部分关系，如仍有压肩感应提高肩端点，即适量减少落肩量，

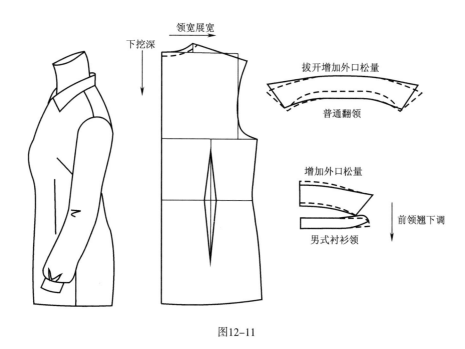

图12-11

以满足活动需要（图12-12）。

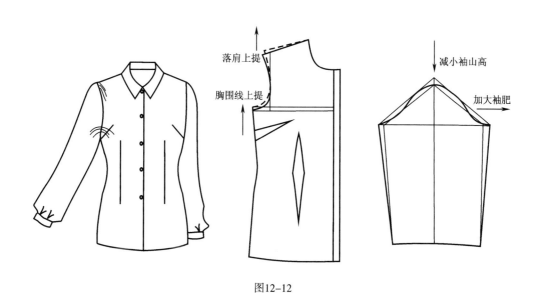

图12-12

四、领尖部位反翘

领子的领尖向上翘起，不服帖，影响外观。

原因：衬衫领子的外观状态是一整件衣服的精髓所在，如果出现衣领的尖角不伏帖，向上反翘则属于大的弊病。这主要是领面与领里缝合时，领里的尖角处没有拉紧，没有做出领里紧、领面稍有余量的工艺处理，故产生反翘。

修正方法：领面领尖处比领里约大0.3～0.5cm，在宽度方面，领面比领里也要略大

0.5cm。熨烫时将领里一侧烫成内凹状，在缝合时，稍拉紧领里，使领面宽余量合适，并注意缝制时两领角的对称。在绱领子时应保证领口弧线的圆顺，并注意领口不要拉抻。领下口应略松于领口（图12-13）。

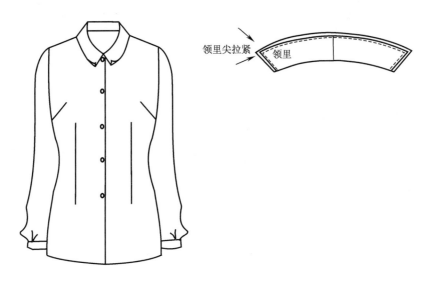

领里尖拉紧　领里

图12-13

五、领面不平顺、起皱

领面不平服产生斜或横向皱。

原因：主要是领里、领面的差余量太大或分布不均匀。另外，在车缝领子止口时缝针太粗或压脚的压力过大也会造成此弊病。

修正方法：将领里、领面差余量调整合适，领面不能太大，尤其领尖角处的松余量应均匀地分布在两侧。在车缝止口时适当减小压脚压力，用手将衣领稍向前拉，以保证缝线的顺畅。

六、领座不平顺

男衬衫的底领前端与门、里襟止口不平顺。

原因：领子装好后领座前端与门、里襟止口不平，不齐顺，从而影响外观的质量。其主要原因是领下口与领口差余量不准，造成装领时对位不准确。

修正方法：调整好领下口与领口弧线的差量，应在0.5cm左右。装领时将领里与门襟或底襟止口对齐后稍吃进0.1cm。缉领里时将装领缝份放平服，使领里前端与衣片门、底襟止口平齐、圆顺。

七、衬衫前后片上身部位起皱

合体度较好的衬衫，尤其是女衬衫需要塑形非常理想。如果穿在身上前后出现纵向的皱褶，则影响整体的塑形效果。

原因：造型基础的胸围松量加放过多。另外，在结构设计中，胸宽、背宽及袖窿门的比例关系处理不准确，袖窿底窄、胸背宽的松量较多造成的。

修正方法：参照净体准确尺寸，调整胸围的加放松量。一般较合体的女衬衫只需加放10～12cm即可。适当将袖窿门加宽，强调人体的立体感，减少胸背宽的量，并控制好胸背宽的差量，一般正常体背宽大于胸宽1～1.5cm，但挺胸体则需要减少背宽量，适当增大胸宽，落肩适当下落，并注意袖窿的整体造型（图12-14）。

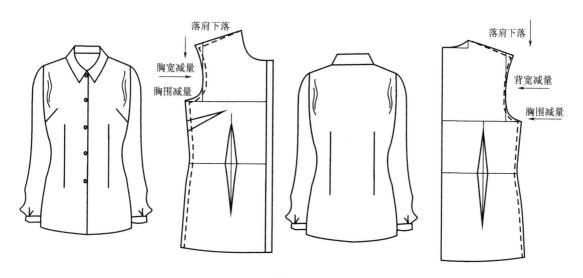

图12-14

附　录

服装制图符号示意图

序号	名　称	符　号	说　明
1	粗实线		又称为轮廓线、裁剪线，通常指纸样的制成线，按照此线裁剪，线的宽度为0.5~1.0mm
2	细实线		表示制图的基础线、辅助线，线的宽度为粗实线宽度的一半
3	点画线		线条宽度与粗实线相同，表示连折或对折线
4	双点画线		线条宽度与细实线相同，表示折转线，如驳口线、领子的翻折线等
5	长虚线		线条宽度与细实线相同，表示净缝线
6	短虚线		线条宽度与细实线相同，表示缝纫明线和背面或叠在下层不能看到的轮廓影示线
7	等分线		用于表示将某个部位分成若干相等的距离，线条宽度与细实线相同
8	距离线		表示纸样中某部位起点到终点的距离，箭头应指到部位净缝线处
9	直角符号		制图中经常使用，一般在两线相交的部位，交角呈90°直角
10	重叠符号	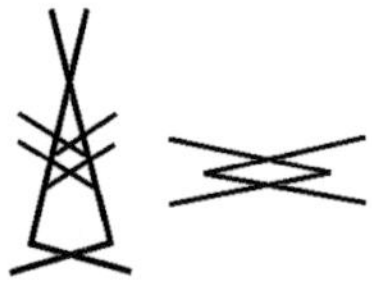	表示相邻裁片交叉重叠部位，如：下摆前后片在侧缝处的重叠
11	完整（拼合）符号		当基本纸样的结构线因款式要求，需将一部分纸样与另一纸样合二为一时，就要使用完整（拼合）符号
12	相等符号	○ ● □ ■ ◎	表示裁片中的尺寸相同的部位，根据使用次数，可选用图示各种记号或增设其他记号
13	省略符号		省略裁片中某一部位的标记，常用于表示长度较长而结构图中无法画出的部分
14	橡筋符号	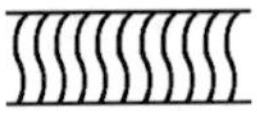	也称罗纹符号、松紧带符号，是服装下摆或袖口等部位缝制橡筋或罗纹的标记
15	切割展开符号		表示该部位需要进行分割并展开

纸样生产符号是国际和国内服装行业中通用的，具有标准化生产的、权威性的符号。

常用纸样生产符号

序号	名　称		符　号	说　明
1	纱向符号			又称布纹符号，表示服装材料的经纱方向，纸样上纱向符号的直线段在裁剪时应与经纱方向平行，但在成衣化工业排料中，根据款式和节省材料的要求，可稍作倾斜调整，但不能偏移过大，否则会影响产品的质量
2	对折符号			表示裁片在该部位不可裁开的符号，如：男衬衫过肩后中线
3	顺向符号			当服装材料有图案花色和毛绒方向时，用以表示方向的符号，裁剪时一件服装的所有裁片应方向一致
4	拼接符号		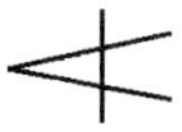	表示相临裁片需要拼接缝合的标记和拼接部位
5	省道符号	枣核省		省的作用是使服装合体的一种处理手段，省的余缺指向人体的凹点，省尖指向人体的凸点，裁片内部的省用细实线表示
		锥形省		
		宝塔省		
6	对条符号		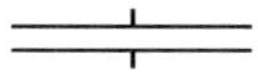	当服装材料有条纹时，用以表示裁剪时服装的裁片某部位应将条纹对合一致
7	对花符号			当服装材料有花形图案时，用以表示裁剪时服装的裁片某部位应将花形对合一致
8	对格符号			当服装材料有格形图案时，用以表示裁剪时服装的裁片某部位应将格形对合一致
9	纽扣及扣眼符号		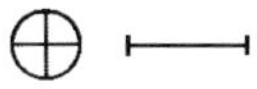	表示纽扣及扣眼在服装裁片上的位置
10	明线符号			用以表示裁剪时服装裁片某部缝制明线的位置
11	拉链符号			表示服装上缝制拉链的部位

服装制图中的专业用术语可以采用英语字母替代。

服装专用术语英语字母替代表

序号	英语字母	替代服装专用术语的缩写内容
1	B	Bust （胸围）
2	UB	Under Bust （乳下围）
3	W	Waist （腰围）
4	MH	Middle Hip （腹围）
5	H	Hip （臀围）

序号	英语字母	替代服装专用术语的缩写内容
6	BL	Bust Line （胸围线）
7	WL	Waist Line （腰围线）
8	MHL	Middle Hip Line （中臀线）
9	HL	Hip Line （臀围线）
10	EL	Elbow Line （肘围线）
11	KL	Knee Line （膝围线）
12	BP	Bust Point （胸高点）
13	SNP	Side Neck Point （颈侧点）
14	FNP	Front Neck Point （前颈点）
15	BNP	Back Neck Point （后颈点）
16	SP	Shoulder Point （肩点）
17	AH	Arm Hole （袖窿）
18	N	Neck （领围）

后 记

"成衣纸样与服装缝制工艺"课程是服装系服装艺术设计、服装工程、服装设计与表演三个专业的必修课。此书是为配合教学而编写的。

"成衣纸样与服装缝制工艺"是一门新兴学科，是服装专业的基础课程。以本书内容与服装工艺实验与实习相结合，将会使学生更深入地对服装工艺有一全面的了解、提高，从而促进各专业的深化学习。因此本书是服装专业学习的必备教材与工具书。

书中根据服装专业教学的特点与要求，采用图文并茂的形式，从缝制工艺的基础开始，介绍了多种基本缝制方法，并由浅入深地从成衣标准纸样的构成方法入手，选择了各具代表性的服装品种，按上、下装的分类，对服装纸样（净样板、毛样板）、制图、裁剪、样板打制方法、排料及用料率进行了较全面的解析。

本书是北京服装学院服装艺术与工程学院部分教师参与编写的。主编：孙兆全在第三版中对内容进行了全面修正并增加了部分内容。原教材参编的有张继红、刘美华、赵欲晓、郑嵘、张浩、关雅欣。

还要感谢修订再版过程中给予协助制图的马晓芳同志。

在编写中疏漏与不足之处在所难免，望读者给予批评指正，使本书进一步完善，以更好地满足读者们的需要。

编者
2018年9月